全国高等院校仪器仪表及自动化类系列教材

视觉测量技术基础

白福忠　主　编

王建新　杨慧珍　副主编

刘　晓　参　编

电子工业出版社
Publishing House of Electronics Industry
北京 · BEIJING

内 容 简 介

本书从计算机视觉以及人类视觉的概念与特点出发，系统地阐述了视觉测量的基础原理、测量方法、测量系统、关键技术与实用算法。全书共 12 章，前两章介绍计算机视觉、视觉测量技术的基本概念、人类视觉系统及其特性；第 3、4 章介绍视觉测量硬件系统，分别为光辐射与光源照明、光学成像与图像采集；第 5～8 章介绍图像与图像处理的基础知识，包括图像基础、图像质量的改善、二值图像分析和图像的特征提取；第 9～12 章介绍图像测量的基础理论及典型应用技术，包括图像配准、摄像机标定、双目立体成像和光学三角法三维测量。

本书内容广泛，涉及光学、光电子学、图像处理、模式识别、信号与数据处理及计算机技术等诸多学科领域，但其作为一门基础教材，读者即使不具备计算机应用专业的相关知识背景，也可以自成体系地进行学习。除了可以作为高等院校测控技术与仪器、光电信息等相关专业的学生、研究生的教学参考书外，还适合从事计算机、自动化、模式识别、智能科学、人机交互技术的科技人员阅读。

图书在版编目（CIP）数据

视觉测量技术基础/白福忠主编. —北京：电子工业出版社，2013.8
（全国高等院校仪器仪表及自动化类"十二五"规划教材）
ISBN 978-7-121-20925-3

Ⅰ. ①视… Ⅱ. ①白… Ⅲ. ①计算机视觉－测量－高等学校－教材 Ⅳ. ①TP391.41

中国版本图书馆 CIP 数据核字(2013)第 146160 号

策划编辑：郭穗娟
责任编辑：毕军志
印　　刷：北京七彩京通数码快印有限公司
装　　订：北京七彩京通数码快印有限公司
出版发行：电子工业出版社
　　　　　北京市海淀区万寿路 173 信箱　邮编　100036
开　　本：787×1 092　1/16　印张：16.75　字数：429 千字
印　　次：2023 年 7 月第 9 次印刷
定　　价：39.80 元

前　　言

《史记·夏本纪》记载的大禹治水中有"左准绳，右规矩，载四时，以开九州，通九道，陂九泽，度九山"，其中的准绳、规矩便是古代的量具。《孟子·离娄上》中有"离娄之明，公输子之巧，不以规矩，不成方圆"。这说明，测量自古以来就是工程科学的重要内容，也申明了测量技术在工程实践中的重要性。

传统意义上，机械系统及制造过程中的测试计量技术，在某种程度上只是产品质量的检验手段。而现代测量技术及其仪器设备不再是单纯的辅助检测设备，已逐渐发展成为必需的生产部件或设备，集成于机械系统、参与到制造过程、应用于工业现场。

视觉测量技术是一门将计算机视觉应用于空间几何尺寸的精确测量和定位所产生的一种测量领域中的新技术，是工业检测中非接触精密测试领域最具有发展潜力的新技术，具有非接触、在线检测、实时分析、连续工作、测量可靠等特点，能够适应多种危险的应用场合，广泛应用于军事、工业、遥感、农林业、医学、航天航空、科学研究等领域。因此，在高等院校的仪器科学与技术、机电工程、自动化、模式识别等学科专业开设视觉测量技术相关课程是相当必要的。

与目前更为常见的计算机视觉、数字图像处理教材相比较，视觉测量技术无论从教学侧重点、教学容量、教育思想还是学习目的等方面来讲，更符合仪器仪表及自动化类专业的人才培养目标，更好地做到了理论服务于实践、理论与实践结合。

本书按照基本概念、成像系统与理论、图像基础、图像处理与分析、三维立体成像这一主线安排编写，体现从简到繁、由浅入深、从理论到实际、从技术到系统的特点，力求具有基础性、层次性、系统性、先进性与实用性。每章均以"引例"开篇，通过引入一个工程实例，以设问的方式提出采用哪种解决方案来实现，依次指出本章将要阐述的重点内容或关键问题。正文中，对抽象或重要的概念力争以图文并茂的方式进行阐述，对某些重要算法一并给出 MATLAB 源代码，并配合一定量的习题进一步启发读者对知识的理解与应用。

本书共 12 章，第 6 章由西南科技大学王建新编写，第 7 章由淮海工学院杨慧珍编写，第 8 章由内蒙古科技大学边坤编写，其余 9 章由内蒙古工业大学白福忠编写，思考与练习由山东轻工业学院刘晓编写。全书由白福忠统稿。

本书以编者多年来从事本科生与硕士生教学工作的成果积累以及相关科研成果为主要内容，在编写过程中借鉴并引用了相关国内外优秀教材、重要学术期刊刊载的最新研究成果以及同行研究人员的学位论文资料，在此对所引用的文献资料的作者或机构表示衷心感谢！

限于编者的学识水平，书中难免存在不足之处，恳请读者给予批评指正。

编者

2013 年 7 月

目　录

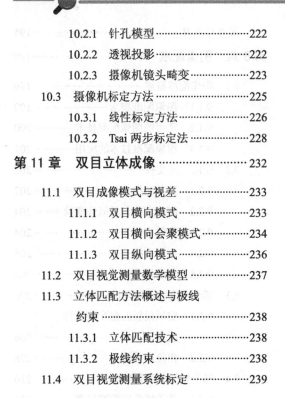

第1章 》》》》》
绪论

引 例

据统计，人类从外部世界获得的信息约有 70%是由视觉获取的。这既说明视觉信息量的巨大，也表明人类对视觉信息的利用率较高，同时又体现了人类视觉功能的重要性。随着科学技术的发展，将人类视觉功能赋予计算机、机器人或其他智能机器是人类多年以来的梦想，由此形成的一门新兴学科称为计算机视觉。

针对图 1-1 至 1-3 所示的测量对象，可以利用传统检测计量手段分别完成圆形零件内外径测量、目标物体计数和三维形貌测量。类似于这些工程实例，是否可以利用视觉测量技术实现测量目的？如何实现？视觉测量系统由什么组成、关键技术是什么，如何设计合理可行的技术方案，等等，本章以及本书将对这些内容进行阐述。

图 1-1 圆形零件内外径测量

图 1-2 目标物体计数

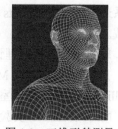
图 1-3 三维形貌测量

1.1 计算机视觉

视觉测量技术的理论基础是计算机视觉（computer vision），本章首先介绍计算机视觉的相关知识，并在此基础上对视觉测量技术进行阐述。

1.1.1 计算机视觉的概念

计算机视觉也称为机器视觉（machine vision），可以实现人类视觉系统理解外部世界、完成各种测量和判断的功能。计算机视觉是利用计算机对采集的图像或视频进行处理，实现对客观世界三维场景的感知、识别和理解。

计算机视觉不仅能模拟人眼所能完成的动作，更重要的是它能完成人眼所不能胜任的工作。在一些不适合人工作业的危险工作环境或人工视觉难以满足要求的场合，常用计算机视觉来替代人类视觉，以提高生产的柔性和自动化程度；同时在大批量工业生产过程中，用人类视觉检查产品质量效率低且精度不高，用计算机视觉检测方法则可以大大提高生产效率。而且计算机视觉易于实现信息集成，是实现计算机集成制造的基础技术。

计算机视觉是一个相当新且发展十分迅速的研究领域，它既是工程领域，也是科学领域中一个富有挑战性的重要研究领域。计算机视觉是一门综合性的学科，它已经吸引了来自各个学科的研究者加入对它的研究之中，其中包括计算机科学和工程、信号处理、物理学、应用数学和统计学、神经生理学和认知科学等学科的研究人员。美国把对计算机视觉的研究列为对经济和科学有广泛影响的科学和工程中的重大基本问题，即所谓的重大挑战（grand challenge）。虽然目前还不能够使机器也具有像人类等生物那样高效、灵活和通用的视觉，但计算机视觉在简单视觉应用方面的精确性、可靠性和更为宽广的波谱感受范围等方面的独特优势使其研究和应用正在进一步扩大。

1.1.2　计算机视觉的发展

计算机视觉技术源于 20 世纪 50 年代，经过几十年的发展，各种研究理论与研究方法层出不穷，研究内容已经从最初的二维图像分析扩展到当前的三维复杂场景理解。

20 世纪 50 年代，计算机视觉的研究开始于统计模式识别，当时的工作主要集中在二维图像的简单分析和识别上，如光学字符识别，工件表面、显微图片和航空图片的分析和解释等。

60 年代，Roberts 将环境限制在所谓的"积木世界"，即周围的物体都是由多面体组成，需要识别的物体可以用简单的点、直线、平面的组合来表示。通过计算机程序从数字图像中提取出诸如立方体、楔形体、棱柱体等多面体的三维结构，并对物体形状及物体的空间关系进行描述。Roberts 的研究工作开创了以理解三维场景为目的的三维计算机视觉的研究领域。

较为完整的视觉理论于 70 年代被首次提出，同时出现了一些视觉应用系统。70 年代中期，麻省理工学院（Massachusetts Institute of Technology，MIT）人工智能（Artificial Intelligence，AI）实验室正式开设"计算机视觉"课程，由国际著名学者 B.K.P.Horn 教授讲授。同时，MIT AI 实验室吸引了国际上许多知名学者参与计算机视觉的理论、算法、系统设计的研究，英国的 David Marr 教授就是其中的一位。他于 1973 年应邀在 MIT AI 实验室创建并领导一个以博士生为主体的研究小组，从事视觉理论方面的研究。1977 年，Marr 提出了不同于"积木世界"分析方法的计算视觉理论（computational vision theory）——Marr 视觉理论，该理论在 80 年代成为计算机视觉研究领域中的一个十分重要的理论框架。

80 年代中期，计算机视觉获得蓬勃发展，新概念、新方法和新理论不断涌现，例如，基于感知特征群的物体识别理论框架、主动视觉理论框架、视觉集成理论框架等。

90 年代中期，计算机视觉技术进入一个深入发展、广泛应用时期，它的功能以及应用范围随着工业自动化的发展逐渐完善和推广。特别是目前图像传感器、嵌入式技术、图像处理和模式识别等技术的快速发展，大大地推动了计算机视觉的发展。

1.1.3　Marr 视觉理论简介

1977 年，Marr 教授首次从信息处理的角度综合图像处理、神经生理学、临床神经病学等方面已经取得的重要研究成果，提出了第一个较为完善的视觉理论框架，使计算机视觉研究有了一个比较明确的体系。虽然这个理论还需要通过研究不断改进和完善，但 Marr 视觉理论对人类视觉和计算机视觉的研究都产生了有力的推动作用。人们普遍认为，计算机视觉这门学科的形成与 Marr 视觉理论有着密切的关系。下面简要介绍 Marr 视觉理论的基本思想及理论框架。

1. 视觉系统研究的三个层次

Marr 从信息处理系统的角度出发，认为对此系统的研究应分为三个层次，即计算理论层次、表达（representation）与算法层次、硬件实现层次。

1）计算理论层次

计算理论层次要回答视觉系统的计算目的和策略是什么，或视觉系统的输入和输出是什么，如何由系统的输入求出系统的输出。在这个层次上，信息系统的特征是将一种信息（输入）映射为另一种信息（输出）。例如，系统输入是二维灰度图像，输出则是三维物体的形状、位置和姿态，视觉系统的任务就是如何建立输入与输出之间的关系和约束，如何由二维灰度图像恢复物体的三维信息。

2）表达与算法层次

表达与算法层次是要进一步回答如何表示输入和输出信息，如何实现计算理论所对应的功能的算法，以及如何由一种表示变换成另一种表示，如创建数据结构和符号。一般来说，不同的输入、输出和计算理论对应不同的表示，而同一种输入、输出或计算理论可能对应若干种表示。

3）硬件实现层次

这一层次解决如何用硬件实现上述表达和算法的问题，如计算机体系结构及具体的计算装置及其细节。

视觉系统研究的三个层次如表 1-1 所示。

表 1-1　视觉系统研究的三个层次

要素	名称	含义和所解决的问题
1	计算理论	计算的目的是什么，为什么要这样计算
2	表达与算法	如何实现这个计算理论，输入、输出的表示是什么，用什么算法实现表示与表示之间的变换
3	硬件实现	如何在物理上实现这些表示和算法，什么是视觉系统计算结构的具体细节

从信息处理的观点来看，至关重要的是最高层次，即计算理论层次。这是因为构成知觉的计算本质，取决于解决计算问题本身，而不取决于用来解决计算问题的特殊硬件。换句话说，正确理解待解决问题的本质，将有助于理解并创造算法。如果考虑解决问题的机制和物理实现，则对理解算法往往无济于事。

上述三个层次之间存在着逻辑的因果关系，但它们之间的联系不是十分紧密的，因此，某些现象只能在其中一个或两＋个层次上进行解释。例如，神经解剖学原则上与第三层次即硬件实现联系在一起。突触机制、动作电位、抑制性相互作用都在第三层次上。心理物理学与第二层次（即表达与算法）有着更直接的联系。更一般地说，不同的现象必须在不同的层次上进行解释，这会有助于人们把握正确的研究方向。例如，人们常说，人脑完全不同于计算机，因为前者是并行加工的，后者是串行加工的。对于这个问题，应该这样回答：并行加工和串行加工是在算法这个层次上的区别，而不是根本性的区别，因为任何一个并行的计算程序都可以写成串行的程序。因此，这种并行与串行的区别并不支持这种观点，即人脑的运行与计算机的运算是不同的，人脑所完成的任务是不可能通过编制程序用计算机来完成的。

2. 视觉信息处理的三个阶段

Marr 从视觉理论出发，将视觉过程划分为自上而下的三个阶段，即视觉信息从最初的原始数据（二维图像数据）到最终对三维环境的表示经历了三个阶段的处理，如图1-4所示。

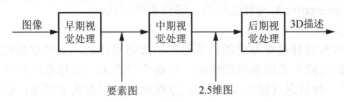

图 1-4　Marr 视觉理论框架

第一阶段是早期视觉处理，从输入的二维原始图像中抽取诸如角点、边缘、纹理、线条、边界等基本特征，这些特征的集合称为基元图（primitive sketch）。

第二阶段是中期视觉处理，是在以观测者为中心的坐标系中，由输入图像和基元图恢复场景可见部分的深度、法线方向、轮廓等。这些信息中包含了深度信息，但不是真正的物体三维表示，因此，称为 2.5 维图（2.5 dimensional sketch）。2.5 维描述是一种形象的说法，意即部分的、不完整的三维信息描述。当人眼或摄像机观察周围环境物体时，观察者对三维物体最初是以自身的坐标系来描述的，另外，我们只能观察到物体的一部分（另一部分是物体的背面或被其他物体遮挡的部分）。

第三阶段是后期视觉处理，是在以物体为中心的坐标系中，由输入图像、基元图、2.5维图来恢复、表示和识别三维物体的过程。这种三维形状描述与观察者视角无关。表 1-2 总结了视觉信息处理三个阶段的目的和特点。

表 1-2　由图像恢复形状信息的表示框架

名　称	目　的	基　元
图像	光强表示	图像中每一点的强度值
基元图	表示二维图像中的重要信息，主要是图像中的强度变化位置及其几何分布和组织结构	零交叉，斑点，端点和不连续点，边缘，有效线段，组合群，曲线组织，边界
2.5 维图	在以观测者为中心的坐标系中，表示可见表面的方向、深度值和不连续的轮廓	局部表面朝向（"针"基元） 离观测者的距离 深度上的不连续点 表面朝向的不连续点
3 维模型	在以物体为中心的坐标系中，用由体积基元和面积基元构成的模块化多层次表示，描述形状及其空间组织形式	分层次组成若干三维模型，每个三维模型都是在几个轴线空间的基础上构成的，所有体积基元或面积形状基元都附着在轴线上

3．Marr 视觉理论的不足

Marr 视觉理论是计算机视觉研究领域的划时代成就，构建了现代视觉理论的基本框架，奠定了发展基础，给我们研究计算机视觉提供了许多珍贵的哲学思想和研究方法，同时也给计算机视觉研究领域创造了许多研究起点，多年来对图像理解和计算机视觉的研究发展产生了深远的影响。但它并不是十分完善的，其中有个有关整体框架的问题：

（1）框架中输入是被动的，给什么图像，系统就处理什么图像；

（2）框架中加工目的不变，总是恢复场景中物体的位置和形状等；

（3）没有足够地重视高层知识的指导作用；

（4）整个框架中信息加工过程基本上是自下而上的，没有反馈。

4．Marr 视觉理论框架的改进

针对上述问题，近年来人们提出了一系列改进思路，对应图 1-4 的框架，可将其改进并融入新的模块，得到图 1-5 的框架，具体改进如下。

1）人类视觉是主动的

人类视觉会根据需要改变视角，以帮助识别。主动视觉是指视觉系统可以根据已有的分析结果和视觉的当前要求决定摄像机的运动，以从合适的视角获取相应的图像。

2）人类视觉是有选择的

人类视觉可以注视（以较高分辨率观察感兴趣区域），也可以对场景中某些部分视而不见。选择性视觉是指视觉系统可以根据已有的分析结果和视觉的当前要求，决定摄像机的注意点以获取相应的图像。考虑到这些因素，在改进框架中增加了图像获取模块。该模块要根据视觉目的选择采集方式。

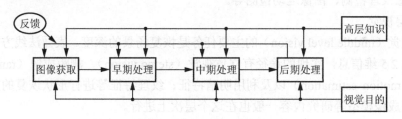

图 1-5　改进的 Marr 框架

3）人类的视觉可以根据不同的目的进行调整

有目的视觉（也称定性视觉）是指视觉系统根据视觉目的进行决策。例如，是完整地恢复场景中物体的位置和形状等还是仅仅检测场景中是否有某物体存在。事实上，有相当多的场合只要有定性结果就可以，并不需要复杂性高的定量结果。因此在改进框架中增加了视觉目的模块，但定性分析还缺乏完备的数学工具。

4）人类视觉由高层知识指导

人类可在仅从图像获取部分信息的情况下完全解决视觉问题，原因是隐含地使用了各种知识。利用高层知识可解决低层信息不足的问题，所以在改进框架中增加了高层知识模块。

5）人类视觉有反馈

人类视觉中前后处理之间是有交互作用的，尽管对这种交互作用的机理理解得还不充分，但高层知识和后期处理的反馈信息对早期处理的作用是重要的。从这个角度出发，在改进框架中增加了反馈控制流向模块。

1.1.4 计算机视觉的研究内容及面临的问题

1．计算机视觉的研究内容

下面从输入设备、低层视觉、中层视觉、高层视觉和体系结构五方面介绍计算机视觉的主要研究内容。

1）输入设备

输入设备（input device）包括成像设备和数字化设备。成像设备是指通过光学摄像机或红外、激光、超声、X射线对周围场景或物体进行探测成像，之后使用数字化设备得到关于场景或物体的二维或三维数字化图像。

获取数字化图像是计算机视觉系统的最基本的功能。目前用于视觉研究的大多数输入设备是商品化的产品，如CCD黑白或彩色摄像机、数字扫描仪、超声成像探测仪、CT（计算机断层扫描）成像设备等。但这些商品化的输入设备远远不能满足实际的需要，因此，仍有许多研究人员在研究各种性能先进的成像系统，如红外成像系统、激光成像系统，还有所谓的计算成像系统（computational imaging system），即每一个像元（或若干像元）对应一个简单的处理器，这样可以适应复杂场景动态变化的场合。

2）低层视觉

低层视觉（low level vision）主要对输入的原始图像进行处理。这一过程借用了大量的图像处理技术和算法，如图像滤波、图像增强、边缘检测等，以便从图像中抽取诸如角点、边缘、线条、边界以及色彩等关于场景的基本特征。这一过程还包含了各种图像变换（如校正）、图像纹理检测、图像运动检测等。

3）中层视觉

中层视觉（middle level vision）的主要任务是恢复场景的深度、表面法线方向、轮廓等有关场景的2.5维信息，实现的途径有立体视觉（stereo vision）、测距成像（range finder）、运动估计（motion estimation）以及利用明暗特征、纹理特征等进行形状恢复的方法。系统标定、系统成像模型等研究内容一般也在这个层次上进行。

4）高层视觉

高层视觉（high level vision）的主要任务是在以物体为中心的坐标系中，在原始输入图像、图像基本特征、2.5维图的基础上，恢复物体的完整三维图，建立物体三维描述，识别三维物体并确定物体的位置和方向。另外，主动视觉（active vision）涵盖了上述各个层次的研究内容。在CT和SAR（合成孔径雷达）中，使用了图像重建这一处理方式。

值得指出的是，低层视觉、中层视觉和高层视觉基本上与Marr视觉的三个阶段相对应。

5）体系结构

体系结构（system architecture）这一术语最通常的含义是指在高度抽象的层次上，根据系统模型而不是根据实现设计的具体例子来研究系统的结构。为了说明这一点，可以考虑建筑设计中某一时期的建筑风格（如清朝时期）和根据这一风格设计出来的具体建筑之间的区别。体系结构研究涉及一系列相关的课题，包括并行结构、分层结构、信息流结构、拓扑结构以及从设计到实现的途径。

2．计算机视觉研究面临的问题

人们对上述几个研究内容进行了卓有成效的研究，研究出大量的技术和算法，并且在各个领域中得到广泛的应用。不过，目前人们所建立的各种视觉系统大多数是只适用于某一特定环境或应用场合的专用系统，而要建立一个可与人类视觉系统相比拟的通用视觉系统是非常困难的，主要原因体现在以下几方面。

1）图像多义性

三维场景被投影为二维图像时丢失了深度信息和不可见部分的信息，因而会出现不同形状的三维物体投影在图像平面上产生相同图像的问题。另外，在不同角度获取同一物体的图像会有很大的差异，如图 1-6 所示。因此，需要附加的约束才能解决从图形恢复景物时的多义性。

图 1-6　图像的多义性

2）环境因素影响

场景中的诸多因素，包括背景光照、光源角度、物体形状、摄像机以及空间关系变化、空气条件、表面颜色都会对投影的图像有影响，当任何一个因素发生变化时，都会对图像产生影响。并且，所有的这些因素都归结到一个单一的测量结果，即图像的灰度。要确定各种因素对灰度的作用和大小是很困难的。

3）理解自然景物需要大量知识

理解自然景物需要用到大量的知识，例如，要用到阴影、纹理、立体视觉、物体大小的知识；关于物体的专门知识或通用知识，可能还有关于物体间关系的知识等，由于所需的知识量大，难以简单地用人工进行输入，可能要通过自动知识获取方法来建立。

4）数据量大

灰度图像、彩色图像、深度图像的信息量十分巨大，巨大的数据量需要很大的存储空间，同时不易实现快速处理。例如，分辨率为 512×512 的灰度图像的数据量为 256KB，相同分辨率的彩色图像的数据量是 768KB。如果处理的是图像序列，则数据量更大。这期待着高速的阵列处理单元及算法（如神经网络、分维算法、小波变换等算法）的新突破，用极少的计算量和高度并行性来实现处理大数据量的功能。

为了解决计算机视觉所面临的问题，研究人员不断寻求新的途径和手段，例如，主动视觉，面向任务的视觉（task-oriented vision），基于知识、基于模型的视觉，以及多传感融合和集成视觉等方法，其中人们越来越重视对知识的应用。我们会看到，计算机视觉系统的最大特征是，在视觉的各个阶段，系统尽可能地进行自动运算。为此，系统需要使用各种知识，包括特征模型、成像过程、物体模型和物体间的关系。如果计算机视觉系统不使用这些知识，则其应用的范围及其功能将十分有限。因此，视觉系统应该使用那些可以被明确表示的知识，以使系统具有更高的适应性和鲁棒性。合理地使用知识不仅可以有效地提高系统的适应性和鲁棒性，而且可以求解计算机视觉中较难的问题。

人类视觉系统具有高分辨率特点，并且具有立体观察、优越的识别能力和灵活的推理能力。视觉机理的复杂深奥使有些学者不禁感叹道：如果不是因为有人类视觉系统作为通用视觉系统的实例存在的话，甚至都怀疑能不能找到建立通用视觉系统的途径。正因为如此，赋予机器以人类视觉功能一直是几十年来人们不懈追求的奋斗目标。

1.1.5　计算机视觉的应用

计算机视觉技术的应用，从医学图像到遥感图像、从工业检测到文件处理、从纳米技术到多媒体技术，不一而足。可以说，需要人类视觉的场合几乎都需要计算机视觉。应该指出的是，在许多人类视觉无法感知的场合，如精确定量感知、危险场景感知、不可见物体感知等，更能凸显计算机视觉的优越性。下面分别按照工作任务、应用目的和应用行业对计算机视觉的应用进行介绍。

按照工作任务不同，可将计算机视觉的应用划分为目标识别，目标定位，表面检测，尺寸测量等。

按照应用目的不同，可将计算机视觉的应用归纳为以下六方面。如图 1-7 所示为计算机视觉应用示例。

（1）工业自动化：产品检测，质量控制，工业探伤，自动焊接以及各种危险场合工作的机器人等。将图像和视觉技术用于生产自动化，可提高生产效率、保证产品质量、避免人类疲劳等带来的误判。

（2）检验和监视：成品检验，显微医学操作，在纺织、印染业进行自动分色、配色，工况监视与自动跟踪报警等。

工业机器人　　　　　　　　交通监控　　　　　　　　足球机器人

红外体温检测　　　　　　　虹膜识别　　　　　　　　虚拟现实

图 1-7　计算机视觉应用示例

（3）视觉导航：巡航导弹制导，无人驾驶飞机飞行，自动行驶车辆，移动机器人，自动巡航目标检测与跟踪等。

（4）图像自动解释：对放射图像、显微图像、医学图像、遥感多波段图像、合成孔径雷达图像、航天航测图像等进行自动判读理解等。

（5）人机交互：人脸、指纹以及虹膜等生物信息识别，用于构成智能人机接口，鉴别用户身份，识别用户的体势及表情测定，既符合人类的交互习惯，也可增加交互方便性和临场感等。

（6）虚拟现实：飞机驾驶员训练，医学手术模拟，战场环境表示等，它可帮助人们超越人的生理极限，"身临其境"，提高工作效率。

计算机视觉涉及的应用行业众多，它在制造业、电子、航天、遥感、印刷、纺织、包装、医疗、制药、食品、智能交通、金融、体育、考古、公共安全以及科学研究等行业均有着广泛应用。

1.1.6　相关学科

计算机视觉与许多学科都有着千丝万缕的联系，特别是一些相关和相近的学科相互交融交叉。下面介绍几个与计算机视觉最接近的学科。

1．图像处理

图像处理（image processing）通常是把一幅图像变换成另外一幅图像，也就是说，图像处理系统的输入是图像，输出仍然是图像，信息恢复任务则留给人来完成。图像处理包括图像增强、图像压缩和模糊校正与非聚焦图像等课题。计算机视觉系统把图像作为输入，产生的输出为另一种形式，如图像中物体轮廓的表示。因此，计算机视觉的重点是在人的最小干预下，由计算机自动恢复场景信息。图像处理算法在计算机视觉系统的早期阶段起着很大的作用，它们通常被用来增强特定信息并抑制噪声。

2．计算机图形学

计算机图形学（computer graphics）研究如何由给定的描述生成图像。人们一般将计算机图形学称为计算机视觉的逆（inverse）问题，因为视觉从 2D 图像提取 3D 信息，而图形学使用 3D 模型来生成 2D 场景图像。因此，计算机图形学属于图像综合，计算机视觉属于图像分析。计算机视觉使用了计算机图形学中的曲线和曲面表示方法以及其他的一些技术，而计算机图形学也使用计算机视觉技术，以便在计算机中建立逼真的图像模型，可视化（visualization）和虚拟现实（virtual reality）把这两个学科紧密地联系在一起。

3．模式识别

模式识别（pattern recognition）主要用于识别各种符号、图画等平面图形。模式一般是指一类事物区别于其他事物所具有的共同特征。模式识别方法主要有统计方法和句法方法两种。统计方法是指从模式中抽取一组特征值，并以划分特征空间的方法来识别每一个模式。句法方法是指利用一组简单的子模式（模式基元）通过文法规则来描述复杂的模式。模式识别方法是计算机视觉识别物体的重要基础之一。

4．人工智能

人工智能涉及智能系统的设计和智能计算的研究。在经过图像处理和图像特征提取过程后，接下来要用人工智能方法对场景特征进行表示，并分析和理解场景。人工智能有三个过程：感知、认知和行动。感知把反应现实世界的信息转换成信号，并表示成符号；认知是对符号进行各种操作；行动则把符号转换成影响周围环境的信号。人工智能的许多技术在计算机视觉的各个方面起着重要作用。事实上，计算机视觉通常被视为人工智能的一个分支。

5．人工神经网络

人工神经网络（Artificial Neural Networks，ANNs）是一种信息处理系统，它是由大量简单的处理单元（称为神经元）通过具有强度的连接（connection）相互联系起来，实现并行分布式处理（Parallel Distribution Processing，PDP）。人工神经网络的最大特点是可以通过改变连接强度来调整系统，使之适应复杂的环境，实现类似人的学习、归纳和分类等功能。人工神经网络已经在许多工程技术领域得到了广泛的应用。神经网络作为一种方法和机制将用于解决计算机视觉中的许多问题。

除以上相近学科外，从更广泛的领域看，计算机视觉要借助工程方法解决一些生物的问题，完成生物固有的功能，所以它与生物学、生理学、心理学、认知科学等学科也有着互相学习、互为依赖的关系。计算机视觉属于工程应用科学，与工业自动化、人机交互、办公自动化、视觉导航和机器人、安全监控、生物医学、遥感测绘、智能交通和军事公安等学科也密不可分。一方面，计算机视觉的研究成分利用了这些学科的成果；另一方面，计算机视觉的应用也极大地推动了这些学科的深入研究和发展。

1.2　视觉测量技术

视觉测量属于计算机视觉范畴，它是计算机视觉的具体应用领域之一，是将计算机视觉引入到工业检测以实现对物体几何尺寸、位置或形貌的精确测量，是精密测试领域最具有发展潜力的一门新技术，是以现代光学为基础，融合计算机技术、激光技术、图像处理与分析技术等现代科学技术为一体的光机电算一体化的综合测量系统。

1.2.1　视觉测量技术分类

视觉测量的分类方法有很多，常用的分类方法有以下几种。

（1）根据测量对象的大小，可分为近景测量和显微测量。其中，近景测量对象的尺寸是几十厘米到几十米，而显微测量多指对毫米数量级以下尺寸的对象利用显微镜进行测量。

（2）根据测量过程中系统是否移动，可分为固定式测量和移动式测量。

（3）根据测量过程的照明方式，可分为主动式测量和被动式测量。

（4）根据所处理图像中的景物是否运动，可分为静态图像视觉测量和动态图像视觉测量。

（5）根据测量系统所使用摄像机的数量，可分为单目视觉测量、双目视觉测量和多目视觉测量。

1.2.2　视觉测量系统组成

一个典型的视觉测量系统的组成和结构示意图如图1-8所示，其组成单元包括：光源、镜头、图像传感器、图像采集卡、计算机（包含通信、输入/输出单元）、图像处理系统和输出设备。其基本工作流程可以描述为，利用光源对场景进行照明，光学成像系统将被测目标成像在图像传感器的光敏面上；图像传感器的光敏单元将被测目标图像转换为电信号；通过图像采集卡（A/D转换器）将模拟电信号转换成数字图像信号，并将其输入到计算机中；专用的图像处理系统对获取的图像进行各种变换和操作，对图像中感兴趣的目标进行测量，从而获得图像特征的特征参数（如面积、数量、位置、长度），提供分析和反馈；最后根据预设的容许度和其他条件输出结果。

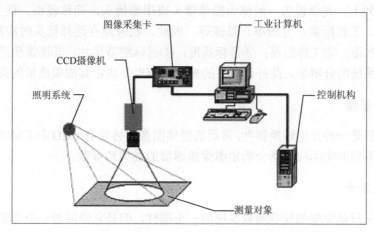

（a）结构

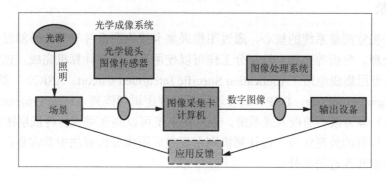

（b）示意图

图1-8　视觉测量系统组成

1. 光源照明系统

照明是影响计算机视觉系统输入的重要因素，它直接影响输入数据的质量和应用效果。由于没有通用的计算机视觉照明设备，所以针对每个特定的应用实例，要选择相应的照明装置，以达到最佳效果。光源可分为可见光和不可见光。常用的几种可见光源是白炽灯、日光灯、水银灯和钠光灯。可见光的缺点不能保持稳定的光能。如何使光能在一定的程度上保持稳定，是实用过程中急需解决的问题。另一方面，环境光有可能影响图像的质量，所以可采用加防护屏的方法来减少环境光的影响。

照明系统按其照射方法可分为背向照明、前向照明、结构光和频闪光照明等。其中，背向照明是将被测物放在光源和摄像机之间，它的优点是能获得高对比度的图像。前向照明是光源和摄像机位于被测物的同侧，这种方式便于安装。结构光照明是将光栅或线光源等投射到被测物上，根据它们产生的畸变，解调出被测物的三维信息。频闪光照明是将高频率的光脉冲照射到物体上，摄像机拍摄要求与光源同步。

2. 光学镜头

光学镜头是重要的光学成像装置之一，其主要作用是将景物的光学图像聚焦在图像传感器的光敏阵列上。光学镜头一般称为摄像镜头或摄影镜头，简称镜头。镜头的参数主要有焦距、视场、工作距离、分辨率、景深等。因此，相应地在选择镜头时应特别注意六个基本要素：①焦距；②工作距离；③目标高度；④目标细节尺寸；⑤图像传感器靶面尺寸；⑥镜头及摄像系统的分辨率。此外，镜头的光学畸变也是决定其成像质量的关键因素之一。

3. 图像传感器

图像传感器是一种光电转换器件，常用的固体图像传感器有 CCD 和 CMOS 图像传感器两种。要根据不同的实际应用场合确定图像传感器的类型和参数。

4. 图像采集卡

图像采集卡只是完整的视觉测量系统的一个部件，但是它扮演着一个非常重要的角色。图像采集卡直接决定了摄像机的通信接口类型，如黑白、彩色，模拟、数字等。

5. 计算机

计算机是视觉测量系统的核心，通过图像采集卡接收图像并与其他外部设备相连，主要负责图像处理、分析等工作。这部分工作可以使用工业控制计算机完成，也可以借助硬件完成，如以专用集成电路（Application Specific Integrated Circuit，ASIC）、数字信号处理器（Digital Signal Processor，DSP）或者现场可编程逻辑门阵列（Field Programmable Gate Array，FPGA）等为核心的嵌入式系统。嵌入式系统可以高速完成各种低层图像处理算法，以减轻后端计算机的处理负荷。而计算机则主要完成图像分析算法中非常复杂、不太成熟或尚需不断探索和改进的部分。

6. 图像处理系统

图像处理系统是视觉测量系统的核心，视觉信息的处理技术主要依赖图像处理。我们所说的图像处理实际上包含图像增强和图像分析两部分。图像增强是指经过某种处理，使图像改变，实现对比度提高、清晰度增加、特征突出等目的；而图像分析是指经过某种运算，来提取某种有用的信息，如有无、好坏、位置等，以便用来进行判断或控制。

经过多年的发展，图像增强算法已经基本成熟，例如，灰度拉伸、彩色增强、边缘检测、滤波、傅里叶变换、小波变换等。在视觉测量系统集成时，这些一般都是在图像分析前作为图像预处理进行的，而图像分析算法才是视觉测量中真正需要解决的问题。

图像处理算法决定着图像处理系统的可靠性、运算速度、安全性和鲁棒性等重要指标，这些指标左右着视觉测量系统的成败。因此，如何在具体的应用中设计更好的算法，以最大限度地降低计算结果与理想对象的误差，是图像处理系统研究的重要课题，并决定着视觉测量系统的发展方向。

7. 视觉反馈控制系统

视觉反馈控制系统的基本功能是根据测量任务的需要，将分析结果反馈到场景，实现照明系统的光场调节和摄像机的位置、视角、焦距等参数的调节控制等。按部件功能划分，可分为控制器单元和执行机构单元两部分。

控制器单元是整个反馈系统的核心，它通过对系统各状态变量的观测做出判断，进而为执行机构单元发出各种指令，以满足测量任务的需求。

不同的应用场合，执行机构可能不同。如机电系统、液压系统、气动系统，无论哪一种，除了要严格保证其加工制造和装配精度外，在设计时还应对动态特性，尤其是快速性和稳定性给予充分重视。

视觉测量系统设计时应遵循以下原则：①保证充分的视场；②有足够的图像分辨率；③有清晰的图像对比度；④尽量缩短图像获取时间；⑤使系统工作稳定、抗干扰、低成本。此外，还要综合考虑视场范围、分辨率的大小以及景深长短等因素。

1.2.3 视觉测量的流程

视觉测量的流程如图1-9所示。

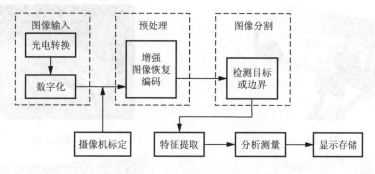

图1-9　视觉测量的流程

视觉测量需经历以下步骤。

（1）在建立视觉测量系统的基础上完成图像采集。

（2）根据测量任务的需要，完成摄像机标定，包括摄像机内外参数的标定和双摄像机系统结构参数标定。

（3）由于采集的图像受到图像传感器内部噪声和外部环境的干扰，会不可避免地出现各种噪声。因此，需要先对采集的图像进行预处理，如灰度校正（图像增强、对比度变换），几何畸变的校正，噪声消除（图像滤波），使特征突出。另外，根据需要进行图像恢复、编码等操作。

（4）图像预处理后，图像质量得到了改善。接下来进行图像分割，即目标检测。

（5）在目标图像分割的基础上，完成图像特征提取，如点特征、线特征、轮廓特征、颜色特征、形状特征等。

（6）根据图像的属性和结构描述，对测量结果进行分析判断。根据需要，在摄像机标定和二维图像测量结果的基础上，完成空间三维坐标测量或空间几何参数测量。

（7）结果显示、存储、打印等。

1.2.4 视觉测量技术的特点

与传统的测量方法相比，视觉测量技术包含以下几方面特点。

（1）应用非常广泛，信息量大，多数情况下只针对物体表面信息进行测量。

（2）非接触测量，对于观测者与被观测者都不会产生任何损伤，从而提高系统的可靠性。

（3）具有较宽的光谱响应范围，例如，使用人眼看不见的红外测量，扩展了人眼的视觉范围。

（4）长时间稳定地执行测量、分析和识别任务。

（5）利用计算机视觉解决方案，可以节省大量劳动力资源。

视觉测量系统研发中，图像处理和测量参数的计算需要进行方法设计、系统建立、图像处理软件设计。多数情况下系统构成比较简单，主要硬件设备无须专门设计。

1.2.5 视觉测量技术的应用

视觉测量技术的应用涉及工业、农业、医学、军事和科学研究等领域，从应用功能的角度又可以分为产品测量、逆向工程（reverse engineering）、质量检验、机器人导航。应用示例如图 1-10 所示。

三维扫描仪

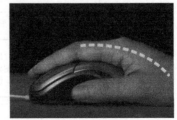

逆向工程

缺陷检测

三维场景重建

图 1-10　视觉测量技术应用示例

1. 产品测量

视觉测量技术在测量领域的应用主要表现为视觉三维坐标测量机，可以测量物体的几何尺寸、位置、圆周分度等信息。由于视觉三维坐标测量机具有不受三维导轨的限制，可以实现大范围的坐标测量，体积小、便于携带、使用灵活、测量精度高等优点，因此非常适合于航空航天、船舶、汽车制造和装配领域中的快速现场测量。

2．逆向工程

随着工业技术的发展和人们生活水平的提高，任何通用性产品在消费者高品质的要求下，功能的需要已不再是赢得市场竞争力的唯一条件。产品不但要求功能先进，其外观造型也必须能吸引消费者的注意。于是在工业设计中传统的顺向工程流程已不能满足需要，取而代之的是以三维尺寸测量方式建立出用于自由曲面的逆向工程。

3．质量检验

视觉测量在产品质量检验领域中的应用十分活跃，例如，电子工业行业对电路板的自动检测，汽车行业总装线上的检测，农产品品质检测和分类分析，机械零件自动识别和几何尺寸测量及表面粗糙度和表面缺陷检测等，以及冶金行业中钢板表面裂纹检测和焊接质量检测，等等。

4．机器人导航

在车辆、机器人等的导航中，可以用同一时刻的关于场景某一视点的两幅二维图像还原出场景三维信息，进而完成自身的定位与姿态估计，最终实现路径规划、自主导航、与周围环境自主交互等。

1.2.6　视觉测量技术的发展趋势

视觉测量技术是一种具有广泛应用前景的自动检测技术，可以实现智能化、柔性、快速和低成本的检测。视觉测量技术的发展趋势主要归纳为以下几方面。

1．实现在线实时检测

视觉测量系统大多用在工业现场及工业生产线中，实现在线实时检测是视觉测量进入实际应用的关键。视觉测量执行时间在很大程度上取决于低层图像处理速度。因此，使用专用硬件实现独立于环境的处理算法，可大大提高图像处理速度。于是，进一步降低硬件开发难度也将是未来的一个重要发展趋势。

2．实现智能化检测

制造业中智能化仪器一般利用许多传感器获得测量信息，从而得出所需的测量结果，对加工过程进行控制。仪器智能化是融合智能技术、传感技术、信息技术、仿生技术、材料科学等的一门综合交叉学科，使检测的概念过渡到在线、动态、主动的实时检测与控制。

3．实现高精度检测

随着现代科学技术的不断发展，众多高科技领域均已进入了纳米世界，如精密元器件、电子工业高密度半导体集成电路等。纳米技术的加工离不开纳米精度级的测量技术和设备，这就对视觉测量技术提出了更高的要求。从成像角度看，需要研制更精密的光学成像系统、光电转换装置及视频、图像采集卡。从图像处理与分析的角度看，传统的视觉测量技术的定位精度为整像素级，理论上其边缘定位最大误差为 0.5 像素。随着工业检测应用对精度要求的不断提高，像素级精度已经不能满足实际测量的要求。因此，如何采用更高精度的图像处理算法越来越受到人们的重视。

4．网络化

网络技术的出现，极大地改变着人们生活的各个方面。具体的测量技术领域有，远程数据采集与测量，远程设备故障诊断，电、水、燃气、热能自动抄表等，都是网络技术发展并全面发挥作用的必然结果。

5．实现柔性测量

目前，几乎所有视觉测量系统都只适用于解决特定的检测任务，建立一种较为通用的视觉测量系统，以适用于不同条件下的检测任务，进而实现对目标的"完全检测"。

6．实现更广的测量范围

从测量对象空间结构来讲，微结构尺寸测量、大型结构尺寸测量、复杂结构尺寸测量、自由曲面测量是制造领域中经常遇到的工程问题，通常需要专业测量仪器，测量过程复杂、成本高，而视觉测量技术将能够在这些领域中发挥更大的应用优势。

例如，目前自由曲面（火箭、飞机、汽车等复杂外观造型）的高精度测量技术成为研究的热点问题。传统测量方法，如手工测量法、机器人测量法、三坐标测量法、经纬仪组合测量法等，与现代工业要求的 100%在线测量存在一定的差距。将视觉测量技术和结构光应用于自由曲面测量，其测量速度、工作强度均优于以上传统方法，并且测量精度与三坐标测量法相当。

思考与练习

1-1　什么是计算机视觉？

1-2　计算机视觉能够完成的四种基本任务是什么？

1-3　举出几种生活中常见的计算机视觉的应用实例。

1-4　制约计算机视觉技术应用水平的两大基础是什么？

1-5　计算机视觉与视觉测量是什么关系？

1-6　视觉测量系统主要的硬件组成有哪些？

1-7　与传统测量技术相比较，视觉测量技术具有哪些特点？

第2章

人类视觉

教学要求

通过本章学习，了解人类视觉系统组成，掌握人眼成像机理与视觉特性。

引 例

俗话说百闻不如一见。人类通过眼、耳、鼻、舌、身接收信息，感知世界，其中，约有 70% 的信息是通过视觉系统获取的。

视觉是人类观察世界和认知世界的重要手段，人类通过眼睛和大脑来获取、处理与理解视觉信息。周围环境中的物体在可见光照射下，在人眼的视网膜上形成图像，由视细胞转换成神经信号，经神经纤维传送到大脑皮层进行处理和理解。所以，视觉不仅指对光信号的感受，还包括对视觉信息的获取、传输、处理和理解的全过程。

视觉测量的最终目的是帮助观察者理解和分析图像中的某些内容，因此不但要考虑图像的客观性质，而且也要考虑视觉系统的主观性质。同时，通过对人类视觉的了解，也可以为视觉测量技术的研究与应用提供参考与启发。如图 2-1 所示的仿生建筑和图 2-2 所示的双目立体视觉摄像机，都是基于视觉仿生原理而设计或研制的。而对于我们所熟知的电影，则是基于对人类视觉特性的研究成果产生的。

图 2-1　仿生建筑

图 2-2　双目立体视觉摄像机

2.1 感觉与视觉

2.1.1 感觉

人类在生存的过程中时刻都在感知自身存在的外部环境，感觉（senses）就是客观事物的各种特征和属性通过刺激人的不同的感觉器官引起兴奋，经神经传导反映到大脑皮层的神经中枢，从而产生的反应，而感觉的综合就形成了人对这一事物的认识及评价。

人类感觉根据它获取信息的来源不同，可以分为三类：远距离感觉、近距离感觉和内部感觉。远距离感觉包括视觉和听觉，它们提供位于身体以外具有一定距离处事物的信息，对于人类的生存有重要意义，在各种感觉中得到最好的发展。近距离感觉提供位于身体表面或接近身体的有关信息，包括味觉、嗅觉和皮肤觉。皮肤觉又可细分为触觉、温度觉和痛觉。内部感觉的信息来自身体内部，包括机体觉、肌动觉和平衡觉。机体觉告诉我们身体内部各器官所处的状态，如饥、渴、胃痛等；肌动觉感受身体运动与肌肉和关节的位置；平衡觉由位于内耳的感受器传达关于身体平衡和旋转的信息。

2.1.2 感觉的生理机制

感觉通过觉察声、光、热、气味等各种不同形式的能量去收集外界的信息，并提供给大脑再进行进一步加工。不同感觉虽然收集的信息不同，产生它的机构不同，但作为一个加工系统，它的活动基本上包括以下三个环节。产生感觉的第一步是收集信息。感觉活动的第二步是转换，即把进入的能量转换为神经冲动，这是产生感觉的关键环节，其机构称为感受器（receptor）。不同感受器上的神经细胞是专门化的，它们只对某一种特定形式的能量发生反应。感觉活动的第三步是将感受器传出的神经冲动经传输神经的传导，将信息传到大脑皮层，并在复杂的神经网络的传递过程中，对传入的信息进行有选择的加工。最后，在大脑皮层的感觉中枢区域，被加工为人们所体验到的具有各种不同性质和强度的感觉。

2.1.3 感觉阈值

感觉的产生需要有适当的刺激，而刺激强度太大或太小都产生不了感觉。也就是说，必须有适当的刺激强度才能引起感觉，这个强度范围称为感觉阈。它是指从刚好能引起感觉到刚好不能引起感觉的刺激强度范围。对各种感觉来说，都有一个感受体所能接受的外界刺激变化范围。感觉阈值就是指感官或感受体能够感受到某个刺激存在或刺激变化所需刺激强度的临界值。感觉阈值又分为绝对感觉阈值和差别感觉阈值。

1. 绝对感觉阈值

绝对感觉阈值是指感官最低可觉察的刺激量。感觉阈值越低，感受性越高。不同的人感觉能力不同，即感受性有很大差异，实践证明它能通过训练而改变。

绝对感觉阈值是指有 50%机会被觉察的最低刺激量。表 2-1 显示了早期心理物理学家（研究物理量和心理量之间关系的科学家）研究总结得出的一般人的各种感觉的绝对感觉阈值。

表 2-1　人类各种感觉的绝对感觉阈值

视觉	30 英里以外的一烛光
听觉	安静环境中 20 英尺以外的手表滴答声
味觉	两加仑水中的一匙白糖
嗅觉	弥散于 1 个公寓内的 6 个房间中的一滴香水
触觉	从 1cm 距离落到脸上一个苍蝇的翅膀

2．差别感觉阈值

差别感觉阈值是指感官所能感受到的刺激的最小变化量，即刚能引起差别感觉的两个刺激量之间的最小差异量。例如，人对光波变化产生感觉的波长差是 10nm。差别感觉阈值不是一个恒定值，它随某些因素如环境的、生理的或心理的变化而变化。

在刺激变化时所产生的最小感觉差异称为最小可觉差（Just Noticeable Difference，JND）。每个人的最小可觉差不相等，它可以因训练或其他条件而改变。

1860 年，德国心理学家费希纳（Gustav Fechner）对韦伯定律做了进一步的发展，提出它也可用于了解人们对刺激量的心理经验，即知觉大小。费希纳指出，由于 JND 是对刺激量的一个最小变化的觉察量，那么就可以用它作为测量知觉经验变化的单位。当刺激量越大，也可以解释为在物理量不断增加时，心理量的变化逐渐减慢。说明在物理量增大时，为了感知到同样的差异，需要更大的刺激变化，这一规律称为费希纳定律（Fechner's law）。严格地讲，费希纳定律是：由刺激引起知觉大小是该

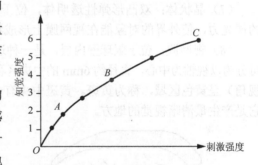

图 2-3　费希纳定律在视觉上的应用

感觉系统的 K 值与刺激强度的对数之积，如图 2-3 所示，图中横轴代表刺激强度（物理量），纵轴代表知觉强度（心理量）。

图 2-3 中，AB 之间与 BC 之间的刺激强度差异不等，但引起的心理经验相等，都是两个最小可觉差。用数学的说法是：当知觉经验以算术级数（1→2→3）增长时，刺激能量以几何级数（1→4→9）增长，知觉经验与刺激强度之间在数量上是一种对数关系。

2.1.4　视觉

视觉是人类最重要的一种感觉，是认知接受信息的主要渠道，它主要是由光刺激作用于人眼产生的。在人类获得的外界信息中，70%来自视觉，20%来自听觉，其余感官的获取量仅占 10%。因此，对发展智能机器，赋予其人类视觉功能是极其重要的。

视觉系统是人们接触外界信息最常用的器官，它能将所看到的现象进行理性分析、联想、诠释和领悟，并且在视觉过程中对信息轮廓进行辨析、判断，因此视觉包括"视"和"觉"两部分概念。视觉不仅是心理与生理的知觉，更是创造力的根源，其经验来自对周围

环境的领悟与辨析。

2.2 人眼构成

人类视觉系统由眼睛、神经系统及大脑组成。人眼是人类视觉系统的重要组成部分，是实现光学过程的物理基础。人眼是一个前后直径约为 24～25mm、横向直径约为 20mm 的近似球状体，如图 2-4 所示，其构成主要包括以下部分。

（1）角膜：俗称眼白，位于眼球壁的正前方，占整个眼球壁面积的 1/6、厚度约为 1mm 左右的一层弹性透明组织，折射率为 1.336。角膜相当于一个凸凹镜，具有屈光功能，光线经角膜发生折射进入眼内。

（2）巩膜：眼球壁外层的其余 5/6 的白色的不透明膜，厚度约为 0.4～1.1mm，主要起巩固、保护眼球的作用。

（3）脉络膜：厚度约为 0.4mm，含有丰富的黑色素细胞，起着吸收外来杂散光的作用，并消除光线在眼球内部的漫反射。

（4）虹膜：位于角膜后面、晶状体的前面。

（5）瞳孔：虹膜中央的圆孔，直径变化范围约在 2～8mm。

（6）睫状体：位于虹膜后面，内含平滑肌，支持晶状体的位置及调节晶状体凸度。

（7）晶状体：双凸形弹性透明体，位于玻璃体与虹膜之间，睫状体的收缩可改变晶体的屈光力，使外界的对象能在视网膜上形成清楚的影像。

（8）视网膜：位于眼球壁内层，是一种透明薄膜，是眼球的感光部分。视网膜（retina）可分为以视轴为中心，直径约 6mm 的中央区和周边区。中央区有一直径约为 2mm（折合 6° 视角）呈黄色区域，称为黄斑。黄斑中央有一小凹，叫做中央凹(fovea)，面积约为 $1mm^2$，它是产生最清晰视觉的地方。

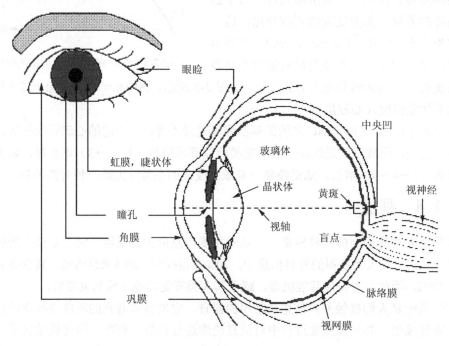

图 2-4 人眼构成示意图

眼球内还包括晶体、房水及玻璃体，它们都是屈光介质。

2.3　视觉过程

视觉过程概括为，外界光线聚焦在视网膜上，视网膜感受光照，并将辐射能转变为电信号，通过视觉通道传到大脑皮层进行处理，并最终感知场景。于是视觉过程可以归纳为三个阶段：接收视觉信息、处理视觉信息和感知视觉信息。从解剖生理学的角度看，整个视觉过程由视觉信息的光学过程、化学过程和神经处理过程这三个过程组成。

2.3.1　光学过程

人眼是实现光学过程的物理基础，它是一个很复杂的器官，但从成像的角度可将眼睛和照相机进行简单比较，各部分构件对比见表 2-2，包括控制进入光通量、使光折射对焦及呈现外部影像等功能。

表 2-2　人眼与照相机对比

人 眼 构 件	功　　能	照相机构件
眼睑	保护眼睛	镜头盖
巩膜	眼白，支撑眼珠	机身
角膜	保护、滋润眼珠	护镜
虹膜，瞳孔	收缩、扩张瞳孔，控制进入人眼内的光通量	可变光圈
晶状体	扁球形弹性透明体，曲率可调节，以改变焦距	镜头
脉络膜	吸收杂散光线	暗盒
视网膜	成像	感光底片

如图 2-5 所示为人眼成像示意图，可看做一个光学系统的光路图。当眼睛聚焦在前方物体上时，从外部入射到眼睛内的光就在视网膜上成像。睫状体韧带产生的张力控制晶状体的形状，从而改变晶状体的屈光能力。例如，看远处物体时，晶状体变平，晶状体具有最小的屈光能力，而看近处物体时，晶状体变厚，具有较大的屈光能力。当屈光能力从最小变到最大时，晶状体聚焦中心和视网膜间的距离可以从 17mm 变到约 14mm。

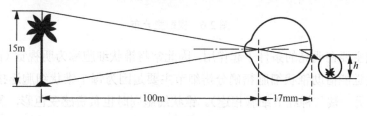

图 2-5　人眼成像示意图

在图 2-5 中，观察者看一棵距离 100m、高 15mm 的树，如用 h 表示以毫米为单位的视网膜上的成像大小，由图中几何关系可以得出，$15/100 = h/17$，所以 $h=2.55mm$。可见，光学过程确定物体在视网膜上所成像的大小。

眼睛的视角约为 150°，但是只有在视轴周围 6°～8° 范围内的物体才能成清晰像。

物体上每一点的光线进入眼球以后会聚在视网膜的不同点上，这些点在视网膜上形成左右换位、上下倒置的实像。这种形成倒像的过程是一个简单的纯物理过程。至于我们所看到的物体，并没有感觉它是倒像，那是因为受生活习惯的影响。事实上，视网膜上的影像和大脑中的感觉是两回事，不管视网膜上所成像是正像还是倒像，经过一段时间的训练和大脑综合经验判断，我们便会得到一个符合客观事实的认识。

2.3.2 化学过程

视网膜上的视细胞可接收光的能量并形成视觉图案，它们起着感知成像的亮度和颜色（即视感觉）的作用。视细胞有两类：锥状细胞（cone cell）和杆状细胞（rod cell）。

1. 视细胞分布

视网膜上分布着大约 700 万个锥状细胞和 1.3 亿个杆状细胞，数量比约为 1/20，分布情况如图 2-6 所示。锥状细胞大量集中在视网膜中央凹以及与中央凹大约呈 3° 视角的范围内，其密度高达 150 000 个/mm^2。因为该区域呈黄色，所以称为黄斑。人类视觉的中央凹没有杆状细胞，只有锥状细胞。离开中央凹，锥状细胞急剧减少，而杆状细胞急剧增多。在离开中央凹 20° 的地方，杆状细胞最多。中央凹的锥状细胞密度很高，是产生最清晰视觉的地方。

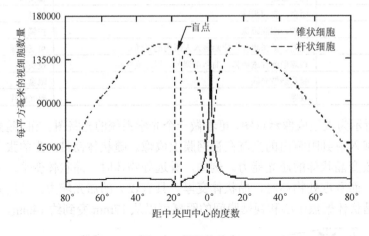

图 2-6　视细胞分布

锥状细胞主要在明亮的条件下起作用，因此常将锥状细胞称为明视觉（photopic vision）细胞。人类视觉能借助锥状细胞精确分辨细节主要是因为每个锥状细胞连接着一个双极细胞（双极细胞另一端与神经节细胞相连）。锥状细胞同时也负责感受色彩，若锥状细胞功能不良即导致色盲。而多个杆状细胞连接着一个双极细胞，因此在低照度条件下通过几个杆状细胞对外界微弱刺激起总和作用，以得到高的感光灵敏度。杆状细胞不能分辨物体细节，仅分辨图的轮廓，同时还负责察觉物体的运动。因此，将杆状细胞称为暗视觉（scotopic vision）细胞。相对于锥状细胞，杆状细胞对光更为敏感，较容易看到微弱的亮光，但无法分辨颜色，例如，在日光下看到的鲜艳的彩色物体在月光下将不再能够看到彩色，就是由于在月光下只有杆状细胞在工作。若杆状细胞损失则将导致夜盲。

2. 视细胞的光谱响应特性

同样功率的辐射在不同的光谱部位表现为不同的明亮程度。为了确定人类视觉对各种波长光的感光灵敏度，人们通过实验测定人眼观察不同波长达到同样亮度时需要的辐射能量，得到锥状细胞与杆状细胞的相对能量曲线，如图 2-7 所示。

对于锥状细胞，在 400nm 和 700nm 两个波段的感受性很低，而在 555nm（黄绿色）处感受性最高。对于杆状细胞，在 400nm 处感受性较低，感受性最高处在 510nm（蓝绿色）波段，最低处在 700nm 处。这说明两种视细胞的最大光感受性处在光谱的不同部位。

图 2-7 也说明，对于同一波长光，达到同样的感受性，杆状细胞所需的辐射能量要明显低于锥状细胞。1971 年国际照明委员会（CIE）公布的光谱光视效率（或称为视见函数）同样证实了该结论。在明视觉条件下（亮度大于 3cd/m²），视觉主要由人眼视网膜上分布的锥状细胞的刺激所引起；在暗视觉条件下（亮度小于 0.001cd/m²），视觉主要由杆状细胞的刺激所引起。视细胞对比结果如表 2-3 所示。

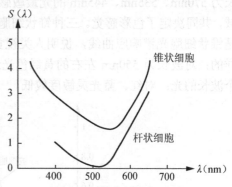

图 2-7　视细胞相对能量曲线

表 2-3　视细胞对比

	锥状细胞	杆状细胞
数量	约 700 万个	1.3 亿个
作用范围	$3.4\sim10^6\text{cd/m}^2$	$0.034\sim3.4\times10^{-6}\text{cd/m}^2$
分布	半数集中于视网膜中央凹，周边数量减少	主要集中于视网膜周边，不存在于中央凹
功能	明视觉，分辨细节	暗视觉，分辨轮廓，觉察运动
敏感光波	对 555nm 光波最敏感	对 510nm 光波最敏感
颜色感觉	能够感受色彩	明暗视觉，不能分辨颜色

而在 $0.034\sim3.4\text{cd/m}^2$ 范围内，锥状细胞与杆状细胞同时起作用，通常为明、暗视觉间的短暂过渡期。例如，傍晚驾车，初期杆状细胞较不敏感，人眼依赖锥状与杆状细胞共同作用来观看，一旦杆状细胞有足够的适应时间，将成为主要的视觉感受器。

3. 色觉的生理学结构

人眼区别不同颜色的机理，常用光的"三原色学说"来解释，该学说认为红、绿、蓝为三种基本色。其余的颜色都可由这三种基本色混合而成；并认为在视网膜中有三种锥状细胞，含有三种不同的感光色素分别感受三种基本颜色。当红、绿、蓝分别进入人眼后，将引起三种锥状细胞对应的光化学反应，每种锥状细胞发生兴奋后，神经冲动分别由三种视神经纤维传入大脑皮层视区的不同神经细胞，即引起三种不同的颜色感觉。当三种锥状细胞受到同等刺激时，引起白色的感觉。

关于人眼的锥状体感光色素和色觉关系的研究由拉什顿在 1957 年建立了良好的开端。他收集入射到眼睛中的光在眼底的反射成分，分析其波长，结果显示出在正常人的中央凹锥状体中存在着叫做红敏素（吸收最大波长 590nm）和绿敏素（吸收最大波长 540nm）的两种感光色素，特别是预言了叫做蓝敏素的存在，并且指出红色色盲者不能检出红敏素。

这一研究证明锥状体内至少有两种感光色素。马克斯（Marks）在 1964 年用显微镜分光法对动物和人的单一锥状细胞内感光色素进行了测定，证明了每个锥状细胞内具有简单的视觉物质存在。

假设人的视网膜上存在 3 种不同的锥状细胞，它们有重叠的光谱响应曲线，分别对波长为 570nm、535nm、445nm 的光最敏感，这三个峰值段分别对应着光谱中的红、绿、蓝区域，共同决定了色彩感觉。三种锥状细胞光谱响应曲线如图 2-8 所示。这三条曲线的叠加便是锥状细胞光谱响应曲线，说明人类视觉系统对相同强度不同波长光的感光灵敏度是不一样的：对波长为 550nm 左右的黄绿色光最敏感，例如，为了行车安全，车灯的颜色使用这个波长的光；对红、蓝光灵敏度较低。

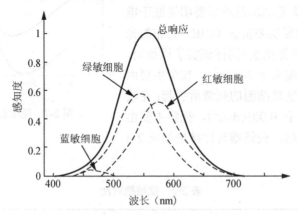

图 2-8　锥状细胞光谱响应曲线

锥状细胞和杆状细胞均由色素分子组成，其中含有可吸收光的视紫红质（rhodopsin）。这种物质吸收光后通过化学反应分解成另外两种物质。一旦化学反应发生，分子就不再吸收光。反过来，如果不再有光通过视网膜，化学反应就反过来进行，分子可重新工作（这个过程常需要几十分钟）。当光通量增加，受到照射的视网膜细胞数量也增加，分解视紫红质的化学反应增强，从而使产生的视神经元信号变得更强。从这个角度看，视网膜可看成一个化学实验室，将光学图像通过化学反应转换成其他形式的信息。在视网膜各处产生的信号强度反映了场景中对应位置的光强度。由此可见，化学过程基本确定了成像的亮度和颜色。

2.3.3　神经处理过程

物体在可见光照射下经眼睛光学系统在眼底视网膜上形成物像，由杆状细胞和锥状细胞将辐射能转变为神经信号，沿着视神经传至大脑。传递机制由三级神经元实现：第一级为视网膜双极细胞（bipolar cell）；第二级为视神经节细胞（Ganglion Cell，GC），经视神经节细胞加工的神经信号，经过视交叉部分地交换神经纤维后，再形成视束，传到中枢神经的许多部分，包括丘脑的外侧膝状体（Lateral Geniculate Nucleus，LGN）、上丘（superior colliculus）和视皮层（visual cortex）；第三级神经元的纤维从外侧膝状体发出，终止于大脑的纹状皮层（striated cortex）。在那里，对光刺激产生的响应经过一系列处理，最终形成关于场景的表象，从而将对光的感觉转化为对场景的知觉。

纹状皮层区域是实现对视觉信号初步分析的区域。当这个区域受到刺激时，人们能看到闪光；如果这个区域被破坏，病人会失去视觉而成为盲人。与纹状皮层区域邻近的另一些脑区，负责进一步加工视觉信号，产生更复杂、更精细的视觉，如认识形状、分辨方向等。如果这些部位受损伤，病人将失去对物体、空间关系、人面、颜色和词的认识能力，产生各种形式的失认症。

视网膜上锥状细胞和杆状细胞的数量远远超过视神经节细胞（100 万个）的数量。因此，来自视觉感受器的神经兴奋必然出现聚合作用，即来自许多锥状细胞和杆状细胞的神经兴奋，会聚到一个或少数几个视神经节细胞上。由于锥状细胞和杆状细胞的数量不同，它们会聚到双极细胞和视神经节细胞上的会聚比例也不同。这对视觉信息加工有重要的影响。

以上多个步骤构成视觉的全过程，视觉过程先从光源发光或景物受到光的照射开始。光通过场景中的物体反射进入作为视觉感受器官的左右眼睛，并同时作用在视网膜上引起视感觉。视网膜是含有光感受器和神经组织网膜的薄膜。光刺激经视网膜上的视细胞转变为神经信号，通过视觉通道传到大脑皮层进行处理并最终引起视知觉，或者说在大脑中对光刺激产生响应形成关于场景的表象。大脑皮层的处理要完成一系列工作，从图像存储到根据图像做出响应和决策。

2.4 视觉感受野

视网膜上的视细胞通过接收光并将它转换为输出神经信号而影响许多神经节细胞、外膝状体细胞及视皮层中的神经细胞。反过来，任何一种神经细胞（除起支持和营养作用的神经胶质细胞外）的输出都依赖于视网膜上的许多光感受器。我们称直接或间接影响某一特定神经细胞的视细胞的全体为该特定神经细胞的感受野（receptive field）。感受野是指视网膜面上受到点状光源照射时每个神经元都有响应的区域。感受野小时，仅从非常有限的区域的视细胞内接收信号，故空间分辨能力高；相反，感受野大时可以从较宽范围内接收信号，空间分辨能力变低。感受野类似图像处理中的空间滤波器。由于在大脑皮层上综合处理视觉信息，如果是表示选择性的图案，神经元在比较广阔的视野内对该图案响应，因此感受野的大小与空间分辨能力没有直接关系。

1962 年，休伯（Hubel）和威塞尔（Wiesel）发现视觉通路中感受野对刺激的位置和方向信息敏感，1981 年因此获得诺贝尔生物学奖。

当感受野受到刺激时，能激活视觉系统与这个区域有联系的各层神经细胞的活动。视网膜上的这个区域就是这些神经细胞的感受野。根据感受野的研究，休伯等人认为，视觉系统的高级神经元能够对呈现给视网膜上的、具有某种特性的刺激物做出反应。这种高级神经元叫做特征觉察器。高等哺乳动物和人类的视觉皮层具有边界、直线、运动、方向、角度等特征觉察器，由此保证机体对环境中提供的视觉信息做出选择性的反应。感受野是视觉神经科学后续发展和现代计算机视觉系统建立的重要基础。

经典感受野是在一定图形刺激下有神经元放电的视觉区域，它不包括对经典感受野起调制作用的周边区域。Rodieck 于 1965 年提出了对空间亮度变化敏感的同心圆拮抗式（homocentric opponent）感受野的数学模型直到今天还被广泛采用。这一模型采用一个光刺激作用强的中心区和一个作用较弱但面积更大的周边区的线性组合表示,如图 2-9 所示。这两个具有相互拮抗作用的机制,都具有高斯分布的性质,但方差不同,而且彼此方向相反(相减关系),故称高斯差(Difference of Gaussians,DOG)模型。

这种同心圆形状的感受野按其对光信号的转换作用又可以分为中心兴奋区、周边抑制区构成的 on 型感受野,以及中心抑制区、周边兴奋区构成的 off 型感受野,如图 2-10 所示。图中还画出了这两种感受野对光信号的径向截面响应曲线。具有这种感受野的 GC(Ganglion Cell,神经节细胞)细胞对于在同心圆区域受到均匀光照的光刺激的反应,为响应曲线的积分。一般,GC 细胞的输出为响应曲线与光信号乘积的积分。如图 2-11 表示当视网膜上光信号为一边亮一边暗的具有一定对比度的信号时,感受野位于不同空间位置的 GC 的输出。只有当亮暗边缘线经过同心圆中心时,GC 的输出与感受野受到均匀光照时一样,设为 E。而当边缘线位于同心圆其他位置时,GC 的输出分别高于或低于该平均输出 E。若将输出看做实际输出减去平均输出 E,则当亮暗边缘线经过感受野同心圆中心时,输出为零。可见,由 GC 的输出与感受野的位置可以检测边缘。

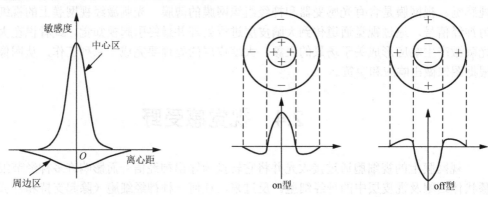

图 2-9 高斯差感受野模型   图 2-10 on 型与 off 型感受野

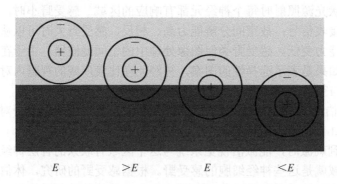

图 2-11 不同位置感受野的 GC 细胞对具有黑白对比度的光信号的响应

2.5 视觉的空间特性

2.5.1 空间频率响应特性

人眼对空间感觉的角度频率 cpd(cycle/degree,周/度)定义为,表示眼球每转动 1° 扫过的黑白条纹周期数。空间频率也可以理解为从某一观察点来看，亮度信号在单位视角内周期性变化的次数。对给定的条纹，这个值与人眼到显示屏的距离有关，对于同样大小的屏幕，离开越远，cpd 值越大。

用亮度呈空间正弦变化的条纹做测试，亮度 $Y(x, y) = B[1 + m\cos(2\pi f x)]$，给定条纹频率 f（f 与 cpd 之间具有一定的换算关系）为一固定值（看做宽度），改变振幅 m（对比度），测试分辨能力。显然 m 越大分辨越清楚，因而 $1/m$ 可作为分辨能力的判据，称做对比度灵敏度（contrast sensitivity）。此时，m 也称为临界对比度，即在给定的某个亮度环境下，人眼刚好（以 50%的概率）能够区分两个相邻区域的亮度差别所需要的最低对比度。

通过测试不同 cpd 条件下的对比度灵敏度来研究人类视觉的空间频率响应。如图 2-12 所示，给出了视觉对不同空间频率的正弦条纹的响应，它表示该线性系统的空间频率特性。从图上可以看出，当空间频率在 3～4.5 周/度时，视觉的对比度灵敏度最高，即人眼对这些空间频率的分辨能力最强，空间截止频率为 30 周/度。例如，我们看油画和电视机屏幕时，当距离一定远时，cpd 增大，人的眼睛就分辨不了像素细节，便感觉不到颗粒感了。因此，人类视觉系统基本上可以认为是一个低通线性系统。而视觉系统频率响应在低端的下降则需要用侧抑制理论来解释。

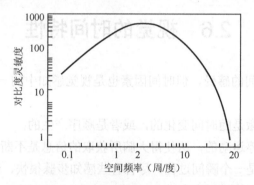

图 2-12　视觉的空间频率响应（对比度灵敏度响应）

2.5.2　视觉在空间上的累积效应

人眼对光刺激的感受范围很大，可多达 13 个数量级。最低的绝对刺激阈值为 10^{-5}lx（勒克斯），而最高为 10^{8}lx。在最好的条件下，例如，在边缘视网膜的一个足够小的区域里，每个光量子都被一个杆状细胞所吸收时，只需要几个光量子即可引起视觉。此时可认为发生了完全的空间累积作用，这种情况可用称为光面积和强度的反比定律来描述。这个定律可写成

$$E_c = kAL \tag{2-1}$$

式中　E_c——50%觉察概率所需的临界光能量（即在多次试验中，每两次中有一次观察到光刺激时的光能量），即视觉的绝对阈值；

A——累积面积；

L——亮度；

k——一个常数，它与 E_c、A、L 所使用的单位有关。

注意，能使上述定律满足的面积有一个临界值 A_c（对应直径约为 0.3rad 的圆立体角），当 $A < A_c$ 时，上述定律成立，否则上述定律不成立。

由此可见，空间累积效应可以这样来理解：当小而弱的光点单独呈现时可能看不见，

但是当多个这样的光点连在一起作为一个大光点同时呈现时便能看见。它的机能意义在于：很大的物体在较暗的环境中即使轮廓模糊也可能被看见。

2.5.3 眼睛的空间分辨率

眼睛的空间分辨率定义为眼睛能够分辨靠近的两个物点的极限值。

人眼的光学过程使物体成像于视网膜上，而视网膜上视神经节细胞有一定大小，相邻两点必须成像于两个细胞上才有可能被分辨出来。一个视神经节细胞的直径为 0.003mm，故视神经节细胞能分辨的两个像点之间的最小距离为 0.006mm。若把眼睛看成理想光学系统，则根据圆孔的夫琅禾费（Fraunhofer）衍射公式，极限分辨角表示为：

$$\varepsilon = \frac{1.22\lambda}{D} = \frac{1.22 \times 0.00055}{D} \times 206265'' = \frac{140''}{D}$$

式中，假设入射光选择人眼最敏感的黄绿光，即 $\lambda = 0.00055$mm；同时，通过乘以 206265 将弧度结果转化为秒来表示，即 1 弧度 $= 206265''$。由于人眼在正常情况下入瞳直径 $D = 2$mm，故极限分辨角为 $\varepsilon = 140''/2 = 70'' \approx 1°$。

2.6 视觉的时间特性

视觉主要是一个空间的感受，但时间因素也是视觉感知中的一个基本因素，这可以从以下三方面解释：

（1）大多数视觉刺激是随时间变化的，或者是顺序产生的；

（2）眼睛一般是不停运动的，这使得大脑所获取的信息是不断变化的；

（3）感知本身并不是一个瞬间过程，尽管有些感知步骤很快，但总有一些步骤会较慢，因为信息处理总需要一定的时间来完成。

2.6.1 时间频率响应特性

视觉系统对运动图像的感知主要有两种现象，即闪烁和视觉暂留。

1. 闪烁（flicker）

时间频率即画面随时间变化的快慢。Kelly.D.H用亮度呈时间正弦变化的条纹做测试，亮度 $Y(t) = B\left[1 + m\cos(2\pi f t)\right]$。固定 m，测试不同时间频率 f 下的对比敏感度。实验表明时间频率响应还和平均亮度有关。在一般室内光强下，人眼对时间频率的响应近似为一个带通滤波器，对 15～20Hz 信号最敏感，有很强闪烁感，大于 75Hz 时闪烁感消失。

例如，当在黑暗中挥动一支点燃的香烟时，实际的景物是一个亮点在运动，然而看到的却是一个亮圈。如果让观察者观察按时间重复的亮度脉冲，当脉冲重复频率不够高时，人眼就有一亮一暗的感觉，称为闪烁；重复频率足够高，闪烁感觉消失，看到的则是一个恒定的亮点。这种由于时间频率的增加，所导致的闪烁感消失的现象也叫闪光融合。刚到达闪烁感消失的频率叫做临界融合频率（Critical Fusion Frequency，CFF）。

闪光融合依赖于许多条件。刺激强度低时 CFF 低；随着强度上升，CFF 明显上升。在较暗的环境下，呈低通特性，这时对 5Hz 信号最敏感，大于 25Hz 闪烁基本消失。电影院环境很暗，放映机的刷新率为 24Hz 也不感到闪烁，这样可以减少胶卷用量和机器的转速。而计算机显示器亮度较大，需要刷新率达到 75Hz 闪烁感才消失。

一般来说，要保持画面中物体运动的连续性，要求每秒钟摄取的画面数约为 25 帧左右，即帧率要求为 25Hz，而 CFF 则远高于这个频率。在传统的电视系统中由于整个通道中没有帧存储器，显示器上的图像必须由摄像机传送过来的画面刷新，所以摄像机摄取图像的帧率和显示器显示图像的帧率必须相同，而且互相是同步的。在数字电视和多媒体系统中，在最终显示图像之前插入帧存储器是很简单的事，因此摄像机的帧率只要保证动作连续性的要求，而显示器可以从帧存储器中反复取得数据来刷新所显示的图像，以满足无闪烁感的要求。现在市面上出现的 100Hz 的电视机，就是用这种办法将场频由 50Hz 提高到 100Hz 的。

2. 视觉暂留（persistence of vision）

人眼对于亮度的突变并不能够马上适应，而是需要一定的适应时间，这种对亮度改变所呈现出的滞后响应特性称为视觉惰性。当影像消失时（刺激物对感受器的作用停止后），视觉神经和视觉处理中心的信号不会立即消失，而是一个指数规律衰减过程，信号完全消失需要一个相当长的时间，这种现象也称为后像。由此可以解释视觉掩盖效应。

人类视觉的时间频率特性可以使用一阶系统模型进行描述，上述这种视觉的低通特性，如视觉惰性和后像，可以解析为视觉暂留效应，如图 2-13 所示。由于此，当现实画面之帧率高于 16fps 的时候，人眼就会认为是连贯的。生活中常感受到的动态模糊、运动残像也和视觉暂留有关。

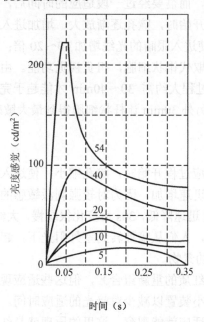

时间（s）

（a）不同亮度条件下亮度感觉随时间的变化

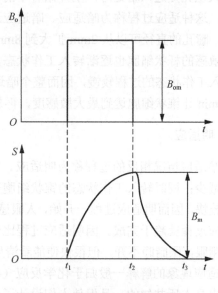

B_o——实际亮度；S——亮度感觉；
B_{om}——实际亮度最大值；B_m——亮度感觉最大值

（b）实际亮度与亮度感觉

图 2-13　视觉暂留效应示意图

2.6.2　视觉在时间上的累积效应

当对一般亮度（光刺激不太大）的物体进行观察时，接收光的总能量 E 与物体可见面积 A、表面亮度 L 和观察时间 T 成正比，若令 E_c 为以 50％的概率觉察到所需的临界光能量，则有

$$E_c = ALT \tag{2-3}$$

式（2-3）成立的条件是 $T < T_c$，T_c 为临界观察时间长度。式（2-3）表明，在 T_c 时间内眼睛受刺激的程度与观察时间成正比。若观察时间超过 T_c，则不再有时间累积效应，换句话说，此时式（2-3）不成立。

2.6.3　眼睛的时间分辨率

有很多实验表明，眼睛能感知到两种不同步的亮度现象，主要能在时间上将它们分开。其中，一般需要至少 $60 \sim 80\,\mu s$ 来有把握地区分开它们，另外还需要约 $20 \sim 40\,\mu s$ 以确定哪个亮度现象先出现。从绝对时间上讲，这个间隔看起来不长，但如果与其他感知过程相比还是相当长的，如听觉系统的时间分辨率只有几微秒。

2.6.4　视觉适应

视觉适应是我们熟悉的一种感觉现象，它是由于光刺激的持续作用而引起视觉器官的感受性的相顺应变化。人眼的适应分为暗适应和明适应两种。

1.　暗适应

当人从亮处进入暗处时，刚开始看不清物体，而需要经过一段适应的时间后，才能看清物体，这种适应过程称为暗适应。暗适应过程开始时，瞳孔逐渐放大，增加进入眼睛的光通量，瞳孔的直径可以从 2mm 扩大到 8mm，使进入眼睛的光线增加 $10 \sim 20$ 倍；同时对弱刺激敏感的杆状细胞也逐渐转入工作状态，以取代锥状细胞，担负视觉功能。由于杆状细胞转入工作状态的过程较慢，因而整个暗适应过程大约需 $30 \sim 40$min 才能趋于完成，其中约 10min 让锥状细胞达到最大敏感度，再加上另外 30min 让杆状细胞得到最大敏感度。

2.　明适应

与暗适应情况相反的过程称为明适应。明适应过程开始时，瞳孔缩小，使进入眼中的光通量减少；同时转入工作状态的锥状细胞数量迅速增加，因为对较强刺激敏感的锥状细胞反应较快，因而明适应过程一开始，人眼感受性迅速降低，30s 后变化很缓慢，大约 1 min 后明适应过程就趋于完成。因明适应过程比较快，人们从暗处转到室外阳光下，起初会感到强光刺眼，眼睛睁不开，但很快便能看清周围的景物。

对适应现象的解释一般归于化学反应（视紫红质的重新组合），但这些适应现象本身在实际中是人所共知的，且促使人们设计了许多小装置以减少对暗光的适应时间。例如，染成红色的眼镜可以用来在晚上不需对暗光进行适应就能观察。这里的原理就是红色主要刺激锥状细胞，戴红色的眼镜可让杆状细胞保持对暗光的适应。

人眼虽具有适应性的特点，但当视野内明暗急剧变化时，眼睛却不能很好适应，从而会

引起视力下降。另外若眼睛需要频繁地适应各种不同亮度，不但容易产生视觉疲劳（fatigue），影响工作效率，而且也容易引起事故。为了满足人眼适应性的特点，要求工作面的光亮度均匀而且不产生阴影；对于必须频繁改变亮度的工作场所，可采用缓和照明或佩戴一段时间有色眼镜，以避免眼睛频繁地适应亮度变化，而引起视力下降和视觉过早疲劳。

2.7　视觉的心理物理学特性

我们在设计或使用以数字图像为处理对象的算法或设备时，应该考虑人的图像感知原理。如果一幅图像要由人来分析的话，信息应该用人容易感知的变量来表达，这些变量即为心理物理学参数，包括对比度、边缘、形状、纹理、色彩等。只有当物体能够毫不费力地从背景中区分出来时，人才能从图像中发现它们。人的视觉感知会产生很多错觉，了解这些现象对于理解视觉机理有很大帮助，其中比较为人熟知的一些错觉我们也将论述。

2.7.1　视觉对比

对比度（contrast）是亮度的局部变化，定义为物体亮度的平均值与背景亮度的比值。亮度与人类视觉敏感度之间呈对数关系，这意味着对于同样大小的感知，高亮度需要高的对比度。

视觉对比是由光刺激在空间上的不同分布所引起的视觉经验，可分成明暗对比与颜色对比两种。明暗对比是由光强在空间上的不同分布造成的。对比不仅能使人区别不同的物体，而且能改变人的明度经验。例如，如图 2-14 所示的三幅图片，内部正方形区域拥有相同的强度，然而它们看起来是随着背景变亮而亮度逐渐变暗。

可见，物体的亮度不仅取决于物体的照明及物体表面的反射系数，而且也受物体所在的周围环境的亮度的影响。当某个物体反射的光亮度相同时，由于周围物体的亮度不同，可以产生不同的亮度感觉。这种表观上的亮度很大程度上取决于局部背景的亮度的现象被称为条件对比度（conditional contrast）。

颜色也有对比效应。一个物体的颜色会受到它周围物体颜色的影响而发生色调的变化。例如，将一个灰色圆环放在红色背景上，圆环将呈现绿色，放在黄色背景上，圆环将呈现蓝色。总之，对比使物体的色调向着背景颜色的补色的方向变化。

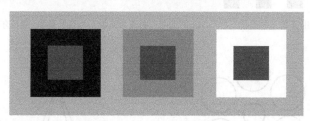

图 2-14　视觉对比现象示意图

2.7.2　视错觉

视错觉（visual illusion）是指当人观察物体时，基于经验主义或不当的参照形成的错误的判断和感知。因为眼睛不同于照相机，耳朵不同于录音机，视觉是对客体再加工的心理历程，而不是机械的复制。视错觉现象很早就被人类所认识，如《列子》中所载"两小儿辩日"的故事，所谓"日初出大如车盖而日中则如盘盂"，就是一个视错觉例子。日月错觉是一个十分常见而有趣的例子，太阳或月亮接近地平线时，看起来比其位于正空时要大 50% 左右，虽然在这两个位置时太阳或月亮在视网膜上所成的像是一样大的。

早期研究侧重于黑白色调的视错觉，近来特别是由于计算机制图技术的发展，颜色错觉（color illusion）和运动错觉（motion illusion）的研究更加深入。例如，凝视瀑布的落下，适应其运动之后看静止图形时，好像在向上运动，这就是所谓的瀑布视错觉。

视错觉中研究得最多、也最具代表性的是几何视错觉（geometric illusion）。日常生活中会遇到许多熟知的视错觉的例子，下面仅给出一些经典的几何视错觉，如图 2-15 所示。

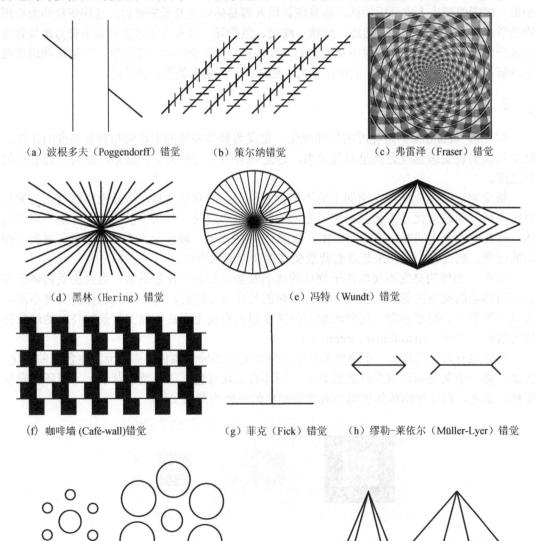

（a）波根多夫（Poggendorff）错觉　　（b）策尔纳错觉　　　　（c）弗雷泽（Fraser）错觉

（d）黑林（Hering）错觉　　　　　　（e）冯特（Wundt）错觉

（f）咖啡墙 (Café-wall) 错觉　　（g）菲克（Fick）错觉　　（h）缪勒-莱依尔（Müller-Lyer）错觉

（i）艾宾浩斯（Ebbinghaus）错觉

图 2-15　几何视错觉示例

1．方向错觉

（1）一条直线的中部被遮盖住，看起来直线两端向外移动部分不再是直线了，也称为波根多夫错觉，如图 2-15（a）所示。

（2）由于背后倾斜线的影响，看起来笔直而平行的黑线却变得不再平行，也称为策尔纳错觉，如图 2-15（b）所示。

（3）画的是同心圆，看起来却是螺旋形了，也称为弗雷泽错觉，如图 2-15（c）所示。

2．线条弯曲错觉

（1）两条平行线看起来中间部分凸了起来，也称为黑林错觉，如图 2-15（d）所示，放射线会歪曲人对线条和形状的感知。

（2）两条平行线看起来中间部分凹了下去，也称为冯特错觉，如图 2-15（e）所示。

（3）咖啡墙错觉类似于某一咖啡馆的墙壁而得名，如图 2-15（f）所示，实际上确实平行的线条看起来并不平行。

3．线条长短错觉

（1）垂直线与水平线是等长的，但看起来垂直线比水平线长，也称为菲克错觉，如图 2-15（g）所示。

（2）左边中间的线段与右边中间的线段是等长的，但看起来左边中间的线段比右边的要长，也称为缪勒-莱依尔错觉，如图 2-15（h）所示。

4．面积大小错觉

中间的两个圆面积相等，但看起来左边中间的圆大于右边中间的圆；中间的两个三角形面积相等，但看起来左边中间的三角形比右边中间的三角形大，也称为艾宾浩斯（Ebbinghaus）错觉，如图 2-15（i）所示。

对于视错觉的解释，郝葆源[20]介绍了六种假说，但没有一种假说对所有几何视错觉都能够作出合理解释，这方面的研究还有待于继续深入。

2.7.3 马赫带效应

马赫带效应（Mach band effect）是由奥地利物理学家 E.Mach 于 1868 年发现的一种明度对比现象，即指人们在明暗交界的边界处感到亮处更亮、暗处更暗的现象，如图 2-16 所示。它是一种主观的边缘对比效应，不是由于刺激能量的实际分布，而是由于神经网络对视觉信息进行加工的结果。

图 2-16　马赫带效应示意图

马赫带效应可以用生理学中的侧抑制理论加以解释。侧抑制是指相邻的感受器之间能够互相抑制的现象，是人类为检测图像边缘而进化出来的一种功能，但同时也引起了人类视觉对客观影像的失真。侧抑制是动物感受神经系统内普遍存在的一种基本现象。由于侧抑制作用，一个感受器细胞的信息输出，不仅取决于它本身的输入，而且也取决于邻近细胞对它的影响，如图 2-17 所示。

图像的边缘信息对视觉很重要，特别是边缘的位置信息。人眼容易感觉到边缘的位置变化，而对于边缘的灰度误差，人眼并不敏感。

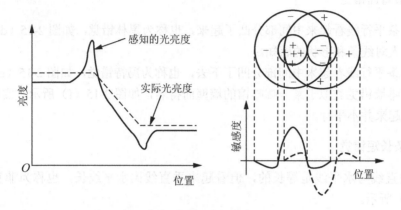

图 2-17　马赫带效应生理基础

2.7.4　赫尔曼格子错觉

黑色衬底上数条白线交叉时，可看到黑点，若图形衬底的白黑反转可看到白（灰）点，如图 2-18（a）所示。这是很早就已经知道的赫尔曼格子错觉（Hermann grid illusion），即使格子中途断裂也同样产生耶兰史坦亮度错觉（Ehrenstein's brightness illusion）。随着神经生理学的发展，可以利用感受野的功能来说明。这种现象与线的宽度基本无关，而与线与背景之间的对比度有关。交叉线有一定宽度，交叉部分放置明亮的圆，则不再是静止的点，而是观察到闪烁不定的明暗圆，如图 2-18（b）所示，这种现象称为闪烁格子错觉（scintillating grid illusion）。由于点的现隐是明确的（基本对应于眼球的微小运动），感觉上却如彩色抖动一样不舒服。有报道认为，这与感受野的大小有关系，在超过一定宽度的网格上不会产生。

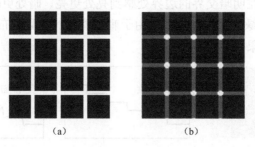

（a）　　　　　　　　（b）

图 2-18　赫尔曼格子

以上是人类近 40 年来对高级生物视觉的研究成果，这些研究成果给我们研究和设计计算机视觉系统提供了很好的生物学模型支持。这里需要指出，对生物视觉信息处理过程的研究难度十分巨大，目前的研究成果仅仅是生物视觉信息处理机理的极其微小的一部分。

思考与练习

2-1　（1）当人观看一个相距 51m、高 6m 的柱状物体时，其视网膜上的像尺寸是多少？
　　　（2）将一个高 6cm 的柱状物放到距眼睛多远的位置可得到与（1）中相同的像尺寸？

2-2　简述人眼成像机理。

2-3　人类视觉系统由几部分组成？各部分的功能是什么？

2-4　两种视细胞光感灵敏度差异的物理机制以及各自的功能是什么？

2-5　人类视觉能够感受颜色的生理学根据是什么？

2-6　试分别具体分析构成视觉过程的光学过程、化学过程和神经处理过程这三个顺序的子过程在视感觉中的作用和特点。

2-7　从人眼空间特性的角度谈谈电视为何有最佳观看距离。

2-8　列举一些反映视觉在时间或空间上有累积效应的具体事例。

第3章 »»»»»
光辐射与光源照明

教学要求

了解光辐射的基本概念，掌握常用可见光光源以及照明光源类型，通过学习培养视觉测量系统中照明方案设计的能力。

引 例

光是信息的载体，光源照明系统是影响视觉测量系统输入的重要因素。针对同一个测量物体，采用不同的光源照明系统将产生如图 3-1 所示的两种不同的照明效果。由此说明，光源照明系统相关理论与实践知识对于视觉测量技术的应用及系统设计是相当重要的。

图 3-1 照明效果对比

3.1 电磁波与光辐射

光是电磁波（electromagnetic wave）的一种表现形式，是以电磁波方式传播的粒子。电磁波是横波，电场和磁场矢量不仅相互垂直，两者也均垂直于电磁波的传播方向。电场或磁场的极性变化一周期的时间称为周期（period），一周期内电磁波传播的距离称为波长（wavelength），单位时间内电场或磁场的极性重复变化的次数（周期的倒数）称为电磁波的频率（frequency）。它们之间有如下的关系：

$$c = \nu\lambda = \lambda/T \tag{3-1}$$

式中　c——真空中光的传播速度，一般近似记为 $3\times10^8\text{m/s}$；

　　　ν, λ, T——光的频率、波长、周期。

电磁波的频率范围涵盖了由宇宙射线到无线电波的宽阔频域。目前已经发现并得到广泛利用的电磁波波长可达 10^4m 以上、或 10^{-5}nm 以下。按照频率或波长的顺序把这些电磁波排列成图表，称为电磁波谱，如图 3-2 所示。

在电磁波谱范围内，只有 $0.38\sim0.78\mu$m 波长的电磁波才能引起人眼的视觉感，人们把此范围的电磁辐射称为光辐射，这段波长称为可见光谱。广义上讲，X 射线、紫外辐射、可见光和红外辐射都可以称光辐射。

在可见光范围内，紫光的外侧、波长小于 0.38μm、肉眼看不到的电磁波称为紫外线（ultraviolet ray）；红光的外侧、波长大于 0.78μm 肉眼看不到的电磁波称为红外线（infrared ray）。

波长 1mm 以上的电磁波，统称为电波（radio wave）。波长 1mm 以下从红外线到紫外线的区域称为光学区域。其中，位于光学区域与电波区域相交的波长为 $1\sim0.1$mm（有时也涵盖至 0.06mm）的电磁波，在电波研究领域称为亚毫米波。

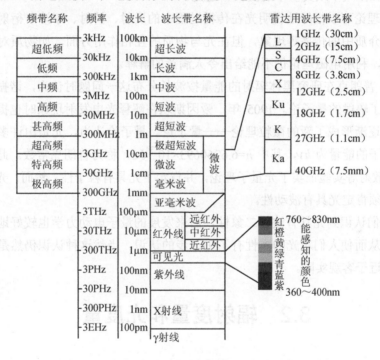

图 3-2　电磁波谱

另外，此处将可见光区域表述约为 $380\sim780$nm，这是 1931 年 CIE（international commission on illumination）所定义的等色函数（表示视觉的光谱感度特性）所规定的波长区域，只不过是表述了与其一致的范围。作为可见光区域，并没有明确规定波长范围。另外，1924 年 CIE 所定义的光谱光视效率，其范围被规定为 $400\sim760$nm。此后，1971 年修订、现在仍作为标准的等色函数，所规定的范围为 $360\sim830$nm。考虑这些，图 3-2 中以 $360\sim400$nm 作为可见光区域的短波长一端，$760\sim830$nm 作为可见光区域的长波长一端。

电磁波的波长随传播介质的不同而变化。例如，电磁波从真空进入空气或玻璃等介质中，频率不变而波长变短，由式（3-1）可知传播速度变慢。电磁波在真空中的速度与介质中的速度的比值称为介质的折射率（refractive index），也等于真空中的波长与介质中的波长之比。进入介质时波长的变化程度随波长不同而异，因此，表示折射率时应说明波长。真空中波长为 λ 的电磁波在介质中的折射率 n_λ 为：

$$n_\lambda = \frac{c}{v_\lambda} = \frac{\lambda}{\lambda'}$$ （3-2）

式中　c——电磁波在真空中的传播速度；

　　　v_λ——真空中波长为 λ 的电磁波在介质中的传播速度；

　　　λ——电磁波在真空中的波长；

　　　λ'——电磁波在介质中的波长。

波长约为 590nm 的橙色光，在空气、水、石英玻璃、金刚石中的折射率分别约为 1.00028、1.3、1.5、2.4。在空气中的波长和光速与在真空中基本相等。通常若无特别说明，所述的波长、速度均指在空气中或真空中的波长、速度。

麦克斯韦理论可以很好地说明光在传播过程中的反射、折射、干涉、衍射、偏振以及光在各向异性介质中的传播等现象，但在光与物质的互相作用方面，如物质对光的吸收、色散和散射等，利用电磁理论仍不能给出令人满意的解释。

1900 年，普朗克在研究黑体辐射的能量按波长分布这一问题时认为，谐振子辐射是不连续的，提出了辐射的量子论。1905 年，爱因斯坦在解释光电发射现象时也提出了光量子的概念，从而逐渐形成了新的微粒理论——量子论。量子论认为，光是由许多光量子组成的，这些光量子的能量为 $h\nu$，其中 $h=6.6260693\times10^{-34}$J·s，称为普朗克常数。此后发现的光电效应、X光散射等实验证实了光量子理论，并肯定了光具有粒子性。然而，光的干涉、衍射等现象又必须肯定光具有波动性。

事实使人们认识到光具有波粒二象性。后来发展的量子电动力学也较好地反映了光的波粒二象性，从而使人们对光的本性有了进一步的认识。当然这种认识仍然是近似的，但它已经更加接近于客观实际。

3.2　辐射度量和光度量

辐射度学是一门研究电磁辐射能测量的科学，辐射度量是用能量单位描述辐射能的客观物理量。使人眼产生总的目视刺激的度量是光度学的研究范畴，光度量是光辐射能为平均人眼接受所引起的视觉刺激大小的度量。因此，辐射度量和光度量都可以定量地描述辐射能强度，但辐射度量是辐射能本身的客观度量，是纯粹的物理量，而光度量则还包括了生理学和心理学的概念在内。

3.2.1　辐射度量

CIE 在 1970 年推荐采用的辐射度量和光度量单位基本上和国际单位制（SI）一致，并为越来越多的国家（包括我国）所采纳。表 3-1 列出了基本辐射度量的名称、符号、含义、定义方程、单位名称和单位符号。

表 3-1　基本辐射度量

名称	符号	含义	定义方程	单位名称	单位符号
辐（射）能	Q	以电磁波的形式发射、传递或接收的能量		焦（耳）	J
辐（射）能密度	w	辐射场单位体积中的辐射能	$w = \mathrm{d}Q/\mathrm{d}v$	焦（耳）每立方米	J/m^3
辐（射）通量（辐射功率）	Φ (P)	单位时间内发射、传输或接收的辐射能	$\Phi = \mathrm{d}Q/\mathrm{d}t$	瓦（特）	W
辐（射）强度	I	点光源向某方向单位立体角发射的辐射功率	$I = \mathrm{d}\Phi/\mathrm{d}\Omega$	瓦（特）每球面度	W/sr
辐（射）亮度	L	扩展源在某方向上单位投影面积和单位立体角内发射的辐射功率	$L = \mathrm{d}^2\Phi/\mathrm{d}\Omega\mathrm{d}A\cos\theta$ $= \mathrm{d}I/\mathrm{d}A\cos\theta$	瓦（特）每球面度平方米	$W/(sr \cdot m^2)$
辐（射）出（射）度	M	扩展源单位面积向半球空间发射的辐射功率	$M = \mathrm{d}\Phi/\mathrm{d}A$	瓦（特）每平方米	W/m^2
辐（射）照度	E	入射到单位接收面积上的辐射功率	$E = \mathrm{d}\Phi/\mathrm{d}A$	瓦（特）每平方米	W/m^2

注：Ω 代表立体角；A 代表面积。

立体角 Ω 是描述辐射能向空间发射、传输或被某一表面接收时的发散或会聚的角度，如图 3-3 所示。

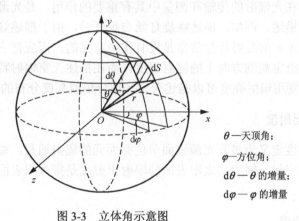

θ—天顶角；

φ—方位角；

$\mathrm{d}\theta$—θ 的增量；

$\mathrm{d}\varphi$—φ 的增量

图 3-3　立体角示意图

立体角的定义为：以锥体的基点为球心作一球表面，锥体在球表面上所截取部分的表面积 $\mathrm{d}S$ 和球半径 r 平方之比：

$$\mathrm{d}\Omega = \frac{\mathrm{d}S}{r^2} = \frac{r^2\sin\theta\mathrm{d}\theta\mathrm{d}\varphi}{r^2} = \sin\theta\mathrm{d}\theta\mathrm{d}\varphi \tag{3-3}$$

立体角的单位是球面度(sr)。

1．辐射能

辐射能描述以辐射的形式发射、传输或接收的能量。当描述辐射能量在一段时间内的积累时，用辐射能来表示，例如，地球吸收太阳的辐射能，又向宇宙空间发射辐射能，使地球在宇宙中具有一定的平均温度，则用辐射能来描述地球辐射能量的吸收辐射平衡情况。

为进一步描述辐射能随时间、空间、方向等的分布特性，分别用以下辐射度量来表示。

2. 辐射通量

辐射通量也称辐射功率，用以描述辐射能的时间特性，它是辐射度量学中一个最基本的量。实际应用中，对于连续辐射体或接收体，以单位时间内发射、传播或接收的辐射能来表示辐射通量。因此，辐射通量是十分重要的辐射量。例如，许多光源的发射特性、辐射接收器的响应值不取决于辐射能的时间积累值，而取决于辐射通量的大小。

3. 辐射强度

辐射强度描述了光源辐射的方向特性，且对点光源的辐射强度描述具有更重要的意义。所谓点光源，是相对扩展光源而言的，即光源发光部分的尺寸比其实际辐射传输距离小得多时，把其近似认为是一个点光源，点光源向空间辐射球面波。如果在传输介质内没有损失（反射、散射、吸收），那么在给定方向上某一立体角内，不论辐射能传输距离有多远，其辐射通量是不变的。

大多数光源向空间各个方向发出的辐射通量往往是不均匀的，因此，辐射强度提供了描述光源在空间某个方向上发射辐射通量大小和分布的可能。

4. 辐射亮度

辐射亮度在光辐射的传输和测量中具有重要的作用，是光源微面元在垂直传输方向辐射强度特性的描述。例如，描述螺旋灯丝白炽灯时，由于描述灯丝每一局部表面（灯丝、灯丝之间的空隙）的发射特性常常是没有实用意义的，而应把它作为一个整体，即一个点光源，描述在给定观测方向上的辐射强度。而在描述天空辐射特性时，希望知道其各部分的辐射特性，则用辐射亮度可以描述天空各部分辐射亮度分布的特性。

5. 辐射出射度

辐射出射度定义为离开光源表面单位微面元的辐射通量。微面元所对应的立体角是辐射的整个半球空间。例如，太阳表面的辐射出射度是指太阳表面单位表面积向外部空间发射的辐射通量。

6. 辐射照度

辐射照度和辐射出射度具有相同的定义方程和单位，却分别用来描述微面元发射和接收辐射通量的特性。如果一个微面元能反射入射到其表面的全部辐射量，那么该微面元可看做一个辐射源表面，即其辐射出射度在数值上等于辐射照度。地球表面的辐射照度是其各个部分（微面元）接收太阳直射及天空向下散射产生的辐射照度之和；而地球表面的辐射出射度则是其单位表面向宇宙空间发射的辐射通量。

由于辐射度量也是波长的函数，当描述光谱辐射量时，可在相应的名称前加"光谱"，并在相应的符号上加波长的符号"λ"，例如，光谱辐射通量记为$\Phi(\lambda)$。

3.2.2 光度量

光度量和辐射度量的定义、定义方程是一一对应的，只是光度量只在可见光谱范围内才有意义。表3-2列出了基本光度量的名称、符号、定义方程、单位名称和单位符号。有时为避免混淆，在辐射量符号后加下标"e"，而在光度量符号后加下标"v"，例如，辐射度量 Q_e，Φ_e 等，对应的光度量为 Q_v，Φ_v 等。

表 3-2　基本光度量

名称	符号	定义方程	单位名称	单位符号
光（能）量	Q		流明秒	lm·s
光通量	Φ	$\Phi = dQ/dt$	流明	lm
发光强度	I	$I = d\Phi/d\Omega$	坎德拉	cd
（光）亮度	L	$L = d^2\Phi/d\Omega dA\cos\theta = dI/dA\cos\theta$	坎德拉每平方米	cd/m²
光出射度	M	$M = d\Phi/dA$	流明每平方米	lm/m²
（光）照度	E	$E = d\Phi/dA$	勒克斯（流明每平方米）	lx（lm/m²）

光度量中最基本的单位是发光强度的单位——坎德拉（candela），记为 cd，它是 SI 中七个基本单位之一。定义发出频率为 540×10^{12}Hz（对应空气中 555nm 的波长）的单色辐射，在给定方向上辐射强度为 1/683（W/sr）时，光源在该方向上的发光强度为 1cd。

光通量的单位为流明，记为 lm，1lm 是光强度为 1cd 的均匀点光源在 1sr 内发出的光通量。

3.2.3　辐射度量与光度量之间的关系

光通量 Φ_v 与辐射通量 Φ_e 可通过人眼视觉特性进行转换，即

$$\Phi_v(\lambda) = K_m V(\lambda)\Phi_e(\lambda) \tag{3-4}$$

式中　$V(\lambda)$——CIE 推荐的平均人眼光谱光视效率（或称视见函数）。

如图 3-4 所示，给出人眼对应明视觉和暗视觉的光谱光视效率曲线。

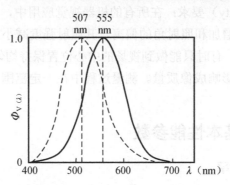

图 3-4　人眼对应明视觉（实线）和暗视觉（虚线）的光谱光视效率曲线

为了描述光源的光度量与辐射度量的关系，通常引入光视效能 K，其定义为目视引起刺激的光通量与光源发出的辐射通量之比，单位为 lm/W。

$$K = \frac{\Phi_v}{\Phi_e} = \frac{K_m\int_0^\infty V(\lambda)\Phi_e(\lambda)d\lambda}{\int_0^\infty \Phi_e(\lambda)d\lambda} = K_m V \tag{3-5}$$

常见光源的光视效能如表 3-3 所示。

表 3-3　常见光源的光视效能

光源类型	光视效能（lm/W）	光源类型	光视效能（lm/W）
钨丝灯(真空)	8～9.2	日光灯	27～41
钨丝灯(充气)	9.2～21	高压水银灯	34～45
石英卤钨灯	30	超高压水银灯	40～47.5
气体放电管	16～30	钠光灯	60

必须注意，照度（illumination）与亮度（brightness）是两个完全不同的物理量。照度表征受照面的明暗程度，照度与光源至被照面的距离的平方成反比。亮度是表征任何形式的光源或被照射物体表面是面光源时的发光特性。如果光源与观察者眼睛之间没有光吸收现象存在，那么亮度值与二者间距离无关。

3.3　光　　源

光源照明系统是影响机器视觉系统输入的重要因素，其直接影响输入数据的质量和应用效果。光源照明系统并不是简单地照亮物体，需要具有以下特点或要求。

（1）尽可能突出物体的特征。

（2）增强目标区域与背景区域的对比度，可以有效地分割图像。

（3）光谱要求：光源光谱功率分布的峰值波长应与光电成像器件的灵敏波长相一致。

（4）强度要求：光强会影响摄像机的曝光，光线不足则意味着对比度会变低，则需要加大放大倍数，这样噪声也同时会放大，也可能会使镜头的光圈加大，于是景深将减小。反过来，光强度过高会浪费能量，并带来散热的问题。

（5）均匀性（uniformity）要求：在所有的机器视觉应用中，都会要求均匀的光照，因为所有的光源随着距离的增加和照射角的偏离，其照射强度减小，所以在对大面积物体照明时，会带来较大的问题，有时只能做到视场的中心位置保持均匀。

（6）物体位置变化不影响成像质量。测量过程中在一定范围内移动物体时，照明效果不受影响。

3.3.1　光源的基本性能参数

1. 辐射效率和发光效率

在给定的波长范围内，某一光源所发出的辐射通量 Φ_e 与产生该辐射通量所需要的功率 P 之比，称为该光源的辐射效率，表示为

$$\eta_e = \frac{\Phi_e}{P} = \frac{\int_{\lambda_1}^{\lambda_2} \Phi_e(\lambda)\,\mathrm{d}\lambda}{P} \tag{3-6}$$

式中　λ_1，λ_2——测量系统的光谱范围。应用中，宜采用辐射效率高的光源以节省能源。

相应地，在可见光谱范围内，某一光源的发光效率为

$$\eta_{\mathrm{v}} = \frac{\varPhi_{\mathrm{v}}}{P} = \frac{\int_{\lambda_1}^{\lambda_2} \varPhi_{\mathrm{e}}(\lambda) V(\lambda) \mathrm{d}\lambda}{P} \tag{3-7}$$

尤其在照明领域或光度测量应用中，一般应选用 η_{v} 较高的光源。

2．光谱功率分布

光源输出的功率与光谱有关，即与光的波长 λ 有关，称为光谱的功率分布。四种典型的光谱功率分布如图 3-5 所示。图 3-5（a）为线状光谱，如低压汞灯光谱的功率分布；图 3-5（b）为带状光谱，如高压汞灯光谱；图 3-5（c）为连续光谱，如白炽灯、卤素灯光谱；图 3-5（d）为复合光谱，它由连续光谱与线状、带状光谱组合而成，如荧光灯光谱。

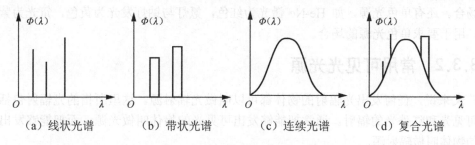

（a）线状光谱　　　（b）带状光谱　　　（c）连续光谱　　　（d）复合光谱

图 3-5　典型光源的光谱功率分布

在选择光源时，为了最大限度地利用光能，应选择光谱功率分布的峰值波长与光电成像器件的灵敏波长相一致；对于目视测量，一般可以选用可见光谱辐射比较丰富的光源；对于目视瞄准，为了减轻人眼的疲劳，宜选用绿光光源；对于彩色摄像，则应该采用白炽灯、卤素灯作为光源；同样，对于紫外光和红外光测量，也宜选用相应的紫外光源（氙灯、紫外汞灯）和红外光源。

3．空间光强分布特性

由于光源发光的各向异性，许多光源在各个方向上的发光强度是不同的。若在光源辐射光的空间某一截面上，将发光强度相同的点连起来，就得到该光源在该截面的发光强度曲线，称为配光曲线。如图 3-6 所示为超高压球形氙灯的配光曲线。为提高光的利用率，一般选择发光强度高的方向作为照明方向。为了充分利用其他方向的光，可以利用反光罩，并将反光罩的焦点置于光源的发光中心。

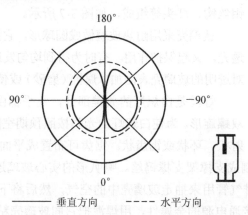

———— 垂直方向　　- - - - 水平方向

图 3-6　超高压球形氙灯的配光曲线

4．光源的颜色

光源的颜色通常包含两方面的含义，钠色表和显色性。一般用眼睛直接观察光源时所看到的颜色称为光源的色表，如高压钠灯的色表呈黄色，荧光灯的色表呈白色等。当用这种光源照射物体时，物体呈现的颜色（即物体反射光在人眼内产生的颜色感觉）与该物体在完全辐射体照射下所呈现的颜色的一致性，称为该光源的显色性。

显然，光源的颜色与发光波长有关，复色光源如太阳光、白炽灯、卤钨灯等发光一般为白色，其显色性较好，适合于辨色要求较高的场合，如用于彩色摄像、彩色印刷及染料等行业。高压汞灯、高压钠灯等显色性差一些，一般用于道路、隧道、码头等辨色要求较低的场合。还有单色光源，如 He-Ne 激光为红色，氖灯与钠灯发光为黄色，汞光为紫色，等等，用于要求单色光源的场合。

3.3.2　常用可见光光源

广义来说，任何发出光辐射的物体都可以叫做光辐射源。这里所指的光辐射包括紫外光、可见光和红外光的辐射。通常把能够发出可见光的物体叫做光源，而把能够发出非可见光的物体叫做辐射源。

按照光辐射来源的不同，通常将光源分成两大类：自然光源和人工光源。自然光源主要包括太阳、恒星等，这些光源对地面辐射通常不稳定且无法控制，在视觉测量中较少使用，并且通常作为杂散光予以消除或抑制，因而视觉测量中大量采用的是人工光源。按照工作原理不同，人工光源大致可以分为热辐射光源、气体放电光源、发光二极管（Light-Emitting Diode，LED）和激光光源。下面将介绍一些典型的光源。

1．热辐射光源

物体由于温度较高而向周围温度较低环境以光子的形式发射能量称为热辐射，这种热辐射的物体就称为热辐射光源。

太阳是一种典型的热辐射光源，而白炽灯是一种常见的人工热辐射光源。

　　1）白炽灯

白炽灯（incandescent lamp）主要由玻璃壳、灯丝、实心玻璃、钼丝钩、灯头等组成，如图 3-7 所示。

玻璃壳采用耐热玻璃做成圆球形，它把灯丝和空气隔离，既能透光，又起保护作用。有时为得到均匀发射的亮度较低的白光，会对透明的玻璃壳表面加以腐蚀（磨砂）或使用散光性强的乳白玻璃。

灯丝是白炽灯的关键部分，几乎都由钨丝绕制成单螺旋形或双螺旋形。为使白炽灯的光强按照预期空间分布，可将钨丝制成直射状、环状或锯齿状。锯齿可布置成平面、圆柱形或圆锥形。

图 3-7　白炽灯

实心玻璃和钼丝钩制成支撑架支撑钨丝。喇叭形的实心玻璃连着玻璃壳，起着固定金属部件的作用。其中的排气管用来抽走玻璃壳中的空气，然后将下端烧焊密封。

灯头是连接灯座和接通电源的金属件，用焊泥把它同玻璃壳粘在一起。

为了防止高温时钨丝氧化，常把玻璃壳抽成真空，形成真空钨丝灯。

长时间的高温使钨丝缓慢蒸发，然后一层层地沉积到玻璃壳内表面，玻璃壳慢慢黑化，越来越不透明。同时也使钨丝越来越细，最后烧断。为了减少钨丝蒸发，延长白炽灯使用寿命，在玻璃壳中充入与钨不发生化学反应的氩、氮等惰性气体，形成充气钨丝灯。当灯丝蒸发出来的钨原子与惰性气体原子相碰撞时，部分钨原子会返回灯丝表面而有效地抑制钨的蒸发，从而延长其寿命。

2）卤钨灯

卤钨灯（halogen lamp）是一种改进的白炽灯，在玻璃壳充有碘或溴等卤族元素，使它们与蒸发在玻璃壳附近的钨原子合成为卤钨化合物。这些化合物扩散到灯丝附近时，遇高温而分解为卤素和钨，而钨原子又沉积到灯丝上，弥补蒸发的钨原子。这样灯丝的温度可以大大提高，而玻璃壳并不发黑。

白炽灯的供电电压对灯的参数有很大的影响，例如，额定电压为 220V 的灯泡降压到 180V 使用，其发光的光通量降低到 62%，但其寿命延长 13.6 倍。灯泡寿命的延长将使光电系统的调整次数大为减少，也提高了系统的可靠性。例如，光栅投射测量法，常用 6V、5W 的白炽灯照明，若降压至 4.5V 使用，灯的寿命将延长 20 倍左右。

2. 气体放电光源

利用气体放电原理来发光的光源，称为气体放电光源（gaseous discharge lamp）。由于可充不同的气体或金属蒸气，从而形成放电介质不同的多种光源，如汞灯、氙灯、钠灯等，三种气体放电光源的外形图如图 3-8 所示。

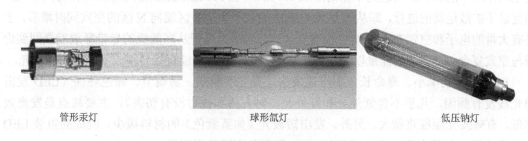

管形汞灯　　　　　　　　球形氙灯　　　　　　　　低压钠灯

图 3-8　气体放电光源

即使为同一种放电介质，由于结构不同又可构成多种灯，如**汞灯**可分为低压汞灯（<0.8 Pa），高压汞灯（1～5Pa）和超高压汞灯（10～200Pa）。低压汞灯又可分为冷阴极辉光放电型和热阴极弧光放电型两类。汞灯主要发射紫外单色光谱，也有几条可见光和红外谱线。

又如氙灯，其辐射光谱是连续的，与太阳光的光谱能量分布相接近，色温在 6000K 左右，显色指数达 90 以上，因此有"小太阳"之称。氙灯又分为长弧氙灯、短弧氙灯和脉冲氙灯。长弧氙灯穿雾能力特别强，常用于车站、码头和广场照明。短弧氙灯的色彩类似于中午的太阳光，色温高，使用方便，是目前理想的人造"太阳灯"，多用于电影放映和舞台照明。脉冲氙灯是一种点亮时间很短的脉冲闪光光源，俗称"闪光灯"，在高速摄影技术中获得了广泛应用。

钠灯是在钠—钙玻璃壳内充入钠蒸气，当钨丝点燃后，发射 589.0nm 和 589.6nm 的双黄光，可用做光谱仪器或其他用途。

此外，还有用于微量元素光谱分析的原子光谱灯等。

气体放电光源的种类很多，但它们具有的共同特点是：①发光效率高，比同瓦数的白炽灯高 2～10 倍；②结构紧凑，耐震、耐冲击；③寿命长，大约是白炽灯的 2～10 倍；④光色适应性强，可在很大范围内变化。例如，普通高压汞灯发光波长大约为 400～500nm，低压汞灯则为紫外灯，钠灯呈黄色，氙灯辐射光谱能量分布与太阳光接近。由于以上特点，气体放电光源具有很强的竞争力，因而经常被用于工程照明和光电信息系统之中。

3．LED 光源

LED 是一种注入式电致发光器件，它主要由 P 型和 N 型半导体材料组合而成。LED 的外形及结构原理示意图如图 3-9 所示。实际是将 PN 结管芯烧结在金属或陶瓷底座有引线的架子上，然后四周用起到保护内部芯线作用的环氧树脂封装而成。

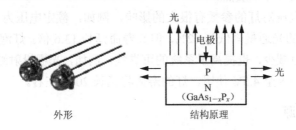

图 3-9　LED 外形及结构原理

LED 发光机理：在 P 型半导体与 N 型半导体接触时，由于载流子的扩散运动和由此产生内电场作用下的漂移运动达到平衡而形成 PN 结。若在 PN 结上施加正向电压，结区势垒降低，则促进了扩散运动的进行，即从 N 区流向 P 区的电子和从 P 区流向 N 区的空穴同时增多，于是有大量的电子和空穴在 PN 结中相遇复合，其实质是电子从高能级的导带释放能量回到价带与空穴复合，把多余的能量以光子的形式释放出来，把电能直接转换成了光能，即发光。

LED 光源功率小、寿命长、响应速度快、光亮度稳定、易调节、绿色环保（LED 发出的光线没有频闪，几乎不含紫外光和红外光，对人体和视力没有伤害），主要缺点是发光效率低，有效发光面很难做大。另外，发出短波光（如蓝紫色）的材料极少，制成的短波 LED 的价格昂贵。若能克服这些缺点将使 LED 作用及应用范围剧增。

目前 LED 光源的应用领域主要包括：显示屏、交通信号显示光源，汽车工业，手机等小型电子产品的背光源，建筑物照明以及其他场合所需的特种固体光源。

常用的 LED 有以下几种。

（1）磷化镓（GaP）LED。在磷化镓中掺入锌和氧时，所形成的复合物可发红光，发光中心波长为 0.69μm，其带宽为 0.1μm。当掺入锌和氮时，器件可发绿光，其发光的中心波长为 0.565μm，而带宽约为 0.035μm。

（2）砷化镓（GaAs）LED。砷化镓 LED 发出近红外光，中心波长为 0.94μm，带宽为 0.04μm。当温度上升时，辐射波长向长波方向移动。这种 LED 的最大优点是发光效率较高、脉冲响应快，所以能产生高频调制的光束，常用于光纤通信、红外夜视等领域。

（3）磷砷化镓（$GaAs_{1-x}P_x$）LED。当磷砷化镓的材料含量比不同时，即 x 由 1～0 变化时，其发光光谱可由 565nm 变化到 910nm。所以，可以制成不同发光颜色的 LED。这种 LED 的特点是 PN 结制备比较简单，当电流升高时，发光曲线饱和现象不太明显。另外，它也适用于高频调制。

4．激光光源

激光（light amplification by stimulated emission of radiation，Laser）是受激辐射光放大的简称，它是量子力学对原子在能级间的激发和辐射规律研究及应用的直接结果，也是现代物理学的一个重大成果。

激光的特点是单色性好（光谱的谱线宽度很窄）、方向性好（He-Ne 激光器的激光束的发散角可达 10^{-4}rad）、相干性好、强度高（一台红宝石巨脉冲激光器的辐射亮度为 10^{15}W/sr·cm^2），此外，激光的偏振性好。

激光常用于光电测试光源，此外在其他方面的用途主要有：①用做热源。激光光束细小，且带着巨大的功率，如用透镜聚焦，可将能量集中到微小的面积上，产生巨大的热量。可应用于打细小孔、切割等工作，在医疗上用做手术刀，大功率的激光武器等。②激光作为测距光源，由于方向性好、功率大，可实现远距、高精度测量。③激光通信。④受控核聚变中的应用。

激光器是用来产生激光的装置。1958 年 A.L.肖洛和 C.H.汤斯把微波量子放大器原理推广应用到光频范围，并指出产生激光的方法。1960 年 T.H.梅曼等人制成了第一台红宝石激光器。

激光器除了具有亚稳态结构的工作物质、泵浦外，还必须有一个光学谐振腔。在工作物质的两端放置两块反射镜，这两块反射镜可以是平面的，也可以是凹面的，或者是一平一凹的，并使两反射镜的轴线与工作物质的轴线相平行，这时反射镜就构成了光学谐振腔，如图 3-10 所示为平行平面谐振腔。

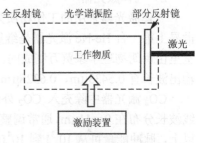

图 3-10　激光器的光学谐振腔

光学谐振腔的主要作用是获得单色性和方向性都很好的激光。谐振腔可以使偏离轴线的光子经反射后从侧面直接逸出腔外或者经过几次来回反射最终逸出腔外，只有和轴线平行的光子能在谐振腔两反射镜之间不断往复地运行，迫使其他处于高能态的原子发生受激辐射，使轴线方向运行的光子不断增加并从部分反射镜输出，从而得到具有很高方向性的激光束。

谐振腔不仅对激光束的方向具有选择性，对激光的频率也能加以选择。当激光在谐振腔中来回反射时，将形成以反射镜为节点的驻波。根据驻波条件，对一定的腔长 L，仅当受激发射光波的波长满足下面的等式：

$$L = \frac{k\lambda}{2},\ k = 1, 2, 3, \cdots \tag{3-8}$$

才能在腔内形成稳定的驻波，即才能实现稳定的光振荡。而不满足式（3-8）中条件的光，则在多次反射过程中相互减弱以至消失。利用谐振腔的这种特性可获得单色性很好的激光。

激光器的种类非常多。若按激光器工作物质性态分类，可分为气体激光器、液体激光器、固体激光器、半导体激光器、光纤激光器等；若按激光器工作方式分类，可分为连续式、脉冲式、调 Q 与超短脉冲激光器等；若按工作物质粒子分类，则又可分为原子激光器、分子激光器、自由电子激光器、离子激光器、准分子激光器等；若按输出激光的波段范围分类，可分为远红外激光器、中红外激光器、近红外激光器、可见光激光器、近紫外激光器、真空紫外激光器、X射线激光器等。这里只简要介绍几类代表性的激光器。

1）固体激光器

1960年，T. H.梅曼发明的红宝石激光器就是固体激光器，也是世界上第一台激光器。固体激光器一般由固体工作物质、激励源、聚光腔、谐振腔反射镜和电源等部分构成，典型结构如图3-11所示。

固体激光器所采用的固体工作物质，是把具有能产生受激发射作用的金属离子掺入晶体而制成的。目前可供使用的固体激光器材料很多，同种晶体因掺杂不同也能构成不同特性的激光器材料。

玻璃激光器常用钕玻璃作为工作物质，它在闪光氙灯照射下，1.06μm波长附近发射出很强的激光。钕玻璃的光学均匀性好，易制成大尺寸的工作物质，

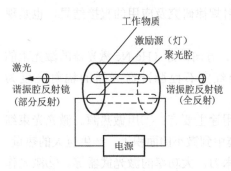

图3-11 固体激光器基本结构

可制成大功率或大能量的固体激光器。目前利用掺铒（Er）玻璃制成的激光器，可产生对人眼安全的1.54μm的激光。

2）气体激光器

气体激光器采用的工作物质为气体。气体激光器的代表是He-Ne激光器、CO_2激光器。世界上第一台He-Ne激光器是继第一台红宝石激光器之后不久，于1960年在美国贝尔实验室里由伊朗物理学家贾万制成的。He-Ne激光器的单色性好、相干长度可达十米以至数百米，输出波长有0.5433μm、0.6328μm、1.15μm和3.39μm。

CO_2激光器中除充入CO_2外还充入氦气和氮气，以提高激光器的输出功率，其输出谱线波长分布在9～11μm，通常调整在10.6μm。这种激光器的运转效率高，连续功率可达10^4W以上，脉冲能量可从10^{-3}J到10^4J，小型CO_2激光器可用于测距，大功率CO_2激光器可用于工业加工和热处理等。

氩离子激光器是用氩气为工作介质，在大电流的电弧光放电或脉冲放电条件下工作，其输出光谱属于线状离子光谱。它的输出波长有多个，其中功率主要集中在0.5145μm和0.4880μm两条谱线上。

3）液体激光器

1966年，美国IBM国际通用机器公司的科学家皮特·索罗金和约翰·兰卡德发现了有机染料溶液产生激光的关键机制，染料激光器作为最主要的液体激光器，从此得到迅速发展。

可调谐染料激光器是液体激光器的一种。其工作物质可分为两类：一类是有机染料溶液；另一类是含有稀土金属离子的无机化合物溶液。若旦明6G就是一种有机染料，它在氙灯闪光或其他激光激发下可发出激光。由于液体中能带宽，发出激光有的宽达100Å。更换其他染料，可获得其他波长范围的激光。

4）半导体激光器

半导体激光器又称激光二极管（Laser Diode，LD），最先由苏联科学家H. Г. 巴索夫发明，是以半导体材料作为工作物质的激光器。砷化镓半导体激光器是半导体激光器的代表，它的体积只有火柴盒大小，是一种微型激光器，只要通以适当强度的电流就可发射出激光，输出波长为人眼看不见的红外线（0.8μm～0.9μm），所以保密性特别强，很适合用在飞机、军舰和坦克上。

5）光纤激光器

光纤激光器是指用掺稀土元素玻璃光纤作为增益介质的激光器，光纤激光器可在光纤放大器的基础上开发出来；在泵浦光的作用下光纤内极易形成高功率密度，造成激光工作物质的激光能级"粒子数反转"，当适当加入正反馈回路（构成谐振腔）便可形成激光振荡输出。

按照光纤材料的种类，光纤激光器可分为以下几类。

（1）晶体光纤激光器：其工作物质是激光晶体光纤，主要有红宝石单晶光纤激光器和nd^{3+}:YAG 单晶光纤激光器等。

（2）非线性光学型光纤激光器：其主要有受激喇曼散射光纤激光器和受激布里渊散射光纤激光器。

（3）稀土类掺杂光纤激光器：光纤的基质材料是玻璃，向光纤中掺杂稀土类元素离子使之激活，而制成光纤激光器。

（4）塑料光纤激光器：向塑料光纤芯部或包层内掺入激光染料而制成光纤激光器。

光纤激光器的特点是制造成本低、转换效率较高、激光阈值低、可调谐好、高功率、高电光效率、谐振腔内无光学镜片、光纤导出，特别适用于激光通信、分布式光纤传感系统。

6）自由电子激光器

自由电子激光器又叫 X 射线激光器，是一种利用自由电子的受激辐射，把相对论电子束的能量转换成相干辐射的激光器件。1977 年斯坦福大学笛康等人研制成了第一台自由电子激光振荡器。

自由电子激光器有别于气体、液体或固体中任何一类的激光装置。被电场加速的高能电子通过极性交替变换的磁场空间时发出振荡并产生激光辐射。辐射波长可以通过改变电子的速度和磁场极性变换的周期进行调谐，调谐范围原则上可以从紫外到毫米波段，这是自由电子激光器最重要和最吸引人的特性。虽然目前尚没有一台装置可以覆盖上述整个谱区，但已实现的调谐范围（0.5～10μm）是当今任何其他可调谐激光器所远不及的。

3.4　光源照明系统

3.4.1　照明光源类型

如表 3-4 所示，列举了视觉测量系统中照明光源的类型及其特点与应用。

表 3-4　照明光源类型一览表

类型	外形	特点	应用	应用示例
环形光源		光线与摄像机光轴近似平行、均衡、无闪烁、无阴影	工业显微、线路板照明、晶片及工件检测、视觉定位等系统，如电路板检测	

续表

类型	外形	特点	应用	应用示例
低角度环形光源		光线与摄像机光轴垂直或接近90°。为反光物体提供360°无反光照明，光照均匀，适用于轻微不平坦的表面	高反射材料表面、晶片玻璃划痕及污垢、刻印字符、圆形工件边缘、瓶口缺损检测等，如硬币检测	
均匀背景光源		背光照明，突出物体的外形轮廓特征，低发热量，光线均匀，无闪烁	轮廓检测、尺寸测量、透明物体缺陷检测等，如外形检测	
条形光源		适用于较大被检测物体的表面照明，亮度和安装角度可调、均衡、无闪烁	金属表面裂缝检测、胶片和纸张包装破损检测、定位标记检测等，如条码检测	
碗状光源		具有积分效果的半球面内壁，均匀反射从底部360°发射出的光线，使整个图像的照度非常均匀	透明物体内部或立体表面检测（玻璃瓶、滚珠、不平整表面、焊接检测等），如线缆检测	
同轴光源		光线与摄像机光轴平行且同轴，可消除因物体表面不平整而引起的阴影，从而减少干扰	反射度极高的物体（金属、玻璃、胶片、晶片等）表面划伤检测，如金属表面划痕检测	

3.4.2　照明方式

照明的目的是使被测物体的重要特征显现出来，而抑制不需要的特征。为此必须了解照明光源与被测物体间的相互作用，这种相互作用包括镜面反射、漫反射、定向透射、漫透射、背反射以及吸收等。如图 3-12 显示了这些作用相互之间的关系。

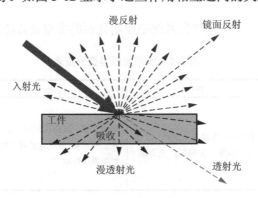

图 3-12　光与被测物体的相互作用

反射发生在不同介质的分界面上，被测物表面粗糙度等细微结构决定了入射光线转化为漫反射光和镜面反射光的比例。光线通过物体产生透射，物体内部和表面的结构决定透射为漫透射还是定向透射。入射光除反射和透射外，剩余的光线被物体吸收并在物体内部被转化为热能。

光源照明方式是指采用各种不同类型的光源，对被测物进行照明的光源布置类型和过程。由于没有通用的视觉测量照明设备，所以针对每个特定的应用实例，要设计相应的照明方案，以达到最佳效果。几种常见的照明方式及说明见表 3-5。

表 3-5　视觉测量常用照明方式

照明方式	示意图	照明方式	示意图
直接照明	光直接投射向物体，得到清晰的影像。当需要得到物体的高对比度图像时，这种照明方式很有效。但是当用它照射在光亮或反射的材料上时，会引起像镜面的反光	暗场照明	光按一定角度投射到物体表面，结果是倾斜的散射光进入到摄像机，在一个暗的背景或视场上创造了明亮的点。暗场照明用于检测表面污垢、表面凸起特征或表面纹理变化
背光照明	物体位于摄像机和光源的中间，即光源置于物体的后面。背光照明有两个作用：其一是突出不透明物体边缘轮廓，常用于尺寸测量和标定物体的方向，但会丢失物体表面特征；另一个作用是观察透明物体的内部	低角度暗场照明	近似标准的 45°暗场照明，但通常与被测物体表面成 0°～30°的夹角，低角度暗场光源对表面细节或边缘效应的细小变化有明显效果
散射照明	也叫漫散射光照明。基本原理是如果能够使各个方向进入镜头的反射光均匀，那么反射光引起的反射斑就可以被消除。应用于具有复杂角度物体表面检测。这种光源可以达到 170°立体角范围的均匀照明	同轴照明	高亮度均匀光线通过分光镜后成为与镜头同轴的光线。同轴光的光源位于照明光路的侧面，降低光路的复杂性。同轴光源适合于检测高反射的物体

除了以上介绍的几种常用照明方式，还有些特殊场合所使用的照明方式，例如，在线阵相机中需要亮度集中的条形光照明，在精密尺寸测量中与远心镜头配合使用的平行光照明，在高速在线测量中减小被测物模糊的频闪光照明。又如，可以主动测量相机到光源的距离的结构光照明和减少杂散光干扰的偏振照明等。

此外，很多复杂的被测环境需要两种或两种以上照明方式共同配合完成。因而丰富的照明技术可以解决视觉测量系统中图像获取的很多问题，光源照明系统的设计可能对一个视觉测量系统的成功与否至关重要。

3.4.3　照明颜色

人眼或摄像机观察到的颜色可能是由三种不同的方式形成的。

（1）直接从照射光的波长来区分颜色。例如，在 580nm 附近波长的光为绿色，利用此波长光照射绿色物体，从而显示出物体和背景差异。

（2）相加色：两种或三种波长的光组合成某种波长光的效果。例如，黄色光（波长为620nm）和蓝色光（波长为480nm）混合，出现绿色光的效果，但实际上在光谱的绿色部分并没有这一光谱段的能量。利用光的这一特性，发明了彩色电视，电视监视器中由红、绿、蓝三基色可基本上合成自然界的各种颜色。

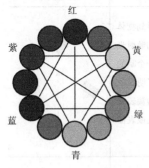

图 3-13　色环示意图

（3）相减色：反射时从光谱中去除某些波长的光。含有所有可见光谱的白光照射到红色物体后，红色光谱被反射，而其他成份被物体吸收。例如，白的金属如钢，黄色金属如金，它们之间的颜色的差别是因为钢较均匀地反射所有光谱的光，而金反射了白光，但从中减去了蓝光，就会出现黄颜色的效果。

互补色是色环中正好相对的颜色，也称对比色，如图 3-13 所示。使用互补色光线照射物体时，物体呈现的颜色将接近黑色。我们根据色彩圆盘，用相反的颜色照射，可以达到最高级别的对比度。如果使用互补色光线照射物体时，物体呈现的颜色接近黑色。

第4章 »»»»»»

光学成像与图像采集

教学要求

掌握镜头结构、相关参数与选择方法，掌握 CCD 工作原理与性能参数，了解光电成像器件类型、图像采集卡以及计算机相关知识。

引例

光学成像（optics imaging）与图像采集（image acquisition）是获取客观世界信息的重要手段，也是图像处理的基础工作。例如，人类视觉过程中"视"的过程也是一个光学成像与图像采集过程。

视觉测量系统中，除了包含光源照明系统与图像处理软件外，还应该具有光学成像与图像采集系统，包括镜头、光电成像器件、图像采集卡、计算机。如何选择该部分硬件组件的类型及性能参数，以使整个测量系统性价比达到最高、降低设计难度、提高应用的灵活性，这是通过本章学习将要达到的学习效果。通过图 4-1 所示的三幅图像，可以更为贴切地说明成像系统对于成像质量的影响之大。图中三幅图像分别由于物体运动、镜头具有较大的光学畸变、镜头景深较小所造成，因而为了提高或改善成像质量，需要认真客观地分析应用环境与场合，如测量精度、视场大小、物体纵向尺寸等，进一步选择适当的硬件参数以满足测量要求。

　　　(a) 运动模糊　　　　　　　　(b) 镜头畸变　　　　　　　　(c) 小景深

图 4-1　成像系统与图像质量

4.1　镜　　头

镜头相当于人眼的晶状体，如果没有晶状体，人眼看不到任何物体；如果没有镜头，摄像机所输出的图像就是白茫茫的一片，没有清晰的图像输出。

当人眼的睫状体无法按需要调整晶状体凸度时，将出现人们常说的近视（或远视）眼，眼前的景物就变得模糊不清；摄像机与镜头的配合也有类似现象，当图像变得不清楚时，可以调整摄像机的像方焦点，改变摄像机芯片与镜头基准面的距离（相当于调整人眼晶状体的凸度），可以将模糊的图像变得清晰。

由此我们知道，光学镜头的主要作用是将景物的光学图像聚焦在图像传感器的光敏阵列上。视觉系统处理的所有图像信息均通过镜头得到，镜头的质量直接影响视觉系统的整体性能，因而有必要对光学镜头的知识进行介绍。

镜头种类繁多，以适用于不同的应用场合，可以从不同角度对镜头进行分类，如表 4-1 和表 4-2 所示。

表 4-1　镜头分类 I

分类依据	类型		说明
工作波长	紫外镜头		同一光学系统对不同波长的光其折射率不同，这导致同一点发出的不同波长的光成像时不能会聚成一点，从而产生色差。常用镜头的消色差设计只针对可见光范围，而应用于其他波段的镜头则需要进行专门的消色差设计
	可见光镜头		
	近红外镜头		
	红外镜头		
变焦与否	定焦镜头（按焦距长短分）	鱼眼镜头	焦距长短划分不是以焦距的绝对值为首要标准，而是以像角的大小为主要区分依据，所以当靶面的大小不等时，其标准镜头的焦距大小也不同
		短焦镜头	
		标准镜头	
		长焦镜头	
	变焦镜头	手动变焦	变焦镜头最长和最短焦距值之比称为变焦倍率
		电动变焦	
视场大小	广角镜头		视角 90° 以上，观察范围较大，短焦距提供宽角度视场，鱼眼镜头是一种焦距约 6~16mm 的短焦距超广角摄影镜头
	标准镜头		视角 50° 左右，使用范围较广
	长焦（远摄）镜头		视角 20° 以内，焦距几十或上百毫米，长焦距提供高倍放大
	变焦镜头		镜头焦距连续可变，焦距可以从广角变到长焦
工作距离	望远物镜		物距很大
	普通摄影镜头		物距适中
	显微镜头		物距很小
接口类型	C 型		镜头基准面至焦平面距离为 17.526mm，C 型镜头与 CS 型摄像机配合使用时需在二者之间增加一个 5mm 的 C/CS 转接环
	CS 型		镜头基准面至焦平面距离为 12.5mm
	F 型		F 接口镜头是尼康镜头的接口标准，又称尼康口，是通用型接口，一般适用于焦距大于 25mm 的镜头、以及靶面大于 1 英寸的摄像机
	V 型		V 接口镜头是施耐德镜头主要使用的标准，一般也用于摄像机靶面较大或特殊用途的镜头
特殊用途的镜头	显微镜头		一般用于光学倍率大于 10∶1 的系统，但由于目前 CCD 像元尺寸已经做到 3μm 以内，所以光学倍率大于 2∶1 时也会选用显微镜头
	微距镜头		一般是指光学倍率为 2∶1~1∶4 范围内特殊设计的镜头。当图像质量要求不高时，一般可采用在镜头和摄像机之间增加近摄接圈的方式或在镜头前增加近拍镜的方式达到放大成像的效果
	远心镜头		主要为纠正传统镜头的视差而特殊设计的镜头，可以在一定的物距范围内，使得拍摄到的图像其放大倍率不随物距的变化而变化

表 4-2　镜头分类 II（按照有效像场的大小进行分类）

镜头类型		有效像场尺寸（1 英寸=25.4mm）
电视摄像镜头	1/4 英寸摄像镜头	3.2mm×2.4mm（对角线 4mm）
	1/3 英寸摄像镜头	4.8mm×3.6mm（对角线 6mm）
	1/2 英寸摄像镜头	6.4mm×4.8mm（对角线 8mm）
	2/3 英寸摄像镜头	8.8mm×6.6mm（对角线 11mm）
	1 英寸摄像镜头	12.8mm×9.6mm（对角线 16mm）
电影摄影镜头	35mm 电影摄影镜头	21.95mm×16mm（对角线 27.16mm）
	16mm 电影摄影镜头	10.05mm×7.42mm（对角线 12.49mm）
照相镜头	135 型摄影镜头	36mm×24mm
	127 型摄影镜头	40mm×40mm
	120 型摄影镜头	80mm×60mm
	中型摄影镜头	82mm×56mm
	大型摄影镜头	240mm×180mm

　　由于系统中所用摄像机的靶面尺寸有各种型号，所以在选择镜头时须注意镜头的有效像场应该大于或等于摄像机的靶面尺寸，否则成像的边角部分会模糊甚至没有影像。

　　下面介绍镜头的结构、相关参数及镜头选择方法，以便在实际应用中获取最优的系统性能。

4.1.1　镜头结构

　　镜头由多个透镜、可变（亮度）光圈和对焦环组成，如图 4-2 所示，有些镜头有固定调节系统。使用时通过观察显示图像的明亮程度及清晰度来调整可变光圈和焦点。

图 4-2　镜头外观

4.1.2　视场

　　视场（Field of Vision，FOV）是指系统能够观察到的物体的物理尺寸范围，也就是 CCD 芯片上所成图像最大时对应的物体的大小，它与工作距离（work distance）d_W、焦距 f、CCD 芯片尺寸 s_C 有关，光学成像示意图如图 4-3 所示。在不使用近摄环的情况下，四个参数之间的关系可用以下比例表达式表示：

$$d_W : FOV = f : s_C \tag{4-1}$$

　　例如，视场纵向（或横向）长度 $FOV_{(V \text{ or } H)}$ 等于

$$FOV_{(V \text{ or } H)} = \frac{d_W \times s_{C(V \text{ or } H)}}{f} \tag{4-2}$$

　　假设焦距为 16mm，1/3 英寸 CCD 芯片的纵向尺寸为 3.6mm，如果工作距离为 200mm，

则纵向视场等于 45mm，如图 4-3 所示。

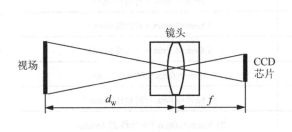

图 4-3　光学成像示意图

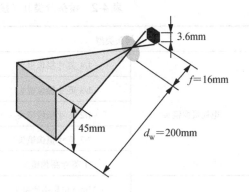

图 4-4　视场计算示意图

4.1.3　光学倍率和数值孔径

光学倍率（magnification）是指成像大小与物体尺寸的比值，可以表示为

$$M = \frac{s_{C(V\ or\ H)}}{FOV_{(V\ or\ H)}} = \frac{f}{d_w} = \frac{NA'}{NA} \tag{4-3}$$

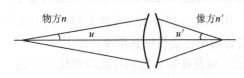

图 4-5　数值孔径示意图

式中　NA——物方数值孔径（numerical aperture）；

NA'——像方数值孔径。

如图 4-5 所示为数值孔径示意图。物方孔径角和折射率分别为 u 和 n，像方孔径角和折射率分别为 u' 和 n'，则物方和像方的数值孔径分别表示为

$$NA = n\sin u \tag{4-4a}$$

$$NA' = n'\sin u' \tag{4-4b}$$

4.1.4　景深

拍摄有限距离的景物时，可在像面上成清晰图像的物距范围叫做景深（depth of field）。如图 4-6 所示为利用小景深与大景深镜头拍摄到的图片。

图 4-6　小景深与大景深区别

按理想光学系统的特性及透镜公式，

$$\frac{1}{z'} - \frac{1}{z} = \frac{1}{f} \tag{4-5}$$

对于从透镜中心至图像平面的距离 z'，只有一个距离等于 z 的空间平面与之共轭，该平面称为对准平面。严格来讲，除对准平面上的点能成点像外，其他空间点在图像平面上只能为一个弥散斑，如图 4-7 所示。当弥散斑小于一定限度时，仍可认为是一个点，这是由成像装置的空间分辨率所决定的，于是小于成像装置分辨率的一定量的离焦可以忽略。

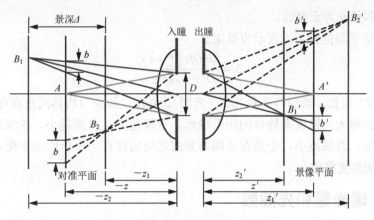

图 4-7 景深示意图

物点处于离焦位置时，成像在图像平面上的是一个圆形的弥散斑。如果圆斑的直径小于成像装置的分辨率，离焦量可以忽略。假设圆斑直径为 b'，入射光瞳直径为 D，焦距为 f，透镜中心距图像平面的长度为 z'。如果图像平面向透镜方向移动到一个新的距离 z_1'，那么模糊程度为：

$$b' = \frac{D(z' - z_1')}{z'} \tag{4-6}$$

根据相似三角形，$b'/2$ 与 $(z' - z_1')$ 之比等于 $d/2$ 与 z' 之比。由式（4-5）能分别解出对应于 z 和 z_1 情况下的 z' 和 z_1'，并且将这些表达式代入式（4-6）得到与物距相关的模糊量：

$$b' = \frac{Df(z - z_1)}{z(f + z_1)} \tag{4-7}$$

假设 b 等于可以接受的弥散圆的最大直径，由式（4-7）计算出能成清晰像的最近平面（即近景平面）的距离：

$$z_1 = \frac{fz(D - b')}{df + b'z} \tag{4-8}$$

为了计算远景平面的距离 z_2，让

$$b' = \frac{D(z_2' - z')}{z'} \tag{4-9}$$

式中，z_2' 是对应于最大模糊量情况下的图像平面远离透镜方向移动到一个新的距离。同理可以得到：

$$b' = \frac{Df(z_2 - z)}{z(f + z_2)} \tag{4-10}$$

进一步求解式（4-10）得到远景平面距离：

$$z_2 = \frac{fz(D+b')}{Df - b'z} \tag{4-11}$$

上面的公式给出了远景与近景平面位置与焦距 f、入射光瞳直径 D、最大可接受的模糊量 b'、对准平面位置 z 之间的关系。$z = Df/b'$，称为超焦距（hyperfocal distance），此时，远景平面位置和景深为无穷远。

远景与近景平面位置之差表示为景深 $\varDelta$：

$$\varDelta = \frac{2b'Dfz(f+z)}{D^2 f^2 - b'^2 z^2} \tag{4-12}$$

由式（4-12）可知，景深与孔径光阑（光圈）、焦距、镜头与物体间距离有直接的关系。焦距越短，景深越大；镜头离物体的距离越远，景深越大；光圈越小，景深越大。光圈增大，通光量增加，景深减小，于是在光圈与景深之间需要有一个折中或平衡。而小光圈和良好的光线使聚焦更简单。

4.1.5 曝光量和光圈数

摄像机收集到的光量，即曝光量（exposure），依赖于到达像面上的光强（图像辐照度，image irradiance）与曝光持续时间（快门速度，shutter speed）的乘积：

$$E = I \times t \tag{4-13}$$

功率乘以时间所得结果为能量，当图像辐照度的单位为 W/m² 时，曝光量的单位为 J/m²。

光圈数，或称 F 数（F-number，$f\#$），它与焦距 f、入射光瞳直径 D 之间的关系为：

$$f\# = f/D \tag{4-14}$$

指定物镜以 F 数为单位，因为对于相同 F 数的不同物镜来说，图像强度（恒定快门速度下的曝光量）是一样的。换句话说，F 数表征单位入射光瞳直径下不同焦距透镜的接受光强的能力。

F 数是以 $\sqrt{2}$ 为公比的等比级数，因为两倍入瞳面积（aperture area）等于入瞳直径增加 $\sqrt{2}$ 倍，

$$2 \times S \sim \sqrt{2}D \approx 1.4D \tag{4-15}$$

F 数的常用值为 1.4、2、2.8、4、5.6、8、11、16、22 等。每一挡 F 数的变化改变 1.4 倍入瞳直径，提高 2 倍到达像面的光强。最小 F 数是衡量镜头质量好坏的重要参数之一。例如，电影摄影机用的镜头，最小 F 数可达 0.85。F 数越小，表示它能在光线较暗的情况曝光或用较短的时间曝光，可以进行高速摄影。

摄影光学系统采用调节光圈大小的方法来调节 F 数，光圈越小，F 数越大，景深也越大，但由于像面的照度变小，需要相应增加曝光时间，才能使感光底片得到相同的曝光量，定量关系是：曝光时间与 F 数的平方成正比。

4.1.6 分辨率

从波动光学的角度看，当光通过光学系统中的光阑等限制光波传播的光学元件时要发生衍射，因而物点的像并不是一个几何点，而是以像点为中心具有一定大小的斑，称为爱里斑（Airy disk）。如果两个物点相距很远，它们各自形成的爱里斑就比较远，它们的像就

容易区分开；如果两个物点相距很近，对应的爱里斑重叠太多，就不能清楚地分辨出两个物点的像，所以光的衍射限制了光学成像系统的分辨能力。

瑞利（Rayleigh）判据：当一个爱里斑的边缘正好与另一个爱里斑的中心重合时，这两个爱里斑刚好能被区分开，如图 4-8 所示。瑞利判据也是一条经验判据，它是根据正常人眼的分辨能力提出的，正常人眼可以分辨出光强差 20%的差别，当一个爱里斑边缘与另一个爱里斑中心重叠时，两个爱里斑中心的光强是两中心连线中点处光强的 1.2（1.0/0.735≈1.2）倍，刚好被人眼区分开。用光学术语来说，瑞利判据定义了像中的圆形分辨单元，因为两个点光源可以被分辨的条件是它们不落在同一个分辨单元里。

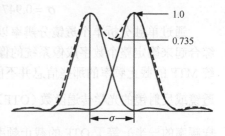

图 4-8　瑞利判据示意图

根据以上描述，瑞利距离 σ 可以表示为

$$\sigma = 1.22\frac{\lambda f}{D} \approx 1.22\lambda f \text{\#} \qquad (4\text{-}16)$$

当衍射斑中心距离大于或等于 σ 时可以分辨，小于 σ 时不能分辨，如图 4-9 所示。

如果使用最小分辨角来描述，则瑞利判据可以表示为 $\theta_0 = 1.22\lambda/D$。也就是说，两个爱里斑中心对圆孔中心的张角，正好等于爱里斑半径对圆孔中心的张角。

光学系统的分辨率定义为 σ 的倒数，即，

$$\frac{1}{\sigma} = \frac{D}{1.22\lambda f} \qquad (4\text{-}17)$$

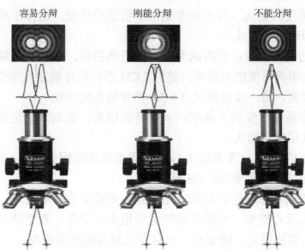

图 4-9　成像系统分辨能力示意图

式（4-17）表明，增大透镜的直径或减小入射光的波长都可以提高系统的光学分辨率。在天文望远镜中，为了提高分辨率和增加光通量，总是使用直径很大的透镜作为物镜。例如，加那列望远镜通光孔径达 10.4m。而在显微镜中，为了提高分辨率，可用紫外光照射，在电子显微镜（electron micorscope）中，电子物质波的波长很短（0.001～0.1nm），因此电子显微镜的分辨率可比一般光学显微镜提高数千倍。

式（4-17）决定了视场中心的分辨率，视场边缘由于成像光束的孔径角比轴上点小，分

辨率有所降低。实际的成像物镜总有一定的剩余像差，其分辨率要比理想分辨率低得多，而视场边缘受轴外像差和光束渐晕的影响，要低得更多。

有人认为瑞利判据过于宽松，于是又提出另外两个判据，即道斯（Dawes）判据和斯派罗（Sparrow）判据。根据道斯判据，人眼刚好能分辨两个衍射斑的最小中心距为

$$\sigma = 1.02\lambda f/D \tag{4-18}$$

根据斯派罗判据，两衍射斑之间的最小中心距为

$$\sigma = 0.947\lambda f/D \tag{4-19}$$

通过单独分析单个透镜分辨率以及后面章节中的光电成像器件和图像采样等，将它们综合起来确定整个数字成像系统的像素间距。无论物体中包含有多高的频率，超过成像系统 MTF 的截止频率的那些信息并不能提供给数字化设备。而这个频率也不会超出初始成像透镜或反射镜的光学传递函数（OTF）的截止频率 $f_c = \dfrac{D}{\lambda f}$。这样，如果我们令折叠频率（采样频率的一半）等于 OTF 的截止频率，就可以避免混叠。恰当进行插值，就能根据采样点无误差地重构图像。令折叠频率等于图像中出现的最高频率，称为按 Nyquist 标准采样。按此准则像素间距对摄像机而言是 $\lambda f\#/2$。如果按照瑞利距离，像素间距应为 $0.61\lambda f\#$，该数值比 Nyquist 标准给出的大 22%。

4.1.7　镜头选择

光学镜头是视觉测量系统的关键设备，在选择镜头时需要考虑多方面的因素。

（1）镜头的成像尺寸应大于或等于摄像机芯片尺寸。

（2）考虑环境照度的变化。对于照度变化不明显的环境，选择手动光圈镜头；如果照度变化较大则选用自动光圈镜头。

（3）选用合适的镜头焦距。焦距越大，工作距离越远，水平视角越小，视场越窄。确定焦距的步骤为：先明确系统的分辨率，结合 CCD 芯片尺寸确定光学倍率；再结合空间结构确定大概的工作距离，进一步按照式（4-3）估算镜头的焦距。

（4）成像过程中需要改变放大倍率，采用变焦镜头，否则采用定焦镜头，并根据被测目标的状态应优先选用定焦镜头。

（5）接口类型互相匹配。CS 型镜头与 C 型摄像机无法配合使用；C 型镜头与 CS 型摄像机配合使用时需在二者之间增加 C/CS 转接环。

（6）特殊要求优先考虑。结合实际应用特点，可能会有特殊要求，例如，是否有测量功能，是否需要使用远心镜头，成像的景深是否很大，等等。视觉测量中，常选用物方远心镜头，其景深大、焦距固定、畸变小，可获得比较高的测量精度。

【例 4-1】为硬币成像系统选配镜头，约束条件有：CCD 靶面尺寸为 2/3 英寸，像素尺寸为 4.65μm，C 型接口，工作距离大于 200mm，系统分辨率为 0.05mm，白色 LED 光源。

基本分析过程如下：

（1）与白光 LED 光源配合使用，镜头应该是可见光波段。没有变焦要求，选择定焦镜头。

（2）用于工业检测，具有测量功能，要求所选镜头的畸变要小。

（3）焦距计算：

成像系统的光学倍率：

$$M = 4.65\times10^{-3}/0.05 = 0.093$$

焦距：

$$f' = d_{\mathrm{w}} \times M = 200 \times 0.093 = 18.6(\mathrm{mm})$$

工作距离要求大于 200mm，则选择的镜头焦距应该大于 18.6mm。

（4）选择镜头的像面应该不小于 CCD 靶面尺寸，即至少为 2/3 英寸。

（5）镜头接口要求 C 型接口，能配合 CCD 相机使用。光圈暂无要求。

从以上分析计算可以初步得出这个镜头的大概轮廓为：焦距大于 18.6mm，定焦，可见光波段，C 型接口，至少能配合 2/3 英寸 CCD 使用，而且成像畸变要小。

4.2　光电成像器件

光电成像是一个复杂的信号空间映射过程。在这个过程中，光学物镜将景物的反射光投射到光电成像器件的像敏面上形成二维光学图像，经光电成像器件将二维光学图像转变成二维电信号（超正析像管为电子图像，视像管为电阻图像或电势图像，CCD 为电荷图像），然后按照一定的规则将二维电信号转变成一维时序信号（视频信号），并通过通信信道进入监视器以图像形式显示出来，也可将视频信号保存成数字文件，便于计算机分析和处理。

4.2.1　光电成像器件的发展

光电成像器件的历史悠久，发展迅速。

1934 年研制成功光电像管（iconoscope），应用于广播电视摄像。光电像管低灵敏度限制了它的应用范围。

1947 年研制成功超正析像管（image orthicon），最低照度的要求比光电像管降低很多。

1954 年灵敏度较高的视像管（vidicon）投入市场，主要应用于电视电影、工业电视等方面。视像管成本低、体积小、结构简单、灵敏度和分辨率高，但在低照度情况下动态响应差，因而不适用于高速运动场合。

1965 年氧化铅管（plumbicon）成功地替代了超正析像管，使彩色电视摄像机的发展产生了一个飞跃。

1970 年，美国贝尔实验室 W.S.波涅尔、G.E.史密斯等人在研究磁泡时，发现了电荷通过半导体势阱发生转移的现象，提出了电荷耦合这一新概念和一维 CCD 器件模型。同时预言了 CCD 器件在信号处理、信号储存及图像传感中的应用前景。鉴于美国 MOS 器件工艺及硅材料研究的雄厚基础，这种新型器件的设想很快得到了实现。1974 年，美国 RCA 公司的 512×320 像元面阵 CCD 摄像机首先问世。CCD 器件的发明是光电成像器件领域中的一次革命，它的产生和发展对国民经济各领域的发展以及现代科学技术的进步起了积极的推动作用。

1979 年日本索尼公司用三片 242×242 像元隔列转移 CCD，首先实现了红绿蓝分路彩色摄像机。

1983 年德洲仪器公司研制出了 1024×1024 像元的前照式 CCD。

1998 年，日本采用拼接技术开发成功 16384×12288 像元（即 4096×3072×4 像元）的 CCD 器件。

美国是世界上最早开展 CCD 器件研究的国家，也在此研究领域一直保持领先地位，并以高清晰度、特大靶面、低照度、超高动态范围、红外波段等 CCD 器件研究方面占有绝对优势。

目前国内正在研制和开发高空间分辨率的 X 射线 CCD、紫外 CCD、红外 CCD 以及微光 CCD 等。随着微电子技术的发展以及大规模集成电路工艺的不断完善和推广，CCD 技术还会继续不断地向高灵敏度、高密度、高速度和宽光谱响应方向发展。

4.2.2　光电成像器件分类

光电成像器件的物理效应通常分为两大类：光子效应和光热效应。

（1）光子效应：光子与物质相互作用所引起的光电效应。探测器吸收光子后，直接引起原子或分子内部电子状态的改变。光子能量的大小直接影响内部电子状态改变的大小。因为光子能量为 $h\nu$，所以光子效应对光波波长表现出选择性。在光子直接与电子相互作用的情况下，其响应速度一般比较快。光子效应包括：光电发射效应、光电导效应、光生伏特效应。

（2）光热效应：探测器把吸收的光辐射能量变为晶格的热运动能量，引起探测元件的电学性质或其他物理性质发生变化。所以光热效应与单光子能量 $h\nu$ 的大小没有直接关系。原则上，光热效应对光波长没有选择性，只是在红外波段上，材料吸收率高，光热效应也就更强烈，所以广泛应用于对红外光辐射的探测。因为温度升高是热积累过程，所以光热效应的响应速度一般比较慢，而且容易受环境温度变化的影响。但有一种所谓的热释电效应，相比其他光热效应，它的响应速度要快得多，因而获得了广泛应用。

按工作原理进行分类，光电成像器件可分为真空变像管、真空摄像管和固体成像器件等。按光谱响应波段进行分类，光电成像器件可分为 X 射线成像器件、紫外线成像器件、可见光成像器件、红外线成像器件、微波成像器件、核磁共振成像系统等。

按工作方式进行分类，光电成像器件可分为直视型与非直视型光电成像器件；其中，直视型光电成像器件用于直接观察，就像人眼直接面对景物一样，这类器件本身具有光电转换、亮度增强以及图像显示功能；非直视型光电成像器件只完成摄像功能，不直接输出图像，用于电视摄像和热成像系统中，将可见光或者热辐射图像转换成视频信号，再由显像装置输出图像。

按成像系统结构类型进行分类，光电成像器件可分为扫描型光电成像器件与非扫描型光电成像器件，如图 4-10 所示；其中扫描型光电成像器件也称为摄像器件，可分为真空电子束扫描型与固体自扫描型两类；而非扫描型光电成像器件通常由光敏面（光电阴极）、电子透镜和显像面三部分组成，这种器件完成光学图像光谱变换（变像管）或图像强度的变换（像增强管），其中变像管工作于非可见光波段，像增强管工作于微弱可见光波段。

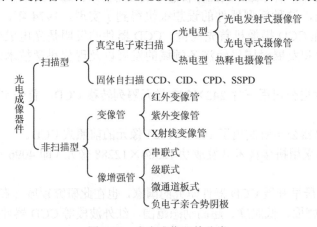

图 4-10　光电成像器件分类

4.3　电荷耦合器件

电荷耦合器件（Charge Coupled Device，CCD）是受磁泡存储器的启发，作为 MOS 技术的延伸而产生的一种半导体器件。一般把它与电荷注入器件（CID）、电荷引动器件（CPD）、自扫描光电二极管阵列（SSPD）等器件一起统称为电荷传输器件或电荷转移器件。通过 CCD 可以实现光电转换、信号储存、转移（传输）、输出、处理以及电子快门等一系列功能。归纳起来 CCD 具有以下特点：

（1）具有体积小、质量小、电压及功耗低、可靠性高、寿命长等一系列优点。

（2）具有理想的"扫描"线性，可进行行像素寻址，可变换"扫描"速度，畸变小、尺寸重现性好，特别适合于尺寸测量、定位和成像传感等方面应用。

（3）有很高的空间分辨率。线阵器件现今已有 7000 像元器件、分辨能力可达 7μm，面阵器件已有 4096×4096 像元的器件，整机分辨能力已在 1000 电视线以上。

（4）有数字扫描能力。像元的位置可由数字代码确定，便于和计算机结合。

（5）像元间距的几何尺寸精确，可以获得很高的定位精度和测量精度。

（6）具有很高的光电灵敏度和大的动态范围。目前有些 CCD 器件灵敏度可达 0.01lx，动态范围 $10^6:1$，信噪比 60～70dB，因此，该类器件在特定条件下与微光像增强器输出端耦合，甚至可以检测到一个光电子。

（7）CCD 数据率可调，因此可适用于动态、静态等各种条件下的测量。而且还可利用电子快门面阵 CCD 实现高速瞬态图像采集。

（8）可任选模拟、数字等不同输出形式，可与同步信号、I/O 接口及微机兼容组成高性能系统，适应于不同条件下使用。

CCD 作为一种高性能光电成像器件，已发展成为强有力的多功能器件，其主要应用涉及摄像、信号处理和存储三大领域。

4.3.1　MOS 结构

CCD 是由许多个光敏像元按一定规律排列组成的，每个像元就是一个 MOS（金属－氧化物－半导体，Metal-Oxide-Semiconductor）电容器。它是在 P 型 Si 衬底的表面上用氧化的方法生成一层厚度约 100～150nm 的 SiO_2，再在 SiO_2 表面蒸镀一层金属（如铝、多晶硅），在衬底和金属电极间加正偏置电压（称为栅电压，偏置电压），如 N 型 Si 加负偏压，就构成了一个 MOS 电容器。所以 CCD 是由一行行紧密排列在 Si 衬底上的 MOS 电容器阵列构成的，如图 4-11 所示。若金属电极与半导体之间施加的栅电压为 U_G，则一部分电压 U_0 降落在 SiO_2 上，而另一部分降落在半导体与 SiO_2 界面的半导体表面层，形成表面电势 U_S，即

$$U_G = U_0 + U_S \tag{4-20}$$

由于氧化层是绝缘的，所以在绝缘层中无电荷，其电场是均匀的。当氧化层厚度一定时，半导体上的表面电势 U_S 由加在电极上的电压 U_G 决定。

图 4-11　MOS 结构与线阵列 CCD 结构示意图

4.3.2　CCD 工作原理

CCD 工作原理包含光电转换、电荷存储、电荷转移、电荷输出四个过程。

1．光电转换（信号电荷的产生）

CCD 的电荷注入方式有电注入和光注入两种。

在滤波、延迟线和存储器应用情况下采用电注入方式。电注入结构由一个输入二极管和一个或几个输入栅构成。通过输入机构对信号电压或电流进行采样，将信号电压或电流转换为信号电荷。

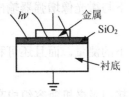

图 4-12　正面照射式光注入示意图

在摄像应用中采用光注入方式。光注入用于摄像时，用光敏元件代替输入二极管。光注入方式分正面照射式与背面照射式。正面照射式光注入示意图如图 4-12 所示，当一束光线投射到 MOS 电容器上时，光子穿过透明电极与氧化层，进入 P 型 Si 衬底，衬底中处于价带的电子将吸收光子的能量而跃入导带，从而产生电子－空穴对。它们在外加电场的作用下分别向电极两端移动，从而产生光生信号电荷。

衬底中处于价带的电子能否跃入导带的条件是入射光子能量 $h\nu \geqslant E_g$，其中 E_g 表示半导体禁带宽度，即

$$E_g = 1.24 / \lambda_c \tag{4-21}$$

对于硅材料，E_g=1.12eV，代入上式得，$\lambda_c = 1.1\mu m$。也即，波长≤1.1μm 的光子能使衬底中的价带电子跃入导带，产生电子－空穴对；波长>1.1μm 的光子则穿透半导体层而不起作用。波长太短的光子由于穿透能力弱而进入不了衬底，不会产生电子－空穴对。

如表 4-3 所示，列举出几种半导体材料在温度为 295K 时的 E_g 和 λ_c 值。不难看出，选用不同的衬底材料，CCD 器件将具有不同的光谱特性，从而适用于不同的场合。

表 4-3　几种半导体材料在所示温度下的 E_g 和 λ_c 值

半导体	T（K）	E_g（eV）	λ_c（μm）
CdS	295	2.4	0.52
CdSe	295	1.8	0.69
CdTe	295	1.5	0.83
GaP	295	2.24	0.56
GaAs	295	1.35	0.92
Si	295	1.12	1.1
Ge	295	0.67	1.8
PbS	295	0.42	2.9

光注入电荷为

$$Q = \eta q \Delta n_{eo} A T_c \tag{4-22}$$

式中　η ——材料的量子效率（单位入射光强度产生电荷的效率）；

　　　Q ——电子电荷量；

　　　Δn_{eo} ——入射光的光子流速率；

　　　A ——光敏单元的受光面积；

　　　T_c ——光注入时间。

CCD 确定后，η、q 和 A 均为常数，注入到势阱中的信号电荷 Q 与入射光的光子流速率 Δn_{eo} 及光注入时间 T_c 成正比。

光注入时间 T_c 由 CCD 驱动器的转移脉冲周期 T_{sh} 决定（可以理解为多长时间采样一次）。当驱动器能够保证注入时间稳定不变时，注入到 CCD 势阱中的信号电荷只与入射光的光子流速率 Δn_{eo} 成正比。

而在单色光入射时，入射光的光子流速率与入射光谱辐射通量之间的关系为

$$\Delta n_{eo} = \frac{\Phi_e \lambda}{h\nu} \tag{4-23}$$

光注入电荷量与入射光谱辐射通量 Φ_e 呈线性关系。该线性关系是应用 CCD 检测光谱强度和进行多通道光谱分析的理论基础。

光生电荷的产生取决于入射光子的能量（入射光波长）、光子的数量（入射光强度）。然而，多晶硅电极对光谱中短波部分吸收严重，造成蓝光响应差，短波灵敏度更低。另外，光子入射时，经历了多层膜的吸收、反射和干涉，灵敏度会降低。因此，目前均采用光敏二极管代替 MOS 电容器。光敏二极管具有灵敏度高，光谱响应宽，蓝光响应好，暗电流小等特点。将光敏二极管反向偏置，就可在光敏二极管中产生一个定向电荷区（称为耗尽区）。在定向电荷区中，光生电子和光生空穴分离，光生电子被收集在空间电荷区（即势阱）中。

2. 电荷存储

当栅极施加正偏压 U_G（此时 U_G 小于 P 型半导体的阈值电压 U_{th}）后，由此形成的电场穿过氧化物薄层，排斥 Si-SiO₂ 界面附近的空穴（空穴离开半导体表面入地），产生耗尽区（无载流子的本征层）。当 $U_G > U_{th}$ 时，氧化层与半导体界面处的表面电势 U_S 变高到将半导体体内的电子（少数载流子）吸引到表面，形成一层极薄（约 $10^{-2}\mu m$）的但电荷浓度很高的反型层。

带负电的电子在界面处的静电势能特别低，因此通常形象地称之为势阱（Si-SiO₂ 界面处形成了电子的势阱），如图 4-13 所示。因为那里的势能最低，所以产生的光生信号电荷将被吸引到氧化层与半导体的界面处，并存储在势阱中，形成信号电荷。

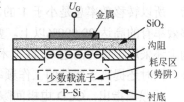

图 4-13　MOS 电容截面图

由于界面处势阱的存在，当有自由电子充入势阱时，耗尽区深度和表面电势将随电荷的增加而减少（电子的屏蔽作用）。在电子逐渐填充势阱的过程中，势阱中能容纳多少电子，取决于势阱的"深浅"，即表面电势的大小（表面电势与栅极电压 U_G、氧化层厚度 d_{OX} 有关）。

对于任一个 MOS 电容来说，表面势约等于偏置电压。因此，偏置电压越高，势阱越深。

MOS 电容器的电荷存储量可表示为

$$Q_s = C_{OX} U_G A \qquad (4\text{-}24)$$

式中 C_{OX}——单位面积氧化层电容；

U_G——外加偏置电压；

A——MOS 电容栅电极面积。

由此可见，光敏元面积越大，其光电灵敏度越高。

当光注入电荷 Q 超过 MOS 电容的电荷储存量 Q_s 时，势阱将发生溢出，就会出现常说的"过荷开花"现象。

3．电荷转移

当完成对光敏单元阵列的扫描后，CCD 将电荷按顺序转移输出。通过按一定的时序在电极上施加高低电平，可使电荷在相邻的势阱间进行转移。通常把 CCD 的电极分为几组，每一组为一相，并施加同样的时钟脉冲。按相数划分，CCD 一般可分为二相、三相及四相CCD。下面以三相 CCD 为例介绍电荷转移过程。

假设电荷最初存储在电极①（加有 10V 电压）下面的势阱中，如图 4-14（a）所示。加在 CCD 所有电极上的电压，通常都要保持在高于某一临界值电压 U_{th}，U_{th} 称为 CCD 阈值电压，设 $U_{th}=2V$。所以每个电极下面都有一定深度的势阱。显然，电极①下面的势阱最深，如果逐渐将电极②的电压由 2V 增加到 10V，这时①、②两个电极下面的势阱具有同样的深度，并合并在一起，原先存储在电极①下面的电荷，就要在两个电极下面均匀分布，如图 4-14（b）、（c）所示。然后，再逐渐将电极①的电压降到 2V，使其势阱深度降低，如图 4-14（d）、（e）所示，这时电荷全部转移到电极②下面的势阱中，此过程就是电荷从电极①到电极②的转移过程。如果电极有许多个，可将其电极按照 1，4，7，…，或 2，5，8，…或 3，6，9，…的顺序分别连接在一起，加上一定时序的驱动脉冲，如图 4-14（f）所示，即可完成电荷从左向右转移。

由图 4-14 所示的转移过程可以看出，如果不断地改变电极上的电压，就能使信号电荷可控地、一位一位地按顺序传输，这就是所谓的电荷耦合。

由于界面态及 Si 表面缺陷等因素的影响，电荷包在进行每一次转移时都会残留一些电荷，所以转移效率总是小于 1 的。当前实用器件总的转移效率一般可达 95%，所以每次转移效率有的高达 99.999%以上。要获得如此高的转移效率除了克服 Si 表面缺陷之外，在结构上还采用了体内沟道 CCD 技术，由于体内沟道的引入使转移效率较原来提高了一个数量级，同时还提高了器件的工作频率，降低了器件的噪声。

需强调指出，CCD 电极间隙必须很小，电荷才能不受阻碍地从一个电极下转移到相邻电极下。如果电极间隙比较大，两相邻电极间的势阱将被势垒隔开，而不能合并，电荷也不能从一个电极向另一个电极完全转移，CCD 便不能在外部脉冲作用下正常工作。能够产生电荷完全耦合的最大间隙一般由具体电极结构、表面态密度等因素决定。理论计算和实验证实，间隙的长度应小于 3μm，这大致是同样条件下半导体表面深耗尽区宽度的尺寸。当然，如果氧化层厚度、表面态密度不同，结果也会不同。但对绝大多数 CCD，1μm 的间隙长度是足够小的。

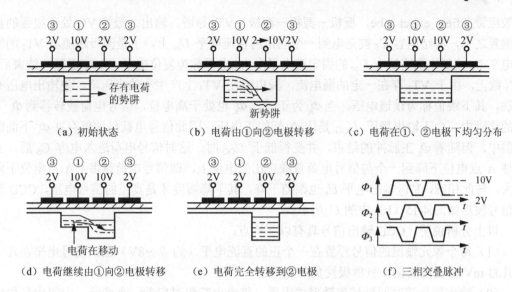

（a）初始状态　　　　（b）电荷由①向②电极转移　　　（c）电荷在①、②电极下均匀分布

（d）电荷继续由①向②电极转移　　（e）电荷完全转移到②电极　　（f）三相交叠脉冲

图 4-14　三相 CCD 中电荷的转移过程

值得指出的是，通常所说的 CCD 的位数的位，不是这里的一个栅电极。对于三相 CCD 来说，电荷包转移了三个栅电极是时钟脉冲的一个周期，我们把这三个栅电极称之为 CCD 的一个单元，或 CCD 的一位，也就是我们通常所说的一个像元；显然，对二相 CCD 来说，就是二个栅电极为一位；对四相 CCD 则四个栅电极为一位。

4．电荷输出

电荷的输出是指在电荷转移通道的末端，将电荷信号转换为电压或电流信号输出。目前，CCD 的电荷输出方式主要有电流输出、浮置扩散放大器输出及浮置栅放大器输出。浮置扩散放大器属于电压输出方式，目前采用最多，其基本结构如图 4-15（a）所示。

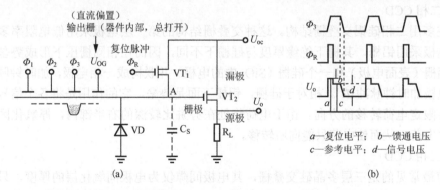

注：放大管VT₂是源跟随器；复位管VT₁工作在开关状态；输出二极管VD始终处于强反偏状态；
A点的等效电容C_s由VD的结电容加上VT₂的栅电容构成，它构成一个电荷积分器，
此电荷积分器随VT₁的开与关处于选通和关闭状态，称为选通电荷积分器。

图 4-15　电荷的浮置扩散放大器输出

信号电荷的输出过程如下：信号电荷包在外加驱动脉冲的作用下，在 CCD 移位寄存器中按顺序传送到输出级。当电荷包进入最后一个势阱（Φ_3 下面）中时，复位脉冲 Φ_R 为正，

场效应管（field effect tube，栅极－源极－漏极）VT_1 导通。输出二极管 VD 处于很强的反向偏置之下，其结电容 C_S 被充电到一个固定的直流电平 U_{oc} 上，于是源极跟随器 VT_2 的输出电平 U_0 被复位到略低于 U_{oc} 的固定正电平上，此电平称为复位电平。当 $\varPhi_R$ 正脉冲结束后，VT_1 截止，由于 VT_1 存在一定的漏电流，漏电流在 VT_1 上产生小的电压降，使输出电压有下跳，其下跳值称为馈通电压。当 $\varPhi_R$ 为正时，$\varPhi_3$ 也处于高电位，信号电荷被转移到 $\varPhi_3$ 下面的势阱中。由于输出栅压 U_{OG} 是比 $\varPhi_3$ 低的正电压，因此信号电荷仍被保存在 $\varPhi_3$ 下面的势阱中。但随着 $\varPhi_R$ 正脉冲的结束，并变得低于 U_{OG} 时，这时信号电荷进入电容 C_S 后，立即使 A 点电位下降到一个与信号电荷量成正比的电位上，即信号电荷越多，A 点电位下降越大。与此相应，VT_2 输出电平 U_0 也跟随下降，其下降幅度才是真正的信号电压，CCD 输出信号波形如图 4-15（b）中的 U_0 所示。

以上分析说明，CCD 输出信号具有以下特点：

（1）每个像元输出的信号浮置在一个正的直流电平（约 7～8V）上，信号电平在几十至几百 mV 范围内变化，呈单极性负向变化。

（2）输出信号随时间轴按离散形式出现，每个电荷包对应着一个像元，中间由复位电平隔离，要准确检测出像元信号，必须清除复位脉冲干扰。

（3）输出信号 ΔU 与电荷量 Q 成正比、与电容 C_S 成反比，即

$$\Delta U = Q/C_S \tag{4-25}$$

（4）禁止 CCD 输出端对地短路。

综上所述，CCD 既具有光电转换功能，又具有信号电荷存储、转移和输出功能，它能把一幅空间域分布的光学图像，变换成一列按时间域分布的离散信号电压。

4.3.3 CCD 分类

1. 按驱动脉冲的相数划分

1）二相 CCD

现在多用二相硅铝交叠栅结构。这种交叠栅结构的第一层电极采用低电阻率多晶硅；第二层电极采用铝栅，其栅下绝缘厚度与硅栅下不同，因而在相同栅压下形成势垒。相邻的一个铝栅（表面电极）和一个硅栅（SiO_2 中的电极）并联构成一相电极，加时钟脉冲 $\varPhi_1$；另一相电极加时钟脉冲 $\varPhi_2$。相对于硅栅，铝栅下面是势垒，它的作用是将各个信号电荷包隔离，并限定电荷转移的方向。由于电荷将处在势阱比较深的右半部内，厚氧化区下方势垒阻挡住电荷，从而使电荷只能向右转移。

2）三相 CCD

目前最常见的是三层多晶硅交叠栅，其电极间隙仅为电极间氧化层的厚度，只有几百毫微米，且单元尺寸也小，沟道是封闭形式，因而广泛采用。同样的电极结构也可在每组电极下面重新生长氧化层。此外，还可用铝电极制成交叠栅结构，用阳极氧化工艺产生电极之间的绝缘层。

3）四相 CCD

对于四相 CCD，虽然时钟驱动电路比较复杂，但连接两个电荷包之间有双重势垒相隔，这有助于提高转移效率；且电荷在转移过程中由于表面势分布呈台阶状，因而不会产生二、三相转移过程中出现的"过冲现象"；与三相、二相器件相比，较为适应很高的时钟频率（如

100MHz），其波形接近正弦的驱动脉冲。

2．按电荷转移的沟道位置划分

1）表面沟道 CCD

前面介绍的 CCD，其信号电荷的转移沟道在半导体与氧化层交界的半导体表面，所以都是 SCCD（Surface Channel CCD）。这种 SCCD 除存储容量大一些外，界面态会引起信号电荷转移损失与噪声。

2）体内沟道（或埋沟道）CCD（Bulk or Buried Channel CCD，BCCD）

这是从结构设计方面采取提高转移效率的措施。为了避免界面态对信号电荷的俘获，在薄氧化层下用离子注入、扩散或外延的方法做成与衬底导电类型相反的区域，使势能极小值在 N 型层形成，而不在半导体表面，从而使电荷在体内转移（也称埋沟）。由于消除了界面态对信号电荷的俘获，同时也意味着自由载流子迁移率的大小接近于体内的值，这两种因素使得转移效率增加且高达 99.999%以上，工作频率可高达 100MHz，且能做成大规模器件。

与 SCCD 相比，BCCD 的特点是：① 转移速度快，工作频率高；② 转移损失小，转移效率高；③ 噪声低，多用于低照度条件下成像；④ 存储容量比 SCCD 小一个数量级。

3．按光敏单元的排列划分

按照光敏单元的排列形式可分为线阵 CCD 和面阵 CCD。前者光敏单元有序排列成线形，而后者光敏单元有序排列成二维网状。线阵 CCD 和面阵 CCD 结构阵列和外观分别如图 4-16 和图 4-17 所示。

图 4-16　线阵 CCD 和面阵 CCD 结构阵列

图 4-17　线阵 CCD 和面阵 CCD 外观

线阵 CCD 一次只能获得图像的一行信息，通过被拍摄景物与线阵 CCD 间的相对运动实现二维景物成像，如图 4-18（a）所示，这是大多平板扫描仪所用的装置。线阵 CCD 也可以安装成圆环形状，主要用于医学和工业成像，以得到三维物体的横断截面图像，如图 4-18（b）所示，这是计算机轴向断层成像技术的基础。面阵 CCD 一次可以获得整幅完整的二维图像，如图 4-19 所示，这是目前数字摄像机上常见的结构。

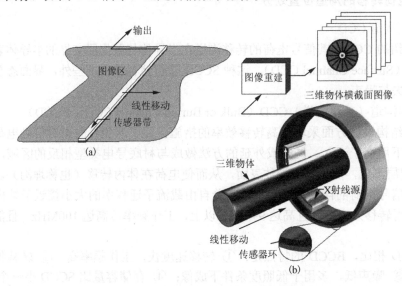

图 4-18　用线状/环状 CCD 获取图像

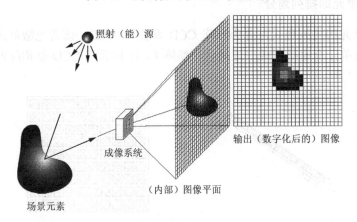

图 4-19　用面阵 CCD 获取数字图像的过程

1）线阵 CCD

线阵 CCD 可分为单沟道与双沟道传输两种结构。前者只有一列 CCD 移位寄存器，而后者在光敏阵列的两边各有一列移位寄存器。

（1）单沟道线阵 CCD。三相单沟道线阵 CCD 结构示意图如图 4-20 所示。光敏阵列与移位寄存器是分开的，移位寄存器被遮挡。这种器件在光积分周期里，光栅电极电压为高电平，光敏区在光的作用下产生电荷存于 MOS 电容势阱中。当转移脉冲到来时，线阵光敏阵列势阱中的信号电荷并行转移到 CCD 移位寄存器中，最后在时钟脉冲的作用下一位位地移出器件，形成视频脉冲信号。这种结构的 CCD 转移次数多、效率低、调制传递函数较差，只适用于像敏单元较少的摄像器件。

（2）双沟道线阵 CCD。三相双沟道线阵 CCD 结构示意图如图 4-21 所示。具有两列移位寄存器 A 与 B，分别位于光敏阵列的两边。当转移栅 A 与 B 为高电位（对于 N 沟器件）

时，光积分阵列的信号电荷包同时按箭头方向转移到对应的移位寄存器内，然后在驱动脉冲作用下，分别向右转移，最后以视频信号输出。显然，同样光敏单元的双沟道线阵 CCD 要比单沟道线阵 CCD 的转移次数少一半，它的总转移效率也大大提高。故一般高于 256 位的线阵 CCD 都为双沟道型。

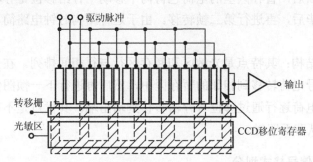

图 4-20　三相单沟道线阵 CCD 结构示意图

2）面阵 CCD

按一定的方式将光敏单元及移位寄存器排列成二维阵列，即可以构成面阵 CCD。由于组成方式、传输与读出方式不同，面阵 CCD 有许多种结构形式。有的结构简单，但摄像质量不好，有的摄像质量好些，但驱动电路复杂。常见的有行转移（LT）、帧转移（FT）和行间转移（ILT）三种结构。

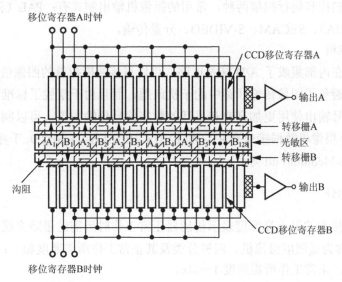

图 4-21　三相双沟道线阵 CCD 结构示意图

（1）行转移结构：由选址电路、光敏区、输出寄存器组成。当光敏区光积分结束后，由行选址电路分别一行行地将信号电荷通过输出寄存器转移到输出端。行转移结构的缺点是需要选址电路，且在电荷转移过程中，光积分还在进行，会产生"拖影"，故较少采用。

（2）帧转移结构：由光敏区、暂存区和移位寄存器三部分组成。光敏区由光敏 CCD 阵列构成，其作用是光电变换和自扫描正程时间内进行光积分。暂存区由遮光的 CCD 构成，它的位数和光敏区一一对应，其作用是在自扫描逆程时间内，迅速地将光敏区里整帧信号电荷转移到它里面暂存起来。然后，光敏区开始进行第二帧的光积分，而暂存区则利用这个时间，将电荷包一次一行地转移给移位寄存器，变为串行信号输出。当移位寄存器将其中的电荷包输出完以后，暂存区里的电荷包再向下移动一行给移位寄存器。当暂存区中的电荷包全部转移完毕后，再进行第二帧转移。由于这种结构时钟电路简单，拖影问题比行转移结构小。

（3）行间转移结构：其特点是光敏区和暂存区行与行相间排列。在光敏区光积分结束后，同时将每列信号电荷转移到相邻的暂存区中，然后再进行下一帧图像的光积分，并同时将暂存区的信号电荷逐行通过移位寄存器转移到输出端。其优点是不存在拖影问题，但是这种结构不适宜从背面照射。

4．按输出图像信号格式划分

1）模拟摄像机

模拟摄像机所输出的信号形式为标准的模拟量视频信号，需要配置专用的图像采集卡才能转化为计算机可以处理的数字信号。模拟摄像机一般用于电视摄像和监控领域，具有通用性好、成本低的特点，但一般分辨率较低、采集速度慢，而且在图像传输中容易受到噪声干扰，导致图像质量下降，所以只能用于对图像质量要求不高的视觉测量系统。模拟摄像机分为逐行扫描和隔行扫描两种，常用的摄像机输出制式有：PAL（黑白为 CCIR）、NTSC（黑白为 EIA）、SECAM、S-VIDEO、分量传输。

2）数字摄像机

数字摄像机在内部集成了 A/D 转换电路，可以直接将模拟量的图像信号转化为数字信号，不仅有效地避免了图像传输线路中的干扰问题，而且由于摆脱了标准视频信号格式的制约，对外的信号输出使用更加高速和灵活的数字信号传输协议，可以制成各种分辨率的形式。常见的数字摄像机数据接口有 RS-644 LVDS、IEEE1394、USB2.0、千兆以太网（GigE）、Camera Link Base/Medium/Full 等。

5．按照度划分

摄像机所能接收的最小光照度表示传感器正常工作时所需的最暗光线。最小光照度低于 1lx 的摄像机称为低照度摄像机。四种分类及其正常工作所需照度如下：

（1）普通型，正常工作所需照度 1～3lx。

（2）月光型，正常工作所需照度 0.1lx 左右。

（3）星光型，正常工作所需照度 0.01lx 以下。

（4）红外型，原则上可以为零照度，采用红外灯照明。

6．按 CCD 靶面尺寸划分

目前常用的芯片大多数为 1/3 英寸、1/4 英寸等，它是指 CCD 图像传感器的对角线尺寸。在选用摄像机时，特别是对摄像角度有比较严格要求时，CCD 靶面的大小与镜头的配合情况将直接影响视场角的大小和图像的清晰度。不同 CCD 器件所对应的靶面大小及对角线长度如表 4-4 所示。

表 4-4　CCD 芯片尺寸及对应的靶面和对角线长度

芯片尺寸	靶面（长×宽）/mm	对角线长度/mm
1 英寸	12.7×9.6	16
2/3 英寸	8.8×6.6	11
1/2 英寸	6.4×4.8	8
1/3 英寸	4.8×3.6	6
1/4 英寸	3.2×2.4	4

7. 按成像色彩划分

1）黑白摄像机

黑白摄像机也称单色摄像机，输出结果为一幅亮度图像，适用于光线不充足，或仅用于监视景物的位置或移动的场合。对于成像要求较高的科学研究，一般也会选择黑白摄像机，因为很多黑白摄像机拍摄出的图像比彩色图像更接近真实的物体，这是因为彩色图像都是经过滤光片处理后得到的，而黑白图像是由未处理的光线直接成像产生的。

2）彩色摄像机

彩色摄像机适用于景物色彩、细节的辨别，在亮度信息的基础上，彩色摄像机还原了色调和饱和度信息，相关信息更加丰富。CCD 的光敏阵列是单色的，采用以下三种策略来获取彩色图像。

（1）在单色 CCD 前利用色彩滤波器依次记录三种不同的图像。这种方法只用于实验室静态测量，而不能应用于运动物体。

（2）在单个 CCD 上使用色彩滤波器阵列，也称单 CCD 彩色摄像机。使用一个 CCD 芯片，在其表面覆盖一个只含红、绿、蓝三色的马赛克滤镜，这样每个像素只能获取红、绿、蓝三色中的一种颜色。由于这个设计理念最初由拜尔（Bayer）先生提出，所以这种滤镜也被称为 Bayer 滤镜（Bryce E. Bayer，1976 年美国专利），如图 4-22 所示。因此，彩色分辨率大约只是 CCD 几何分辨率的三分之一，每个像素的完整彩色数值可以通过空间色彩插值得到。

人眼对绿色最敏感，对蓝色敏感度最差。这一特性在单 CCD 彩色摄像机中的 Bayer 滤镜上用到。由图 4-22 可以发现，绿色敏感的像素数目与红色和蓝色敏感像素数目之和一样多。

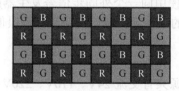

图 4-22　单 CCD 彩色摄像机的 Bayer 滤镜

（3）使用分光棱镜将入射光分解成几种色彩通道。一般将入射光中的红、绿、蓝三个基色分开，使其分别投射在单个 CCD 上，也称 3CCD 彩色摄像机，如图 4-23 所示。这种彩色获取方式在实际应用中效果非常好，但它的最大缺点是，采用三个 CCD 以及一个棱镜的组合必然导致价格昂贵。

实际应用中，即使最成熟的色彩插值算法也会在图像中产生低通效应。所以，单 CCD 彩色摄像机获得的图像比 3CCD 彩色摄像机获得的图像更加模糊。但是，单 CCD 彩色摄像机使得 CCD 数字摄像机的价格大大降低，而且随着电子技术的发展，目前 CCD 的质量都有了惊人的进步，因此大部分彩色数字摄像机都采用这种技术。

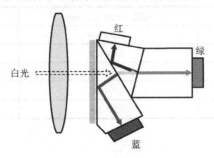

图 4-23　棱镜分光 3CCD 彩色摄像机

8．按分辨率划分

通常数字摄像机用横向和纵向的像素数来表示分辨率。图像在 38 万像素以下为一般型，其中以 25 万像素（512×492 像素）、分辨率为 400 线的产品最普遍。图像在 38 万像素以上为高分辨率型，78 万像素以上为超高分辨率型。高分辨率摄像机是高精度视觉测量的必要条件。

9．按扫描制式划分

传统摄像机输出制式和电视机是兼容的，标准的彩色 CCD 摄像机输出的模拟信号可以按照扫描方式分为 PAL 制式和 NTSC 制式。PAL 制式为隔行隔列扫描，标准 625 行、50 场，黑白为 CCIR 制式。NTSC 制式为隔行扫描，标准 525 行、60 场，黑白为 EIA 制式。

10．按同步方式划分

（1）内同步：利用摄像机内置的同步信号发生电路产生的同步信号完成同步信号控制。

（2）外同步：使用外同步信号发生器生成的同步信号送入摄像机的外同步输入端口，满足摄像机的特殊控制需要。

（3）功率同步：用摄像机 50Hz 或 60Hz 的交流电源信号完成垂直同步扫描。

（4）外 VD 同步：依靠摄像机信号电缆上的 VD 同步脉冲信号实现同步跟踪。

（5）多台摄像机外同步：使用同一个外同步信号发生器产生的同步信号驱动多台摄像机，使每台摄像机可以在相同的条件下作业，以避免变换摄像机时出现的图像失真。

11．按供电电源划分

工业控制用摄像机供电电源共有交流 24V、110V、220V 和直流 9V、12V 五类。NTSC 制式摄像机多采用交流 110V 供电，而 PAL 制式多采用交流 220V 供电，微型摄像机多采用直流 9V 供电。

4.3.4　CCD 特性参数

1．转移效率

电荷包从一个电极转移到下一个电极时，按比例有 η 部分的电荷转移过去，余下 ε 部分没有被转移，ε 称为转移损失率。

$$\eta = 1 - \varepsilon \tag{4-26}$$

例如，一个电荷量为 Q_0 的电荷包，经过 n 次转移后，输出电荷量为

$$Q_n = Q_0 \eta^n \tag{4-27}$$

总效率为

$$Q_n / Q_0 = \eta^n \tag{4-28}$$

2. 光电转换特性

CCD 的光电转换特性即输入/输出特性如图 4-24 所示，横轴表示曝光量 E，单位为 lx·s，纵轴表示输出信号电压，特性曲线的近似线性段表示为：

$$V = kE^\gamma + V_{DARK} \tag{4-29}$$

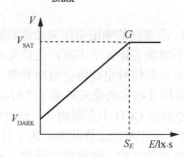

图 4-24　CCD 光电转换特性

式中　k——直线段的斜率，表示 CCD 的灵敏度；

　　　γ——光电转换因子；

　　　V_{DARK}——无光照时 CCD 输出电压，称为暗输出电压。

一个性能良好的 CCD，应具有高的光响应度和低的暗输出电压。特性曲线的拐点（G）所对应的曝光量叫做饱和曝光量（S_E），高于这点的曝光量 CCD 输出信号不再增加，对应于 S_E 的输出电压称饱和输出电压（V_{SAT}）。

在 CCD 中，信号电荷是由入射光子被硅衬底吸收产生的少数载流子形成的，一般它具有良好的光电转换特性。通常，CCD 的光电转换因子 γ 可达到 99.7%，即 $\gamma \approx 1$。

3. 光谱响应

CCD 对于不同波长的光的响应度是不相同的。光谱响应特性表示 CCD 对于各种单色光的相对响应能力，其中响应度最大的波长称为峰值响应波长。通常把响应度等于峰值响应的 50%（有时使用 10%）所对应的波长范围称为光谱响应范围。如图 4-25 所示为 CCD 光谱响应曲线。由图 4-25 可知，在光波波长小于 700nm 时，两种像元结构的相对响应度的差异较大，其主要原因就是在 MOS 像元中，由于多晶硅电极限制了光子进入硅晶体中的比例，随着波长减小，进入硅晶体内的光子数明显减小，所以对于蓝光以下的短波段的响应就很差。若采用减薄器件衬底和背面光照，可以增加 MOS 像元在蓝光区的响应度。

CCD 器件的光谱响应范围基本上是由使用的材料性质决定的，但也与器件的光敏元结构和所选用的电极材料密切相关。目前市售的大部分 CCD 器件光谱范围均在 400～1100nm 左右。

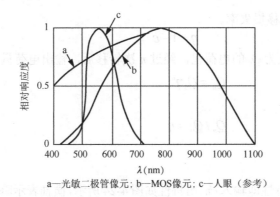

a—光敏二极管像元；b—MOS像元；c—人眼（参考）

图 4-25　CCD 光谱响应曲线

4．饱和输出电压

当 CCD 处于饱和曝光量时，所得到的输出电压叫做饱和输出电压，这时再增加曝光量，输出电压将不会增加，但这并不意味着像元中不再产生信号电荷。存储在像元势阱中的信号电荷如果超过了势阱容量，多出的信号电荷将会溢出势阱，并扩散到邻近的像元中去，从而给本来信号电荷较少或没有信号电荷的像元带来了"污染"，产生假信号输出。由于溢出电荷不会随入射光光强的减小而在 CCD 中立即消失，这种信号"污染"将会延迟数个光积分周期，在这期间 CCD 将处于不正常的工作状态。为了使 CCD 在大于饱和曝光量下能正常工作，现有器件均增设了抗弥散结构，使溢出电荷进入衬底，不会污染邻近像元。具有抗弥散结构的 CCD，可以在大于饱和曝光量的 190 倍时正常工作。对于没有抗弥散结构的 CCD，通常应当把曝光量限制在饱和曝光量的 80％以下为宜。饱和输出电压的大小与像元电荷存储容量、输出二极管电容、复位电平及输出放大器的线性动态范围等因素有关。

5．光响应非均匀性

当 CCD 的各个像元在均匀光源照射下，有可能输出不相等的信号电压，这就是 CCD 光响应非均匀性（Photoresponse non-uniformity，PRNU），它不仅与器件的制造工艺有关，而且还与入射光的波长和衬底材料性能有关。由于近红外光在硅中穿透能力较强，所以用近红外光所测得的 PRNU 还包含了衬底材料性能对不均匀性的影响。由于 PRNU 的随机性很大，没有一定的规律，而且因器件而异，所以，对于某些弱信号检测或高精度应用而言，必须进行实际测量．然后加以补偿才能达到均匀性要求。一般地，CCD 像元数越多，不均匀性越严重。

6．分辨率

分辨率是摄像器件最重要的参数之一，它是指摄像器件对物像中明暗细节的分辨能力，其表示方法有以下几种。

1）极限分辨率

通过将 100％对比度的专门测试卡成像到 CCD 光敏面时，在输出端观察到的最小空间频率（即用眼睛分辨的最细黑白条纹对数），就是该器件的极限分辨率。分辨率通常用每毫米黑白条纹对数（单位：线对/毫米，lp/mm）或电视线（TV Lines）表示。

CCD 是离散采样器件，如果某一方向上的像元间距为 d，则该方向上的空间采样频率

为 $1/d$（lp/mm），它可以分辨的最大空间频率为

$$f_{max} = \frac{1}{2d} \text{（lp/mm）} \tag{4-30}$$

设线阵 CCD 光敏区的总长度为 L，用 L 乘以式（4-30）两端，则可以得到 CCD 器件的最大分辨率为

$$f_{max}L = \frac{1}{2d}L = N/2 \tag{4-31}$$

式中 N——CCD 的像元数。

例如，对于 2048 位线阵 CCD，最多可分辨 1024 对线。

对于极限分辨率的表示方法，虽有专门的测试卡测量而使用方便，但不客观科学。其原因有：① 每个人的观测值带有主观性。② 测试卡的对比度与几何尺寸，以及观测时的照度不一样，观测的结果也会不同。若当被摄图像对比度低于 30%时，所观测的分辨率值就会明显下降。③ 观测的分辨率值是系统的总体特性，而不能分摊到各个部件上。

2）空间频率

CCD 器件是由空间上分立的光敏单元对光学图像进行采样，光敏元一般呈周期性排列。因此分辨率也可以用空间频率（某一方向上每毫米单元数）表示，也称为空间采样频率。根据奈奎斯特定理，一个摄像器件能够分辨的最高频率等于它的空间采样频率的一半，这个频率称为奈奎斯特极限频率。

3）调制传递函数

调制传递函数（Modulation Transfer Function，MTF）定义为输出调制度 M_{out} 与输入调制度 M_{in} 之比，即

$$\text{MTF} = \frac{M_{out}}{M_{in}} \times 100\% \tag{4-32}$$

或者说，MTF 是调制度与空间频率的关系，如图 4-26 所示。当输入正弦光波，即一个确定空间频率的物像，如图 4-26（a）所示，投射在 CCD 上时，CCD 的输出也将是随时间变化的一种正弦波，如图 4-26（b）所示，设波峰为 A，波谷为 B，则可得调制度 M 为

$$M = \frac{(A-B)/2}{(A+B)/2} = \frac{A-B}{A+B} \tag{4-33}$$

调制深度与空间频率的关系如图 4-26（c）所示。由图 4-26（c）知，MTF 随空间频率的增高而减小。由于 MTF 是转移过程前后调制度 M 的比值，它与图像的形状、尺寸、对比度、照度等无关，因此是客观而科学的。目前国际上一般用 MTF 来表示分辨率。而且由于 MTF 是正弦波空间频率振幅的响应，在给定的空间频率下，整个系统的 MTF 等于系统各部分（如镜头、CCD、大气等）MTF 的乘积，即

$$\text{MTF}_{系统} = \text{MTF}_1 \times \text{MTF}_2 \times \cdots \times \text{MTF}_n \tag{4-34}$$

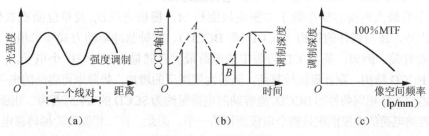

图 4-26 MTF 示意图

有时还用对比传递函数（CTF）来评价分辨率。所谓对比传递函数，就是方波空间频率振幅的响应。同 MTF 一样，CTF 也随空间频率的增高而减小。虽然 CTF 不能按各部分的乘积来评价，但是方波的振幅响应容易测量，所以也常采用。

7．噪声

CCD 的噪声可归纳为三类：散粒噪声、暗电流引起的噪声、转移噪声。

1）散粒噪声

光注入光敏区产生信号电荷的过程可看做独立、均匀连续发生的随机过程。单位时间内光产生的信号电荷数目并非是绝对不变的，而是在一个平均值上有微小的波动，这一微小的起伏便形成散粒噪声。散粒噪声的一个重要性质是，它与频率无关，在很宽的频率范围内都有均匀的功率分布，通常又称为白噪声。散粒噪声的功率等于信号幅度，故散粒噪声不会限制器件动态范围，但是它决定了一个摄像器件的噪声极限值。特别是当摄像器件在低光照、低反差下应用时，由于采取了一切可能的措施降低各种噪声，光子散粒噪声便成为主要的噪声源。目前高质量的 CCD 摄像器件在冷却条件下工作，其噪声等值电子数只有 10 个左右，如果光生信号电子为 100 个，那就是说暗电流等带来的热噪声和电子元件本身的噪声已经降到散粒噪声水平。

2）暗电流引起的噪声

CCD 成像器件在既无光注入又无电注入情况下的输出信号称暗信号，即暗电流。产生暗电流的主要因素有：①耗尽区中的本征热激发；②少数载流子自中性体内向表面扩散；③表面能级的热激发。由于工艺过程不完善及材料不均匀等因素的影响，CCD 中暗电流密度的分布是不均匀的。

暗电流限制器件的低频限引起固定的图像噪声。为了减小暗电流，应采用缺陷尽可能少的晶体和减少玷污。此外，暗电流还与温度有关，温度越高，热激发产生的载流子越多，暗电流越大。据计算，温度每降低 10℃，暗电流可降低 1/2。因此，采用致冷法可大大降低暗电流，从而使 CCD 适用于低照度工作，如天文观察等。如果从室温冷却至液氮温度，硅中暗电流可以减小三个数量级。

3）转移噪声

转移噪声产生的原因有：转移损失引起的噪声，界面态俘获引起的噪声和体态俘获引起的噪声。

8．动态范围

动态范围反映器件的工作范围，通常定义为饱和信号电压与均方根噪声电压之比，或 CCD 势阱中最大电荷存储量和噪声决定的电荷量之比。

势阱中的最大电荷存储量除了与栅电极面积 A，栅极电压 U_G 及单位面积氧化层电容 C_{ox} 成正比外，还与器件的结构（SCCD 或 BCCD）、时钟脉冲驱动方式（二相、三相或四相）等因素有关。例如，某 SCCD 势阱中的电荷最大存储量为 3.7×10^6 个电子。

若为 BCCD 结构，则计算比较复杂，随着沟道深度的增加，势阱中可容纳的电荷量减少。对于与上述 SCCD 相同条件的 BCCD,能容纳的电荷量约为 SCCD 的 1/4.5。若为二相驱动 CCD，则实际能容纳电荷的电极面积是整个电极面积的一半。因此，在二相驱动阶梯转移电极结构的情况下，势阱中存储的电荷量要比三相交叠栅转移电极结构的 CCD 存储的电荷容量少一半。

CCD 的噪声已在上面讨论过。由上所述可知，各类 CCD 器件其动态范围各有差别，同类器件因结构与工作模式不同，动态范围在一定范围内变化。动态范围表征了成像器件能够正常工作的照度范围。显然，动态范围越大越好。通用 CCD 摄像器件动态范围约在 1000∶1 内。

9．工作频率

CCD 工作频率 f 限定在一定频段内，即工作频率上、下限区间内。

1）工作频率下限 f_{d}

为了避免由于热激发产生的少数载流子对于注入信号的干扰，注入电荷从一个电极转移到下一个电极所用的转移时间 t 必须小于少数载流子的平均寿命 τ，即 $t<\tau$。在正常工作条件下，对于三相 CCD，$t=\dfrac{T}{3}=\dfrac{1}{3f}<\tau$，其中 T 为时钟脉冲的周期，于是可得工作频率的下限为

$$f_{\mathrm{d}}>\frac{1}{3\tau} \tag{4-35}$$

2）工作频率上限 f_{u}

若要电荷有效地转移，对三相 CCD 来说，必须使转移时间 $t\leqslant T/3$，即

$$f_{\mathrm{u}}\leqslant\frac{1}{3t} \tag{4-36}$$

否则，信号电荷跟不上驱动脉冲的变化，将会使转移效率大大下降。

这就是电荷自身的转移时间对驱动脉冲频率上限的限制。对二相与四相 CCD，只须将式（4-35）与（4-36）中的 3 换成 2 或 4 即可。

由于电荷转移的快慢与载流子迁移率、电极长度、衬底杂质浓度和温度等因素有关，因此，对于相同的结构设计，由于电子的迁移率（单位场强下的运动速度）远大于空穴的迁移率，因此，N 型沟道 CCD（以电子为信号电荷的 CCD）比 P 型沟道 CCD（以空穴为信号电荷的 CCD）的工作频率高得多。

4.3.5　CMOS 传感器

CMOS（Complementary Metal Oxide Semiconductor，互补的金属氧化物半导体），是指在同一晶片上制作了 PMOS（Positive channel MOSFET）和 NMOS（Negative channel MOSFET）元件，由于 PMOS 与 NMOS 在特性上为互补，故得此名。CMOS 最基本的像元结构，是在 MOS 场效应管的基础上加上光电二极管构成的。CMOS 传感器也可细分为被动式（无源）像素传感器（passive pixel sensor CMOS）与主动式（有源）像素传感器（active pixel sensor CMOS）。

CCD 与 CMOS 传感器在性能和应用上的差异体现在以下几方面。

1．灵敏度差异

由于 CMOS 传感器的每个像素有 4 个晶体管与 1 个光敏二极管构成，含放大器与 A/D 转换电路，使得每个像素的光敏区域远小于像素本身的表面积。因此在像素尺寸相同的情

况下，CMOS 的灵敏度要低于 CCD。

2．分辨率差异

CMOS 传感器的每个像素都比 CCD 复杂，其像素尺寸很难达到 CCD 传感器的水平，因此比较相同尺寸的 CCD 传感器与 CMOS 传感器时，CCD 传感器的分辨率通常会优于 CMOS 传感器的水平。

3．噪声差异

由于 CMOS 传感器的每个光敏二极管都必须搭配一个放大器，而放大器属于模拟电路，很难让每个放大器所得到的结果保持一致。因此与只有一个放大器的放在芯片边缘的 CCD 传感器相比，CMOS 传感器的噪声会增加很多，影响图像质量。

4．功耗差异

CMOS 传感器的成本低、功耗小，仅相当于 CCD 功耗的 1/10～1/8。

4.4　图像采集卡

计算机通过图像采集卡（image capture card）接收来自图像传感器的模拟信号，对其进行采样、量化成数字信号，然后压缩编码成数字视频序列。一般图像采集卡采用帧内压缩的算法把数字化的视频存储成 AVI 文件，高档的图像采集卡直接把采集到的数字视频数据实时压缩成 MPEG-1 格式的文件。图像采集卡外形示例如图 4-27 所示。

图 4-27　图像采集卡

1．图像采集卡分类

图像采集卡可分为模拟图像采集卡与数字图像采集卡；彩色图像采集卡与黑白图像采集卡；面扫描图像采集卡和线扫描图像采集卡。

彩色图像采集卡也可以采集同灰度级的黑白图像。面扫描图像采集卡一般不支持线扫描摄像机，然而，线扫描图像采集卡往往也支持面扫描相机。

2．图像采集卡的技术参数

（1）图像传输格式。图像采集卡需要支持系统中摄像机所采用的输出信号格式。大多数摄像机采用 RS422 或 EIA（LVDS）作为输出信号格式。在数字摄像机中广泛应用 IEEE1394，USB2.0 和 Camera Link 几种图像传输形式。

（2）图像格式（像素格式）。

① 黑白图像。通常情况下，图像灰度等级可分为 256 级，即以 8 位表示。在对图像灰度有更高的要求时，可用 10 位、12 位等来表示。

② 彩色图像。彩色图像可由 RGB（YUV）3 种色彩组合而成，根据其亮度级别的不同有 8-8-8，10-10-10 等格式。

（3）传输通道数。当摄像机以较高速率拍摄高分辨率的图像时，会产生很高的输出速率，一般需要多路信号同时输出。因此图像采集卡应能支持多路输入。一般情况下，图像采集卡有 1 路、2 路、4 路、8 路输入等。

（4）分辨率。采集卡能支持的最大点阵反映了其分辨率的性能。一般采集卡可支持 768×576 点阵，而性能优异的采集卡其支持的最大点阵可达 64K×64K。除此之外，单行最大点数和单帧最大行数也可反映采集卡的分辨率性能。

（5）采样频率。采样频率反映了采集卡处理图像的速度和能力。在进行高速图像采集时，需要注意采集卡的采样频率是否满足要求。目前高档采集卡的采样频率可达 65MHz。

（6）传输速率。主流图像采集卡与计算机主板间都采用 PCI 接口，其理论传输速度为 132Mbps。PCI-E、PCI-X 是更高速的总线接口。

（7）帧和场。标准模拟视频信号是隔行信号，一帧分两场，偶数场包含所有偶数行，奇数场包含所有奇数行。采集和传输过程使用的是场而不是帧，一帧图像的两场之间有时间差。

4.5　计　算　机

计算机是视觉测量系统的核心，通过图像采集卡接收图像并与其他外部设备相连，主要负责图像处理、分析等工作。计算机的图像处理速度和计算精度直接影响整个测量系统的实时性和精度。在视觉测量中可以用工控机或以 DSP、FPGA 为核心的嵌入式系统，两种系统的主要特点如表 4-5 所示。下面对视觉测量中涉及的计算机硬件配置和数据通信接口进行简单介绍。

表 4-5　工控机和嵌入式系统主要特点

项目	工控机	嵌入式系统
图像处理能力	高	低
扩展性	好	差
体积	大	小
现场安装	难，需要机柜	容易
价格	低	高
垄断程度	低	高度垄断
稳定性	较好	非常好
设置操作	容易，通过键盘、鼠标或触摸屏	较难，一般用手柄或触摸屏
运行操作	自动	自动
维修	简单	原供货商才能维修

4.5.1　硬件配置

（1）高速处理器。由于处理对象具有很大的数据量，同时为满足实时测量，因而对计算机的运算能力有较高要求。一些为应用于图像处理而经过特别优化的专用 CPU，例如，图像处理 ASIC 芯片、高速 DSP 和支持多媒体加速指令的 CPU 等都是视觉测量的优选。

（2）大容量存储器（mass storage device）。由于图像信息的数据量很大，因此视觉测量中计算机必须配备大容量的内存和外部存储器。

（3）丰富的外部接口。为适应不同摄像机的连接，视觉测量系统的计算机应配置相应的数据通信接口。当采用数字摄像机时，计算机需要具有诸如 IEEE1394、USB2.0 等数据通信接口。

4.5.2 数据通信接口

1. PCI 总线和 PC104 总线

PCI（Peripheral Component Interconnect，外设部件互连标准）总线是计算机的一种标准总线，是目前 PC 中使用最为广泛的接口。PCI 总线的地址总线与数据总线是分时复用的。这样做，一方面可以节省接插件的引脚数，另一方面便于实现突发数据传输。

2. Camera Link 通信接口

Camera Link 标准规范了数字摄像机和图像采集卡之间的接口，采用了统一的物理接插件和线缆定义。只要是符合 Camera Link 标准的摄像机和图像卡就可以物理上互连。Camera Link 标准中包含 Base、Medium、Full 三个规范，但都使用统一的线缆和接插件。Camera Link Base 使用 4 个数据通道，Medium 使用 8 个数据通道，Full 使用 12 个数据通道。Camera Link 标准支持的最高数据传输率可达 680Mbps。Camera Link 标准中还提供了一个双向的串行通信连接。图像卡和摄像机可以通过它进行通信，用户可以通过从图像卡发送相应的控制指令来完成摄像机的硬件参数设置和更改，方便用户以直接编程的方式控制摄像机。从 Camera Link 标准推出之日起，各个图像卡生产商就积极支持该标准，因此，LVDS 和 Channel Link 接口的硬件已经淡出了市场。如果用户需要开发一个新的高性能机器视觉系统，无论是选择摄像机或图像卡时，都应该优先考虑采用 Camera Link 接口的产品。

3. IEEE1394 通信接口

IEEE1394 是一种与平台无关的串行通信协议，标准速度分为 100Mbps、200Mbps 和 400Mbps，是 IEEE（电气与电子工程师协会）于 1995 年正式制定的总线标准。目前，1394 商业联盟正在负责对它进行改进，争取未来将速度提升至 800Mbps、1Gbps 和 1.6Gbps 这三个档次。相比于 EIA 接口和 USB 接口，IEEE 1394 的速度要高得多，所以，IEEE 1394 也称为高速串行总线。

从技术上看，IEEE 1394 具有很多优点。首先，它是一种纯数字接口，在设备之间进行信息传输的过程中，数字信号不用转换成模拟信号，从而不会带来信号损失；其次，速度很快，1Gbps 的数据传输速度可以非常好地传输高品质的多媒体数据，而且设备易于扩展，在一条总线中，100Mbps、200Mbps 和 400Mbps 的设备可以共存；另外，产品支持热插拔，易于使用，用户可以在开机状态下自由增减 IEEE 1394 接口的设备，整个总线的通信不会受到干扰。

4. USB2.0 接口

USB 是通用串行总线（Universal Serial Bus）的缩写，USB2.0 通信速率由 USB1.1 的 12Mbps 提高到 480Mbps，初步具备了全速传输数字视频信号的能力。目前已经在各类外部设备中广泛采用，市场上也出现了大量采用 USB2.0 接口的摄像机。USB 接口具有接口简单、支持热插拔以及连接多个设备的特点。USB 物理接口的抗干扰能力较差，体系结构中存在复杂的主从关系，没有同步实时的保证。

5. 串行接口

串行接口（serial port）又称"串口"，主要用于串行式逐位数据传输。常见的有一般计算机应用的 RS232（使用 25 针或 9 针连接器）和工控机应用的半双工 RS485 与全双工 RS422。有些模拟摄像机提供串行接口，用来修改内部参数和对镜头进行变焦、调节光圈等操作，弥补了模拟摄像机不可远程自动控制的缺点。而对于数字摄像机，这些操作直接通过采集信道上的控制命令来完成。

思考与练习

4-1　假设焦距为 16mm，1/3 英寸 CCD 芯片的纵向尺寸为 3.6mm，如果工作距离为 200mm，计算纵向视场大小。

4-2　景深与哪些因素有关？

4-3　根据瑞利判据，举例说明提高光学系统分辨率的措施。

4-4　简述 CCD 器件的基本结构。

4-5　简述 CCD 器件的主要工作过程。

4-6　提高 CCD 转移效率有哪几种方法？

4-7　CCD 器件的工作频率受哪些因素影响？以三相 CCD 为例，说明决定其工作频率的上下限因素是什么？

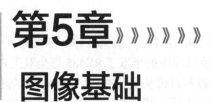

第5章»»»»»
图像基础

教学要求

熟练掌握图像的产生、存储、类型、性质以及图像离散傅里叶变换。

引 例

视觉测量技术通过利用计算机对采集到的数字图像进行处理分析，进而实现对客观世界的理解，因此图像在其中起着重要的作用，有关图像基础知识的介绍也是后续图像处理分析理解的重要基础。如图 5-1 所示的 6 幅条纹图像，它们各自或相互之间反映何种信息、它们的傅里叶频谱具有何种特征、为了从中获得某种信息我们该采取什么样的处理方法或手段？这些问题将通过本章中图像离散傅里叶变换的知识来解决。

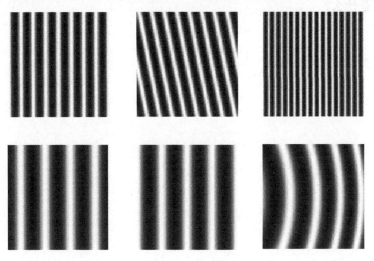

图 5-1　条纹图像

5.1　图像的产生

在图像处理中，通常把人眼看到的客观存在的世界称为景物（scene）。

图像（image）为"事件或事物的一种表示、写真或临摹，或一个生动的或图形化的描述"。"图"是物体透射光或反射光的分布；"像"是人类视觉系统对接收到的图在大脑中形成的印象或认识。"图像"是两者的结合，是客观景物通过某种系统的一种映射，从广义上说，是自然界景物的客观反映。

图像是由照射源和形成图像的场景元素对光能的反射或吸收相结合而产生的。照射可以由电磁波引起，如各种可见光、雷达、红外线或 X 射线源，也可以是非传统光源，如超声波。根据光源性质，照射能量可从物体反射或从物体透射而成像。

一般图像的主要度量特征是光强度和色彩，对于灰度图像（又称为光强图像），可由照射—反射模型来描述：

$$f(x,\ y) = i(x,\ y)r(x,\ y) \tag{5-1}$$

式中，$(x,\ y)$ 是图像的空间坐标；$f(x,\ y)$ 表示图像在坐标 $(x,\ y)$ 处的亮度，由两部分构成：①入射到可见场景上的光强；②场景中物体表面反射系数。确切地说，它们分别称为照度分量 $i(x,\ y)$ 和反射分量 $r(x,\ y)$，且 $0 < i(x,\ y) < \infty$，$0 < r(x,\ y) < 1$。

照度分量反映了图像的外部因素或环境因素，一些参考环境照度，例如，夏日阳光下 10^5lx，阴天室外 10^4lx，电视演播室内 10^3lx，距 60W 台灯 60cm 桌面 300lx，室内日光灯 100lx，黄昏室内 10lx，20cm 处烛光 10～15lx，夜间路灯 0.1lx。

而反射分量由物体的内在特性（如材料、表面性质）所确定，一些典型物体的反射系数，例如，黑天鹅绒 0.01，不锈钢 0.65，粉刷的白墙平面 0.80，镀银的器皿 0.90，白雪 0.93。

5.2　数　字　图　像

根据图像记录方式的不同，图像可分为两大类：一类是模拟图像（analog image）；另一类是数字图像（digital image）。直接从输入系统获得、未经采样与量化的图像称为模拟图像。模拟图像在空间分布和亮度幅值上均为连续分布，是通过某种物理量（光、电）的强弱变化来记录图像上各点的灰度信息。模拟电视信号的映像、相机及电视摄像机等光学成像系统焦平面的投影映像、照片和纸张上描绘的图形都是模拟图像。

为了能用计算机来处理图像信息，需要把模拟图像进行数字化处理变成计算机能够处理的信息形式，即数字图像。由一般的照片、景物等模拟图像得到数字图像，需要进行采样（sampling）和量化（quantization）两种操作，二者统称为数字化（digitization）。

5.2.1　数字化

对图像空间坐标的离散化以获取离散点的函数值的过程称为图像的采样，各离散点又称为样本点，离散点的函数值称为样本。对样本点上图像的亮度值进行离散化称为量化。

在采样和量化过程中，采样间隔（频率）取多大合适，以多少个等级表示样本的亮度值为最好，这些都将影响数字图像能否保持模拟图像信息的问题。

1. 采样

一幅数字图像是由有限的采样点组成的，其采样间隔 Δx、Δy 满足什么样的条件才可以完全重建模拟图像？这个问题由内奎斯特采样定理（Nyquist sampling theorem）来解决。

假设模拟图像用 $f(x,y)$ 表示，$f(x,y)$ 中信号的最高频率是由空间物体包含的最高频率和成像系统调制传递函数的截止频率来决定的。设 u_c、v_c 为两个方向上的频谱宽度，只要采样间隔 Δx 和 Δy 满足条件 $\Delta x < \dfrac{1}{2u_c}$ 和 $\Delta y < \dfrac{1}{2v_c}$，就能由采样图像精确重建模拟图像。采样定理反映了图像的频谱与采样间隔（频率）之间的关系。

由于数字图像采集过程中不可避免地在多个环节中出现各种噪声，而噪声在理论和实践上是不可能完全滤除掉的，即理想采样不可能实现，因此实际采集的数字图像也就无法被精确重建。

模拟图像经采样后变成离散图像，采样点称为像素，各像素排列成 $M \times N$ 阵列。对于同一图像而言，采样间隔越小，M、N 就越大，采样图像的分辨率就越高，由采样图像重建图像 $f(x,y)$ 的失真就越小，而数据量就越大。相反，采样间隔越大，空间分辨率越低，图像质量越差，严重时出现像素呈块状的"棋盘效应"。采样间隔与图像质量的关系如图 5-2 所示。六幅子图（从左至右，由上至下）的分辨率分别为 256×256 像素，128×128 像素，64×64 像素，32×32 像素，16×16 像素，8×8 像素。

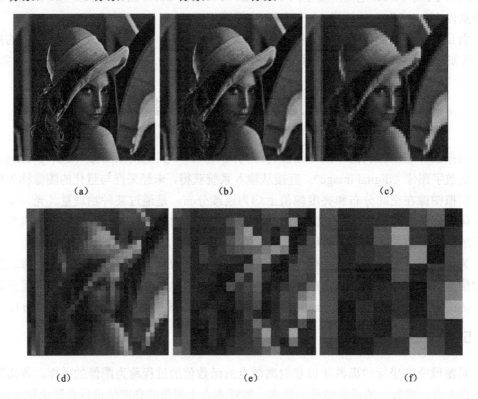

图 5-2 采样间隔与图像质量的关系

2. 量化

把采样点上对应的亮度幅值连续变化区间转换为单个特定数码的过程称为量化，即采样点亮度值的离散化。

把原图像灰度层次从最暗至最亮均匀分为有限个层次，称为均匀量化（uniform quantization），如果采用不均匀分层就称为非均匀量化（nonuniform quantization），量化示意图如图 5-3 所示。均匀量化是最常用的方法，它是将图像灰度范围等间隔分成 L 个灰度级。由于计算机总线处理数据位数的特殊要求，同时为了便于存储，灰度级数常用二进制的位数 k（比特数）来表示，即 $L=2^k$。k 常取的值有 8、10、16，对应于 256、1024 和 65 536 个灰度级。

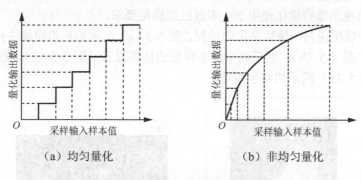

（a）均匀量化　　　　　　　　（b）非均匀量化

图 5-3　量化示意图

　　当图像的采样点数一定时，量化级数越多，所得图像层次越丰富，灰度分辨率越高，图像质量越好，但数据量增大；相反，量化越少，图像层次欠丰富，严重时会出现假轮廓现象。相同空间分辨率情况下，量化级数与图像质量的关系如图 5-4 所示。六幅子图（从左至右，由上至下）的量化级分别为 256，64，32，16，4，2 级。

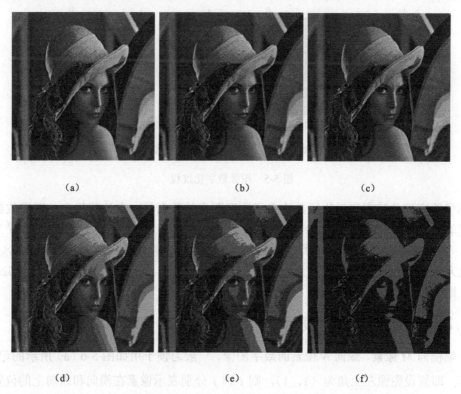

（a）　　　　　　　　　（b）　　　　　　　　　（c）

（d）　　　　　　　　　（e）　　　　　　　　　（f）

图 5-4　量化级数与图像质量的关系

用有限个离散灰度值表示无穷多个连续灰度量时必然会引起误差，这种误差称为量化误差，有时也称量化噪声。量化分级越多，量化误差越小；而分级越多则编码进入计算机所需位数越多，相应地影响运算速度及处理过程。另外，量化分级的约束来自图像源的噪声，也就是说，噪声大的图像，量化太细没有意义。反之要求量化很细的图像才强调极小的噪声，例如，某些医用图像系统把减少噪声作为主要设计指标，是因为其量化要求 2000 级以上，一般电视图像的量化使用 200 多级已能满足要求。

图 5-5 用四幅图说明图像数字化的过程。图 5-5（a）所示的模拟图像中扫描线 AB 上的模拟信号显示于图 5-5（b），然后经空间采样后的结果显示于图 5-5（c），进一步经灰度量化后得到如图 5-5（d）所示的数字信号。

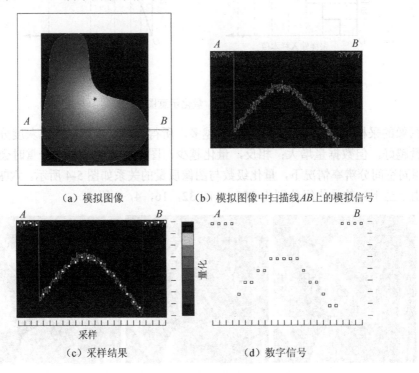

（a）模拟图像　　　　　　　（b）模拟图像中扫描线 AB 上的模拟信号

（c）采样结果　　　　　　　（d）数字信号

图 5-5　图像数字化过程

图像的空间分辨率和量化级数决定了数字图像的数据量。在计算机中，图像数据的最小量度单位是 bit。存储器的存储量常用字节（1byte=8bit）、千字节（KB）、兆（10^6）字节（MB）、吉（10^9）字节（GB）、太（10^{12}）字节（TB）等来表示。若采样点数为 $M \times N$，量化级数为 2^k，则该图像的数据量为 $M \times N \times k$（bit）。例如，存储一幅 1024 像素×1024 像素的 8bit 图像需要 1MB 的存储器。

5.2.2　数字图像的表示

一幅横向 M 像素、纵向 N 像素的数字图像，一般习惯于用如图 5-6（a）所示的记号 $f_{i,j}$ 来表示。即假设图像左上角为（1，1），则 i 和 j 分别表示像素在横向和纵向上的位置。另外，一幅数字图像可以表示成以各像素的灰度值为元素的 N 行 M 列的矩阵[F]，如图 5-6（b）所示。需要注意，这两种表示方法是不同的。在数学上，对数字图像的处理，可以解释为对这个矩阵进行各种运算操作。

数字图像的 x-y 坐标表示如图 5-7 所示，左上角为坐标原点，y 轴标记图像的行，x 轴标记图像的列。$f(x, y)$ 既可以代表一幅图像，也可以表示在 (x, y) 行列交点处的灰度值。分布在坐标系中的每一点表示一个像素。

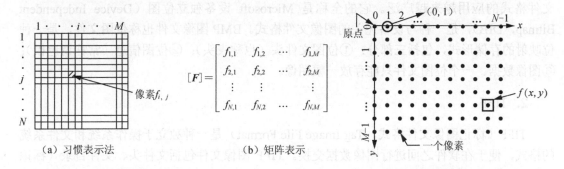

（a）习惯表示法　　　　　　　　　　　（b）矩阵表示

图 5-6　数字图像表示方法　　　　　　图 5-7　数字图像的 x-y 坐标表示

5.2.3　图像文件格式

计算机中图像常以文件形式存储。图像文件是指包含图像数据的文件，文件内除图像数据本身以外，一般还有对图像的描述信息等，以方便读取、显示图像。

描述和表示图像有两种常用的方式：一种是位图（bitmap）表示形式；另一种是矢量图（vector graph）表示形式。尽管表示方式不同，但它们在显示器上显示的结果几乎没有什么差别。

在矢量图表示形式中，使用一系列线段或线段的组合体来表示图像，线段的灰度可以是均匀的或变化的，在线段的组合中各部分也可以用不同灰度填充。矢量文件类似程序文件，里面有一系列命令和数据，执行这些命令就可根据数据画出图形。因此，矢量图形可以缩放到任意大小都不会遗漏细节或降低清晰度，它与分辨率无关。

图像数据文件主要使用位图表示形式，把一幅图像分成许多像素，每个像素用若干二进制位来指定该像素的颜色、亮度和属性。因此一幅数字图像由许多描述每个像素的数据组成，而这些数据通常作为一个文件来存储。位图表示形式的主要缺点是缺少对像素间相互关系的直接描述，且限定了图像的空间分辨率，即位图图像与分辨率有关。后者带来两个问题：一是将图像放大到一定程度就会出现方块效应，且会遗漏细节；二是如果将图像缩小再恢复到原始尺寸，则图像会变得比较模糊。书中所指图像均为位图表示形式。不同的系统平台和软件常使用不同的图像文件格式，目前较常用的四种静态图像文件格式如表 5-1 所示。

表 5-1　常用的图像文件格式

文件格式	应用背景	数据压缩方式
BMP	Windows	改进的 LZ77 压缩法
TIFF	支持多种平台与操作系统	RLE
GIF	网上图像在线传输	RLE、Huffman、LZW（字典压缩）等
JPEG	存储照片类图像	RLE4、RLE8 或不压缩

1. BMP

BMP（bitmap）是 Windows 软件推荐使用的一种文件格式，随着 Windows 的普及，BMP 文件格式的应用越来越广泛。它的全称是 Microsoft 设备独立位图（Device Independent Bitmap，DIB），是一种与设备无关的图像文件格式。BMP 图像文件也称位图文件，是一种位映射的存储形式，包括三部分：①位图文件头（也称表头）；②位图信息（常称调色板）；③图像数据。一个位图文件只能存放一幅图像。

2. TIFF

TIFF（标记图像文件格式，Tag Image File Format）是一种独立于操作系统和文件系统的格式，便于在软件之间进行图像数据交换。TIFF 图像文件包括文件头、文件目录（标识信息区）和文件目录项（图像数据区）。文件头只有一个，且在文件前端。它给出数据存放顺序、文件目录的字节偏移信息。文件目录给出文件目录项的个数信息，并有一组标识信息，给出图像数据区的地址。文件目录项是存放信息的基本单位，也称为域。从类别上讲，域主要包括基本域、信息描述域、传真域、文件存储和检索域 5 类。

TIFF 格式是一种极其灵活易变的格式，可以支持多种压缩方法。TIFF 格式支持任意大小的图像，文件可分为 4 类：二值图像、灰度图像、调色板彩色图像和全彩色图像。一个 TIFF 文件中可以存放多幅图像，也可存放多份调色板数据，TIFF 文件一般比较大。

3. GIF

GIF（Graphics Interchange Format，图像交换格式）是 CompuServe 公司开发的文件存储格式，是一种公用的图像文件格式标准，它是 8 位文件格式，最多只能存储 256 色图像。GIF 文件均为压缩过的文件。

GIF 文件结构较复杂，一般包括 7 个数据单元：文件头、通用调色板、图像数据区和 4 个补充区。其中，文件头和图像数据区是不可缺少的单元。一个 GIF 文件中可以存放多幅图像，所以文件头中包含适用于所有图像的全局数据和仅属于其后那幅图像的局部数据。

4. JPEG

JPEG（Joint Photographic Experts Group，联合图像专家组）是用于连续色调静态图像压缩的一种标准。其主要方法是采用预测解码、离散余弦变换以及熵解码，以去除冗余的图像和彩色数据，属于有损压缩方式。JPEG 是一种高效率的 24 位图像文件压缩格式，同样一幅图像，用 JPEG 格式存储的文件通常只有几十 KB，是其他类型文件的 1/10～1/20，而颜色深度仍然是 24 位，其质量损失非常小，基本上无法看出。

5.3 图 像 分 类

图像有许多种分类方法，按照图像的动态特性，可以分为静止图像和运动图像；按照图像的维数，可分为二维图像、三维图像和多维图像；按照辐射波长的不同，又可分为 X 射线图像、紫外线图像、可见光图像、红外线图像、微波图像等。

1．按图像的强度或颜色等级划分

按图像的强度或颜色等级划分，图像可分为二值图像、灰度图像、索引图像和 RGB 图像，如图 5-8 所示。

　（a）二值图像　　　　　（b）灰度图像　　　　　（c）索引图像　　　　　（d）RGB 图像

图 5-8　图像分类 I

1）二值图像

只有黑白两种颜色的图像称为二值图像（binary image），也称黑白图像。每个像素的灰度值用 0 或 1 表示，用 1 位存储，一幅 640×480 像素的黑白图像所占据的存储空间为 37.5KB。

2）灰度图像

灰度图像（gray image）是指每个像素的信息由一个量化的灰度级来描述的图像，它只有亮度信息，没有颜色信息。由于人眼对灰度的分辨能力一般不超过 26 级，所以一个像素用一个 8 位二进制数表示其灰度值对人眼来说已经足够了。对于 8 位灰度图像，最大灰度值为 255，表示白色，黑色的灰度值为 0。并将由黑到白之间的明暗度均匀划分为 256 个等级，每个等级由一个相应的灰度值定义，这样就定义了一个 256 个等级的灰度表。一幅 640×480 像素 8 位灰度图像所占据的存储空间为 300KB。

3）索引图像

索引图像（indexed images）的颜色是预先定义的索引颜色。索引颜色的图像最多只能显示 256 种颜色。

4）RGB 图像

RGB 图像也称真彩色图像。在 RGB 图像中，每一个像素由红、绿和蓝（red, green, blue）三个基色分量组成，如图 5-9 所示，每个分量占一个字节（8 位，表示 0～255 之间的不同的亮度值），这三个字节组合可以产生 $2^8 \times 2^8 \times 2^8 = 16\ 777\ 216$ 种不同的颜色。红、绿和蓝三个基色分量直接决定显示设备的基色强度，这样产生的彩色称为真彩色，真彩色能真实反映自然界物体的本来颜色。

　　　原始图像　　　　　　　　R分量　　　　　　　　　G分量　　　　　　　　　B分量

图 5-9　彩色图像及其 R、G、B 分量

2．按成像传感器类别划分

按成像传感器类别划分，图像可分为电视图像（TV/visible image）、红外图像（infrared image）、雷达图像（radar image）、超声图像（ultrasonic image）、X 射线，核磁共振图像（Magnetic Resonance Image，MRI），如图 5-10 所示。

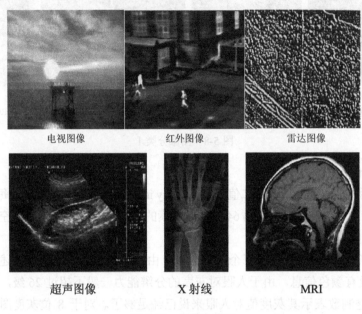

图 5-10　图像分类 Ⅱ

5.4　彩　色　图　像

彩色图像除具有亮度信息外，还包含有颜色信息。彩色图像包括真彩色、伪彩色和假彩色三种。彩色图像也可按照颜色的数目来划分，例如，上一节介绍的索引图像（256 色图像）和 RGB（真彩色）图像等。

5.4.1　彩色基础

太阳光中各种波长的光以几乎相同的强度混合在一起，分不出特别的颜色，看起来是白色，称为白光（white light）。白光经过三棱镜后可以分解为各种波长的彩色光，单色光（monochromatic light）按波长顺序依次排开，称为光谱（spectrum），如图 5-11 所示，这是由于不同波长的光经三棱镜后折射角不同。七个区域从上至下分别为红橙黄绿青蓝紫，每种颜色都是平缓地融入下一种颜色。

对于彩色图像，每个像素需用三个字节的数据来记述灰度信息，因为任何彩色图像都可以分解为红、绿、蓝三个单色图像，任何一种其他颜色都可以由这三种颜色混合而成。

自然界常见的各种彩色光，都可由红、绿、蓝三种颜色光按不同比例相配而成，同样绝大多数颜色也可以分解成红、绿、蓝三种色光，这就是色度学中最基本原理——三基色原理。三基色的选择不是唯一的，也可以选择其他三种颜色为三基色，但三种颜色必须是相互独立的，即任何一种颜色不能由其他两种颜色合成。由于人眼对红、绿、蓝三种色光最敏感，因此由这三种颜色相配所得的彩色范围也最广，所以一般都选这三种颜色作为基色，如图 5-12 所示。

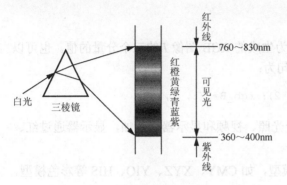

图 5-11　白光分解示意图　　　　　　　　　图 5-12　RGB 三基色与混合色

5.4.2　彩色模型

彩色图像的表示与所采用的彩色模型有关。同一幅彩色图像如果采用不同的彩色模型表示，对其的描述可能会有很大不同。彩色模型也称彩色空间、彩色系统。

1．RGB 彩色模型

计算机中的数字图像，用得最多的是 NTSC RGB 彩色模型。由于计算机彩色监视器的输入需要 RGB 三个彩色分量，通过三个分量的不同比例，在显示屏幕上合成所需的任意颜色，所以不管用什么形式的彩色空间，最后的输出一定要转换成 RGB 彩色模型。

为了统一标准，CIE 于 1931 年规定，分别取水银光谱中波长为 700nm、546.1nm 和 435.8nm 的彩色光作为标准的红、绿、蓝基色光。在如图 5-13 所示的 RGB 彩色模型立方体中，R、G、B 三个坐标轴都归一化到 0～1，0 表示最暗（黑），1 表示最亮（白）。这样，所有的颜色都将位于一个边长为 1 的立方体内。

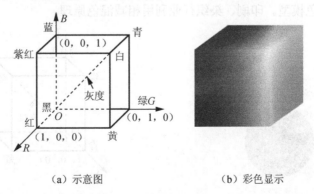

（a）示意图　　　　　　　　　（b）彩色显示

图 5-13　RGB 彩色模型

一幅 $M×N$ 像素的 RGB 彩色图像可以用一个 $M×N×3$ 的数组来描述。在 MATLAB 中，不同的图像类型，其图像矩阵的取值范围也不一样。例如，若一幅 RGB 图像是 double 类型的，则其取值范围在[0，1]之间，而如果是 uint8 或者 uint16 类型的，则取值范围分别是[0，255]和[0，65 535]。

在 MATLAB 中可以采用 cat 函数来生成一幅 RGB 彩色图像，其语句为

```
I=cat(3, rgb_R, rgb_G, rgb_B);
```

其中，3 为维数，rgb_R，rgb_G，rgb_B 分别为生成的 RGB 图像 I 的三个分量的值。也可以由一幅彩色图像分解出三个基色分量，其语句为：

```
rgb_R=I(:, :, 1); rgb_G=I(:, :, 2); rgb_B=I(:, :, 3);
```

RGB 彩色模型称为相加混色模型，用于光照、视频和显示器。例如，显示器通过红、绿和蓝荧光粉反射光线产生彩色。

基于 RGB 彩色模型可以导出其他彩色模型，如 CMY、XYZ、YIQ、HIS 等彩色模型，以适应不同应用的需求。

2．CMY 彩色模型

在理论上，绝大多数颜色都可以用三种基本颜料——青色（cyan）、品红（magenta）及黄色（yellow）按一定比例混合得到。理论上，青色、品红和黄色三种基本色素等量混合能得到黑色，如图 5-14 所示。但实际上，所有打印油墨都会包含一些杂质，于是这三种油墨混合实际上只能产生一种土灰色，必须与黑色（black）油墨混合才能产生真正的黑色，所以再加入黑色作为基本色形成 CMYK 彩色模型。下列公式中所有的颜色值均被规一化至[0，1]之间。CMY 彩色模型（如图 5-15 所示）与 RGB 彩色模型的关系表示为：

$$\begin{bmatrix} C \\ M \\ Y \end{bmatrix} = \begin{bmatrix} 1 \\ 1 \\ 1 \end{bmatrix} - \begin{bmatrix} R \\ G \\ B \end{bmatrix} \tag{5-2}$$

涂有青色（C）的原料被白光照射时，红光被吸收（$C=1-R$）。CMY 彩色模型用来描述绘图和打印彩色输出的颜色，这类彩色的形成是在白纸介质上生成的，是一个由白到黑过程，称为相减混色模型。印刷、染织行业利用相减混色原理。

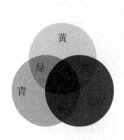

图 5-14 CMY 混色模型

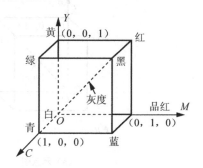

图 5-15 CMY 彩色模型

3．CIE-XYZ 彩色模型

CIE-XYZ 彩色模型是 CIE 于 1931 年规定的一种新的颜色表示系统。XYZ 彩色模型须满足下面三个条件：

（1）三色比例系数皆大于零；

（2）Y 的数值表示彩色光的亮度；

（3）当 $X=Y=Z$ 时仍然表示标准白光。

XYZ 彩色模型与 RGB 彩色模型之间的关系表示为：

$$\begin{bmatrix} X \\ Y \\ Z \end{bmatrix} = \begin{bmatrix} 2.7689 & 1.7517 & 1.1302 \\ 1.0000 & 4.5907 & 0.0601 \\ 0.0000 & 0.0565 & 5.5943 \end{bmatrix} \begin{bmatrix} R \\ G \\ B \end{bmatrix} \tag{5-3}$$

4．YIQ 彩色模型

美国国家电视系统委员会（National Television System Committee，NTSC）采用 YIQ 彩色模型，主要优点是保证彩色电视和黑白电视的兼容。

YIQ 模型中，Y 代表光源的亮度，I、Q 两个参数代表色度，其中参数 I 包含了橙－青的色彩信息，Q 中包含了绿－品红的色彩信息。

由于人眼对于亮度的敏感程度大于对于色度的敏感程度，因此将最大的带宽分给 Y 信号。并且由于 Y 代表亮度信号，所以在黑白电视机中只使用 Y 信号。我们也可以将 RGB 彩色模型转化为亮度－色度空间，两种模型之间的关系表示为：

$$\begin{bmatrix} Y \\ I \\ Q \end{bmatrix} = \begin{bmatrix} 0.299 & 0.587 & 0.114 \\ 0.596 & -0.274 & -0.322 \\ 0.211 & -0.523 & 0.312 \end{bmatrix} \begin{bmatrix} R \\ G \\ B \end{bmatrix} \tag{5-4}$$

5．HSI 彩色模型

RGB 模型和 CMY 模型主要是面向设备的，而 HSI 模型更容易被人理解和控制。HSI 彩色模型用 H、S 和 I 三个参数描述颜色特性。这种彩色描述对人来说是自然的、直观的，更适合人的视觉特性。H、S 和 I 分别表示色调（hue）、饱和度（saturation）和强度（intensity），它们是颜色的三个基本属性。色调 H 是由反射光线中占优势的波长决定的，不同波长产生不同颜色感觉，如红色、蓝色等；饱和度 S 是指一个颜色的鲜明程度，即单色光中渗入白光的程度，在物体反射光的组成中，白光越少，其饱和度越高，颜色越深，如深红，深绿；亮度 I 是指刺激感受器的强度，其大小由物体反射系数来决定，反射系数越大，物体的亮度越大，反之越小。

人眼能识别 128 种不同的色调和 130 种不同的饱和度（色泽）。根据不同的色调，还可以识别若干种明暗，例如，对于黄色，可以分辨出 23 种明暗级；对于蓝色，则可分辨出 16 种明暗级。人眼可以识辨出大约 266 240 种不同的颜色。

在图 5-16 所示枣核形立体图中，竖直轴表示亮度，顶部最亮表示白色，底部最暗表示黑色，中间是介于白黑之间深浅不同的灰度。在与亮度轴垂直的任一水平面圆内的任意一个以圆心为起点的向量，它与红色轴之间所成的角度（红色轴逆时针转到该向量）表示不同的色调，如红、黄、绿等，三基色红、绿、蓝按照 120° 分隔。向量的长度表示饱和度，处于圆周上的点是饱和的颜色，从圆周到圆心过渡表示色饱和度逐渐降低；当颜色在枣形立体图同一平面上变化时，只改变色调和饱和度，而亮度不变。

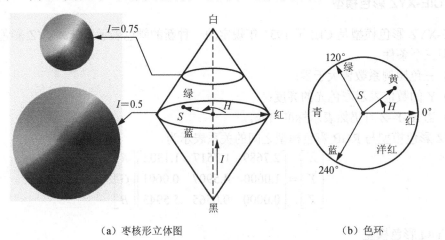

（a）枣核形立体图 （b）色环

图 5-16 HSI 彩色模型示意图

为了将 RGB 彩色模型（R,G,B）转换到 HSI 彩色模型，假设已经对基色分量进行规一化处理，即 $0 \leqslant R, G, B \leqslant 1$。则有：

$$I = \frac{1}{3}(R+G+B)$$

$$H = \begin{cases} \theta, & B \leqslant G \\ 2\pi - \theta, & B > G \end{cases}$$

(5-5)

$$S = 1 - \frac{3}{(R+G+B)} \min(R,G,B)$$

其中，$\theta = \arccos\left\{ \dfrac{\frac{1}{2}\left[(R-G)+(R-B)\right]}{\left[(R-G)^2 + (R-B)(G-B)\right]^{1/2}} \right\}$；$\min(R, G, B)$ 表示取三分量（R、G、B）中的最小值。

对于图 5-13（b）所示的 RGB 彩色模型立方体图像以及一幅自然图像，将它们分别转换到 HSI 彩色模型后各分量如图 5-17 所示。

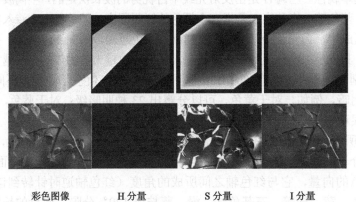

彩色图像 H 分量 S 分量 I 分量

图 5-17 彩色图像与 HSI 各分量显示

请注意当 $R=G=B$ 时，H 没有被定义；且如果 $I=0$ 时，S 没有被定义。

将 HSI 彩色模型转化为 RGB 彩色模型，要分三种情况来考虑：

（1）当 $0 < H \leqslant \dfrac{2\pi}{3}$ 时，

$$R = I\left[1 + \frac{S\cos(H)}{\cos(\pi/3 - H)}\right]$$

$$B = I(1 - S)$$

$$G = 3I\left(1 - \frac{R + B}{3I}\right) \tag{5-6}$$

（2）当 $\dfrac{2\pi}{3} < H \leqslant \dfrac{4\pi}{3}$ 时

$$H = H - \frac{2\pi}{3}$$

$$G = I\left(1 + \frac{S\cos(H)}{\cos(\pi/3 - H)}\right)$$

$$R = I(1 - S)$$

$$B = 3I\left(1 - \frac{R + G}{3I}\right) \tag{5-7}$$

（3）当 $\dfrac{4\pi}{3} < H \leqslant 2\pi$ 时

$$H = H - \frac{4\pi}{3}$$

$$B = I\left(1 + \frac{S\cos(H)}{\cos(\pi/3 - H)}\right)$$

$$G = I(1 - S)$$

$$R = 3I\left(1 - \frac{B + G}{3I}\right) \tag{5-8}$$

这些推导是根据一个著名的、特殊的色彩三角形得到的，完整的推导过程见参考文献[47]。

5.4.3　彩色图像的灰度化处理

灰度化就是替彩色图像的 R、G、B 三个分量找到一个合适的、等效的值，以便将其转化为灰度图像的过程。假设彩色图像的三基色分量分别表示为 R_0、G_0 和 B_0，经过灰度化处理之后所得的灰度值用 G_{new} 表示。下面介绍三种常用的灰度化处理方法。

1）最大值法

取彩色图像 RGB 分量中的最大值作为灰度化图像的灰度值，其计算公式为：

$$G_{new} = \max\left(R_0, G_0, B_0\right) \tag{5-9}$$

显然，采用最大值法进行灰度化处理之后，新得到的某一像素的三个颜色分量的总和很可能会增大，这样所得到的灰度图像往往亮度偏高，在处理时需要引起注意。

2）平均值法

使用彩色图像 RGB 分量的平均值作为灰度化图像的灰度值，即

$$G_{new} = (R_0 + G_0 + B_0)/3 \qquad (5\text{-}10)$$

与最大值法相比，平均值法灰度化以后的图像表现相对柔和。

3）加权平均值法

根据原始彩色图像中 RGB 三种颜色分量的相对重要性或其他指标，赋予三分量不同的权值，并取其加权平均值作为灰度化图像的灰度值，其计算公式为

$$G_{new} = W_R R_0 + W_G G_0 + W_B B_0 \qquad (5\text{-}11)$$

式中，W_R、W_G、W_B 分别是 R、G、B 分量的权值。W_R、W_G、W_B 取不同的值，加权平均法将形成不同的灰度图像。显然，平均值法也可以看做是 W_R、W_G、W_B 均等于 1/3 时的加权平均值法。

由于人眼对绿色的敏感度最高，对红色的敏感度次之，对蓝色的敏感度最低，因此选择 $W_G > W_R > W_B$ 更为合理一些。实验和理论推导证明，当 $W_R = 0.299$，$W_G = 0.587$，$W_B = 0.114$ 时，所得到的灰度图像比较合适。于是式（5-11）进一步表示为

$$G_{new} = 0.299 R_0 + 0.587 G_0 + 0.114 B_0 \qquad (5\text{-}12)$$

5.5　图　像　性　质

5.5.1　图像分辨率

图像分辨率（image resolution）是指图像的空间分辨率，其决定因素包括像素间距、透镜畸变、衍射以及景深。对于多数视觉测量系统，透镜畸变与衍射不是限制因素。空间分辨率仅由像素间距与景深的相互影响所决定。

假设图像平面上像素间距为 Δ，于是分辨率等于 2Δ，即能够明显分辨的两像点间的最小距离。分辨率经常以每英寸（或毫米）多少线为单位。

对于使用光敏二极管的成像器件，图像分辨率由成像设备的像元间距决定。

照相胶片上分布有卤化银颗粒，当卤化银颗粒被光线击中后将会变成金属银。未曝光的颗粒在冲洗过程中被洗掉。胶片的分辨率被卤化银的平均间距限制。典型的颗粒间距等于 $5\,\mu m$，每一个颗粒的横截面积大约为 $0.5\,\mu m^2$。

对于人类视觉系统，空间分辨率由中央凹的锥状细胞间距决定，典型的距离等于 $1/120°$，分辨率等于 $1/60°$，或 0.3×10^{-3} 弧度。人眼分辨率与极限分辨角（人眼刚能将两点分开的视角）呈反比关系，极限分辨角等于 $1'$。设计光学系统时必须考虑眼睛的分辨率。因为视角较小，弧度角近似代替角度正切值。将物体到人眼的距离与弧度为单位的分辨率相乘可以计算出对应于人类视觉分辨率的特征间距。例如，胳膊长度大约 40cm，在这个长度下分辨率为 $0.3 \times 10^{-3} \times 40cm = 120\mu m$。

5.5.2　直方图与联合直方图

1. 灰度直方图

图像的灰度直方图（gray level histogram）给出图像中灰度值出现的频率。如果一幅图

像有 L 个灰度级，则该图像的灰度直方图由具有 L 个元素的一维数组表示。灰度直方图通常表示为图 5-18 所示的柱状图，横轴代表灰度值，纵轴代表灰度值出现的概率。

设图像灰度的一维概率分布函数定义为

$$p(l) = p\big[f(x,\ y) = l \big] \tag{5-13}$$

其中，$0 \leqslant l \leqslant L-1$，表示灰度级。则一维灰度直方图为

$$p(l) = \frac{\mathrm{Num}(l)}{M},\ l = 0,\ 1,\ \cdots,\ L-1 \tag{5-14}$$

式中　M——图像的像素总数；

$\mathrm{Num}(l)$——灰度值为 l 的像素数。

1）灰度直方图的性质

（1）直方图是图像最基本的统计特征；

（2）灰度直方图只能反映图像灰度的分布情况，而不能反映图像像素的位置；

（3）一幅图像对应唯一的灰度直方图，反之不成立，不同图像可对应相同的直方图，如图 5-19 所示，给出了三幅具有相同直方图的图像；

（4）整个图像的直方图是各部分图像直方图之和。

图 5-18　灰度直方图

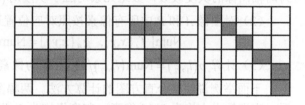

图 5-19　具有相同直方图的三幅图像

2）计算灰度直方图算法

（1）数组 Num 的所有元素赋值为 0；

（2）对于图像的所有像素，进行 $\mathrm{Num}\big[f(x,y) \big] = \mathrm{Num}\big[f(x,y) \big] + 1$ 操作；

（3）$p(l) = \mathrm{Num}(l)/M$，M 表示图像的像素总数。

计算灰度直方图完整的 MATLAB 程序见第 6.3.1 节直方图均衡化部分，也可采用 imhist 函数直接显示灰度直方图。如图 5-20 所示为一幅灰度图像及其直方图。

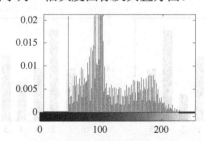

图 5-20　灰度图像及其直方图

图像的灰度直方图可以提供图像信息的许多特征，例如，若直方图密集地分布在很窄的区域之内，说明图像的对比度很低，若直方图有两个峰值则说明存在着两种不同亮度的区域。灰度直方图还可用于判断图像量化是否恰当、确定图像二值化的阈值，以及统计图像中物体的面积。

2．联合直方图

联合直方图实际上是统计两幅图像对应像素的不同灰度组合出现的频率，它是将两幅图像联系起来的桥梁。

设两任意像素 (i,j)，(m,n) 的灰度值分别为 $f(i,j)$，$g(m,n)$，则联合概率分布函数可表示为

$$p(l_1,l_2) = p\big[f(i,j) = l_1, \quad g(m,n) = l_2\big] \tag{5-15}$$

其中，l_1 和 l_2 均为 0 到 $L-1$ 之间的灰度级。

则联合直方图（二维直方图）可表示为

$$p(l_1,l_2) = \frac{N(l_1,l_2)}{M} \tag{5-16}$$

其中，M 是像素总数；$N(l_1,l_2)$ 是两事件 $f(i,j) = l_1$ 与 $g(m,n) = l_2$ 同时发生的事件数。

计算联合直方图算法：

（1）定义一个二维数组 $\text{Num}(L_1, L_2)$，并将数组所有元素初始化为 0，其中 L_1 和 L_2 分别为两幅图像的灰度级数，数组元素对应于灰度对 (l_1, l_2) 的像素个数。

（2）对图像 A 和 B 中所有像素按照对应位置进行以下操作：

$$\text{Num}\big[f_A(x,y), \ g_B(x,y)\big] = \text{Num}\big[f_A(x,y), \ g_B(x,y)\big] + 1$$

（3）计算 $p(l_1,l_2) = \text{Num}(l_1,l_2)/M$，$M$ 为像素总数。

下面举例说明联合直方图的计算方法。两幅图像 A 和 B 分别如图 5-21（a）和（b）所示，它们的大小均为 5×5 像素，灰度级均为 6 级。

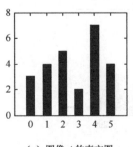

（a）图像 A （b）图像 B

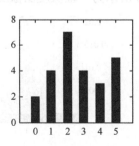

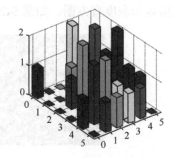

（c）图像 A 的直方图   （d）图像 B 的直方图   （e）图像 A、B 的联合直方图

图 5-21 联合直方图计算举例

定义一个 6×6 的二维数组 $\text{Num}(5, 5)$，并初始化为 0。在图像 A 和 B 中找到共同位置的像素点，得到它们在各自图像中的灰度值，并组成对应于同一位置的灰度值对。例如，图像 A 和 B 的第一个像素的灰度值为 1 和 5，则让 $\text{Num}(1, 5) = 1$，遍历图像 A 和 B 的每一像素，并对

Num 数组进行累加。最后计算 $p(l_1, l_2) = \text{Num}(l_1, l_2)/25$，得到图像 A 和 B 的联合直方图。

图像 A 和 B 的灰度直方图以及二者的联合直方图显示于图 5-21（c）～（e），为了显示更为直观，图示直方图中的纵坐标用频数表示，即没有进行除 M 操作。

5.5.3　熵和联合熵

如果知道概率密度 p，用熵（entropy）就可以估计出图像的信息量。熵的概念根源于热力学和统计力学，直到很多年后才与信息联系起来。熵的信息论的形成源于香农，常称做信息熵（information entropy）。

熵的直觉理解与关联于给定概率分布的事件的不确定性大小有关。熵可作为"失调"的度量，当失调水平上升时，熵增加而事件就越难预测。

计算熵所需要的概率密度在图像分析中常用灰度直方图来近似，于是定义图像 A 的熵 $H(A)$ 为

$$H(A) = \sum_{l=0}^{L-1} p(l) \log_2 \left(\frac{1}{p(l)} \right) = -\sum_{l=0}^{L-1} p(l) \log_2 p(l) \tag{5-17}$$

$\log_2 [1/p(l)]$ 也称为出现 l_k 的惊异（surprisal）。随机变量 l 的熵是其出现惊异的期望值。这个公式中的对数的底决定所量度的熵的单位。如果底为 2 则熵的单位是位（bit）。

对于两种可能情况的事件，其发生的概率分别为 p 和 $1-p$，则它的熵为

$$H(A) = -\left[p \log_2 p + (1-p) \log_2 (1-p) \right]$$

熵的最大值出现在两个事件的概率都为 $p = 0.5$ 处。

熵是个统计量，它衡量了一个任意变量的任意性。一个变量，它的任意性越大，它的熵就越大。因此，当所有灰度值等概率发生时，熵达到最大值；而当一个灰度值发生的概率为 1，其他灰度值的概率均为 0 时，熵达到最小值 0。

设图像 A 和 B 的联合直方图为 $p(l_1, l_2)$，它们的联合熵定义为

$$H(A, B) = -\sum_{l_1=0}^{L-1} \sum_{l_2=0}^{L-1} p(l_1, l_2) \log_2 p(l_1, l_2) \tag{5-18}$$

联合熵是两个随机变量相关性的度量。当两个随机变量独立时，它们的联合熵为

$$H(A, B) = H(A) - H(B) \tag{5-19}$$

利用熵还可以定义互信息，相关内容请参考 9.3.1 节。

5.5.4　其他统计特征

根据上面介绍的图像直方图，除了可以计算熵以外，还可以进一步得到其他一维和二维统计特征，它们的计算公式分别表示如下。

1. 一维统计特征

1）均值

$$\bar{f} = \sum_{l=0}^{L-1} l p(l) \tag{5-20}$$

2）方差

$$\sigma^2 = \sum_{l=0}^{L-1} \left(l - \overline{f}\right)^2 p(l) \tag{5-21}$$

3）能量

$$f_n = \sum_{l=0}^{L-1} p(l)^2 \tag{5-22}$$

4）倾斜度

$$f_b = \frac{1}{\sigma^3} \sum_{l=0}^{L-1} \left(l - \overline{f}\right)^3 p(l) \tag{5-23}$$

5）峭度

$$f_q = \frac{1}{\sigma^4} \sum_{l=0}^{L-1} \left(l - \overline{f}\right)^4 p(l) - 3 \tag{5-24}$$

2. 二维统计特征

1）自相关

$$f_h = \sum_{l_1=0}^{L-1} \sum_{l_2=0}^{L-1} l_1 l_2 p(l_1, l_2) \tag{5-25}$$

2）协方差

$$f_c = \sum_{l_1=0}^{L-1} \sum_{l_2=0}^{L-1} \left(l_1 - \overline{f}\right)\left(l_2 - \overline{f}\right) p(l_1, l_2) \tag{5-26}$$

3）惯性矩

$$f_g = \sum_{l_1=0}^{L-1} \sum_{l_2=0}^{L-1} \left(l_1 - l_2\right)^2 p(l_1, l_2) \tag{5-27}$$

4）绝对值

$$f_a = \sum_{l_1=0}^{L-1} \sum_{l_2=0}^{L-1} |l_1 - l_2| p(l_1, l_2) \tag{5-28}$$

5）反差分

$$f_d = \sum_{l_1=0}^{L-1} \sum_{l_2=0}^{L-1} \frac{p(l_1, l_2)}{1 + \left(l_1 - l_2\right)^2} \tag{5-29}$$

6）能量

$$f_n = \sum_{l_1=0}^{L-1} \sum_{l_2=0}^{L-1} \left[p(l_1, l_2)\right]^2 \tag{5-30}$$

5.5.5 图像品质评价

在图像采集、传输或处理过程中可能使图像退化，图像品质的度量可以用来估计退化的程度。一般对图像品质的要求取决于具体的应用目标。评价图像品质时，除了对系统进行客观的数值测试外，还应考虑人的视觉心理等主观因素。

1. 主观评价

观察者的主观评价是最常用、也是最直接的图像质量评价方法，通常可分成绝对评价和相对评价两类。

绝对评价是指由观察者根据事先规定的评价尺度或自己的经验对图像做出判断和评价。必要时可提供一组标准图像作为参照系，帮助观察者对图像质量做出合适的评价。如表 5-2 所示给出了国际上通用的五级质量尺度和妨碍尺度。一般人员常用质量尺度，专业人员常用妨碍尺度。

表 5-2　图像质量主观评价

质 量 分 数	妨 碍 尺 度	质 量 尺 度
5	丝毫看不出图像质量变坏	很好
4	可看出图像质量变坏但不妨碍观看	好
3	明显地看出图像质量变坏	一般
2	图像质量对观看有妨碍	差
1	图像质量对观看有严重妨碍	很差

相对评价是指由观察者对一组图像按质量高低进行分类，并给出质量分数。

为了保证图像质量主观评价的客观性和准确性，可用一定数量观察者的质量分数平均值作为最终主观评价结果，其平均分数定义为：

$$\overline{c} = \frac{\sum_{i=1}^{N} c_i K_i}{\sum_{i=1}^{N} K_i}$$

(5-31)

式中　c_i——属于第 i 类图像的质量分数；

　　　K_i——判断该图像属于第 i 类图像的人数。

观察者中应包括一般人员和专业人员两类人员，人数应多于 20 人，这样得出的主观评价结果才具有统计意义。

很显然，主观评价有几方面显著的不足之处：

（1）观察者一般需要一个群体，并且经过培训以准确判定主观评测分，人力和物力投入大，评价时间较长；

（2）图像内容与情节千变万化，观察者个体差异大，容易发生主观上的偏差；

（3）主观评价无法进行实时监测；

（4）仅仅只有平均分，如果评测分数低，无法确切定位问题出在哪里。

2．客观评价

客观评价是用数学方法计算得到的，通常采用图像逼真度和可懂度来评价。所谓图像逼真度，是指重建图像与原始图像之间的偏差程度；所谓图像可懂度，是表示人或机器能从图像中抽取有关信息的程度。下面主要讨论图像逼真度。

国际上成立了 ITU-R 视频质量专家组（Video Quality Experts Group，VQEG）专门研究和规范图像质量客观评价的方法和标准。VQEG 规定了两个简单的技术参数：峰值信噪比 PSNR（Peak Signal Noise Ratio）和均方差 MSE（Mean Square Error）来度量图像逼真度。

对于灰度图像，PSNR 计算公式为

$$PSNR = 10\lg \frac{f_{max}^2}{\frac{1}{MN}\sum_{i=1}^{N}\sum_{j=1}^{M}\left[f(x,y)-f'(x,y)\right]^2} \qquad (5\text{-}32)$$

式中，$f(x,y)$ 为原始图像；$f'(x,y)$ 为重建图像；$M\times N$ 为图像尺寸；f_{max} 为 $f(x,y)$ 中的最大值，通常为 255。

MSE 计算公式为

$$MSE = \frac{1}{MN}\sum_{i=1}^{N}\sum_{j=1}^{M}\left[f(x,y)-f'(x,y)\right]^2 \qquad (5\text{-}33)$$

对于彩色图像，其逼真度的测量和计算要复杂得多，这不仅是由于图像维数的增加，而且还要满足许多视觉现象，因此，还没有普遍适用的计算方法。

5.6　图像处理运算的形式

图像处理（image processing）是指把用图像采集设备得到的景物和照片等进行加工后输出另外的（广义）图像的一种操作。

模拟图像处理包括光学处理和电子学处理。光学处理采用光学器件实现，如透镜和棱镜。其中，由两个透镜组成的光学傅里叶变换系统能有效地对模拟图像进行频域变换。模拟图像的电子学处理系统则是利用电子器件如增益电路、衰减电路、滤波电路等对模拟图像实行放大、缩小、去噪等处理。模拟图像处理速度快，结构简单，但处理精度不高，处理手段较少。

数字图像处理是指对数字图像经过修改、改进或变换，输出另一幅数字图像的过程。图像处理的最一般形式如图 5-22 所示。

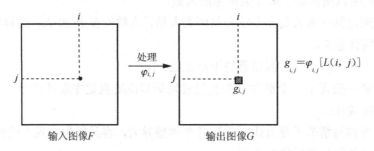

图 5-22　图像处理运算的一般形式（图像→图像）

这种形式对输入图像 $F = \{f_{i,j}\}$ 进行某些处理 $\varphi_{i,j}$，从而求出输出图像 $G = \{g_{i,j}\}$ 的各像素值，即

$$g_{i,j} = \varphi_{i,j}\left[L(i,j)\right] \qquad (5\text{-}34)$$

这里，$L(i,j)$ 表示为求 $g_{i,j}$ 所必需的图像的集合，是 F 和 G 的部分集合。可以认为它是输入图像中的像素和输出图像中已得出结果的像素，多数情况是 (i,j) 附近的像素群，但也可以包含较远的像素。

为了计算输出图像中的单个像素值 $g_{i,j}$，如何设定 $L(i,j)$，是构成处理算法类型的重要因素。根据 $L(i,j)$ 设定方法的不同，可分为点处理、邻域处理（局部处理）和全局处理。

5.6.1　点处理

设 $L(i, j) = f_{i, j}$ 时的方法称为点处理（point operation），即对输入像素值 $f_{i, j}$ 进行某种处理，$g_{i, j} = \varphi_P(f_{i, j})$，得到输出像素值 $g_{i, j}$ 的值的方法。

作为点处理的例子，具有代表性方法有：为了改变灰度值分布范围和分布特性的灰度变换（对比度变换、直方图修正等），为了把灰度图像变换成二值图像的阈值处理。

5.6.2　邻域处理

作为 $L(i, j)$，只考虑像素 (i, j) 附近极小的范围 $N(i, j)$ 中包含的像素。$N(i, j)$ 称为像素 (i, j) 的邻域（neighborhood）。

最常用的邻域包括 4 邻域（4-neighbors）和 8 邻域（8-neighbors），如图 5-23 和图 5-24 所示，4 邻域的半径等于 1，8 邻域的半径等于 $\sqrt{2}$。

在用方格表示的数字图像中，如果两个像素有公共边界，则把它们称为 4 邻域；同样，如果两个像素至少共享一个顶角，则称它们为 8 邻域。例如，图 5-24 中，像素 (x, y) 的 4 邻域包括 $(i, j-1)$，$(i, j+1)$，$(i-1, j)$，$(i+1, j)$；它的 8 邻域除了包括这 4 个 4 邻域外，还包括 $(i-1, j-1)$，$(i+1, j-1)$，$(i-1, j+1)$ 和 $(i+1, j+1)$。

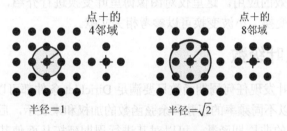

图 5-23　4 邻域和 8 邻域示意图

	$(i, j-1)$	
$(i-1, j)$	(i, j)	$(i+1, j)$
	$(i, j+1)$	

$(i-1, j-1)$	$(i, j-1)$	$(i+1, j-1)$
$(i-1, j)$	(i, j)	$(i+1, j)$
$(i-1, j+1)$	$(i, j+1)$	$(i+1, j+1)$

图 5-24　4 邻域和 8 邻域坐标表示

邻域处理中具有代表性的有 3×3 像素邻域、5×5 像素邻域、4 邻域和 8 邻域等处理方式。邻域越大，其计算量也越大。为了计算输出像素值 $g_{i, j}$ 的值，对 $N(i, j)$ 中包含的像素值进行某种处理，$g_{i, j} = \varphi_N[N(i, j)]$，这种处理称做邻域处理。它是图像处理中最基本的而且也是非常有用的运算方法。作为邻域 $N(i, j)$，不仅能包含输入图像中的像素，还能包含输出图像中已获得处理结果的像素。

空间滤波是典型的邻域处理的例子。邻域处理一般使用设定计算模板进行卷积运算而实现。

5.6.3 全局处理

作为 $L(i, j)$，采用输入图像中的某一较大的范围 $A(f_{i, j})$ 时的处理称为全局处理（global operation）。即为了得到输出像素值 $g_{i, j}$，对 $A(f_{i, j})$ 中的输入像素群施加处理，$g_{i, j} = \varphi_G \left[A(f_{i, j}) \right]$。

有时也采用输入图像的全体作为 $L(i, j)$，即采用输入图像中的所有像素值来决定一个输出像素值。下一节将叙述的二维离散傅里叶变换是一个典型的全局处理的例子。

5.7 图像的傅里叶变换

傅里叶变换属于图像变换方法之一。由于数字图像阵列通常很大，如果直接在空域进行处理，计算量必将非常大。因此，往往采用各种图像变换方法，如傅里叶变换、离散余弦变换、沃尔什变换、小波变换等间接处理技术，将空域的处理转换为变换域处理，这样不仅可减少计算量，而且可以获得更有效的处理。例如，通过傅里叶变换可以在频域中进行滤波处理，目前研究的小波变换在时域和频域中都具有良好的局部化特性，它在图像处理中也有着广泛而有效的应用。这里仅对图像傅里叶变换进行介绍，其他图像变换，如离散余弦变换、沃尔什变换、小波变换可以参考相关文献。

5.7.1 傅里叶级数

法国数学家傅里叶发现任何周期函数只要满足 Dirichlet 条件都可以用正弦函数和余弦函数构成无穷级数，即以不同频率的正弦和余弦函数的加权和来表示，后世称为傅里叶级数。

对于有限定义域的非周期函数，可以对其进行周期延拓从而使其在整个扩展定义域上为周期函数，从而也可以展开为傅里叶级数。

1. 三角形式的傅里叶级数

周期为 T 的函数 $f(x)$ 的三角形式傅里叶级数展开为：

$$f(x) = \frac{a_0}{2} + \sum_{n=1}^{+\infty} (a_n \cos n\omega_1 x + b_n \sin n\omega_1 x) \tag{5-35}$$

其中，基波频率 $\omega_1 = 2\pi/T = 2\pi u$，$u = 1/T$ 是函数 $f(x)$ 的频率，a_n 和 b_n 称为傅里叶系数。图 5-25 形象地描述了这种频率分解，左侧的周期函数 $f(x)$ 可以由右侧函数的加权和来表示，即由不同频率的正弦函数和余弦函数以不同的系数组合而成。

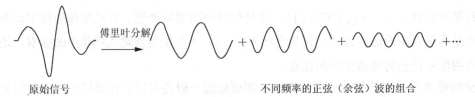

图 5-25 函数 $f(x)$ 的傅里叶分解

从数学上已经证明，傅里叶级数的前 N 项和是原函数 $f(x)$ 在给定能量下的最佳逼近：

$$\lim_{N\to\infty}\int_0^T\left|f(x)-\left[\frac{a_0}{2}+\sum_{n=1}^{N}\left(a_n\cos n\omega_0 x+b_n\sin n\omega_0 x\right)\right]\right|^2\mathrm{d}x=0 \tag{5-36}$$

图 5-26 展示了一个方波信号采用不同 N 值傅里叶级数之和的逼近情况（注意间断点处的起伏）。随着 N 的增大，逼近效果越来越好；但同时也注意到在 $f(x)$ 的不可导点上，如果只取式（5-35）右边的无穷级数中的有限项之和作为 $\hat{f}(x)$，那么 $\hat{f}(x)$ 在这些点上会有起伏，这就是著名的吉布斯现象。

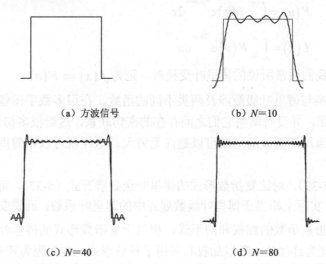

(a) 方波信号　　　　　　　　(b) $N=10$

(c) $N=40$　　　　　　　　(d) $N=80$

图 5-26　采用不同 N 值时，傅里叶级数展开的逼近效果

2. 复指数形式的傅里叶级数

除上面介绍的三角形式外，傅里叶级数还有其他两种常用的表示形式，即余弦形式和复指数形式。借助欧拉公式 $\mathrm{e}^{\mathrm{j}\omega}=\cos\omega+\mathrm{j}\sin\omega$，上述三种形式可以很方便地进行等价转化，本质上它们都是一样的。

复指数形式的傅里叶级数，因其具有简洁的形式（只需一个统一的表达式计算傅里叶系数），在进行信号和系统分析时通常更易于使用；而余弦形式的傅里叶级数可使周期信号的幅度谱和相位谱意义更加直观，函数的余弦傅里叶级数展开可以解释为 $f(x)$ 可以由不同频率和相位的余弦波以不同系数组合在一起来表示，而在三角形式中相位是隐藏在系数 a_n 和 b_n 中的。下面主要介绍复指数形式的傅里叶级数，在后面的傅里叶变换中要用到的正是这种形式。

复指数形式的傅里叶级数表示为：

$$f(x)=\sum_{n=-\infty}^{\infty}c_n\mathrm{e}^{\mathrm{j}2n\pi ux} \tag{5-37}$$

其中，

$$c_n=\frac{1}{T}\int_{-T/2}^{T/2}f(x)\mathrm{e}^{-\mathrm{j}2n\pi ux}\mathrm{d}x \quad (n=0,\ \pm1,\ \pm2,\ \cdots) \tag{5-38}$$

由于这里我们感兴趣的并非傅里叶级数本身，因此不再详细介绍如何由式（5-35）推导出式（5-37）的过程。只要读者理解不同的展开形式其本质上是等价的，并对复指数形式的傅里叶级数展开建立了一个基本的形式上的认识，就足以继续阅读和理解后述内容。

5.7.2 傅里叶变换

1．一维连续傅里叶变换

一维连续傅里叶变换以及逆变换形式分别表示为

$$F(u) = \int_{-\infty}^{\infty} f(x) e^{-j2\pi ux} dx \tag{5-39a}$$

$$f(x) = \int_{-\infty}^{\infty} F(u) e^{j2\pi ux} du \tag{5-39b}$$

上面两式即为我们通常所说的傅里叶变换对，记为 $f(x) \Leftrightarrow F(u)$。

由于傅里叶变换与傅里叶级数涉及两类不同的函数，在很多数字图像处理的书中通常对它们分别进行介绍，并没有阐明它们之间存在的密切联系，这给很多初学者带来了困扰，实际上我们不妨认为周期函数的周期可以趋向无穷大，这样就可以将傅里叶变换看成是傅里叶级数的推广。

仔细观察式（5-39），对比复指数形式的傅里叶级数展开式（5-37），可以发现这里傅里叶变换的结果 $F(u)$ 实际上相当于傅里叶级数展开中的傅里叶系数，而逆变换式（5-39b）则体现出不同频率复指数函数的加权和的形式，相当于复指数形式的傅里叶级数展开式，只不过这里的频率 u 变为连续化，所以加权和采用了积分形式。这是因为随着式（5-38）的积分上下限的 T 向整个实数定义域扩展，即 $T \to \infty$，频率 u 则趋近于 du（因为 $u = 1/T$），导致原来离散变化的 u 的连续化。

2．一维离散傅里叶变换

一维离散傅里叶变换（Discrete Fourier Transform，DFT）以及逆变换（Inverse Discrete Fourier Transform，IDFT）分别表示为

$$F(u) = \frac{1}{M} \sum_{x=0}^{M-1} f(x) e^{-j2\pi ux/M} , \quad u = 0, 1, 2, \cdots, M-1 \tag{5-40a}$$

$$f(x) = \sum_{u=0}^{M-1} F(u) e^{j2\pi ux/M} , \quad x = 0, 1, 2, \cdots, M-1 \tag{5-40b}$$

离散变换不像连续的情形，它的傅里叶变换和逆变换总是存在的。

3．二维连续傅里叶变换

有了之前的基础，下面我们将傅里叶变换以及逆变换推广至二维，对于二维连续函数，其傅里叶变换和逆变换分别表示为

$$F(u,v) = \int_{-\infty}^{\infty} \int_{-\infty}^{\infty} f(x,y) e^{-j2\pi(ux+vy)} dxdy \tag{5-41a}$$

$$f(x,y) = \int_{-\infty}^{\infty} \int_{-\infty}^{\infty} F(u,v) e^{j2\pi(ux+vy)} dudv \tag{5-41b}$$

4. 二维离散傅里叶变换

对于数字图像，我们关心的自然是二维离散函数的傅里叶变换，下面直接给出一个 $M \times N$ 的图像 $f(x,y)$ 的二维离散傅里叶变换公式：

$$F(u,v) = \frac{1}{MN} \sum_{x=0}^{M-1} \sum_{y=0}^{N-1} f(x,y) e^{-j2\pi\left(\frac{ux}{M} + \frac{vy}{N}\right)} \tag{5-42a}$$

其中，u 和 v 称为频域变量，分别与 x 和 y 的范围相同，$u = 0, 1, 2, \cdots, M-1$，$v = 0, 1, 2, \cdots, N-1$。

$F(u,v)$ 的逆离散傅里叶变换表示为

$$f(x,y) = \sum_{u=0}^{M-1} \sum_{v=0}^{N-1} F(u,v) e^{j2\pi\left(\frac{ux}{M} + \frac{vy}{N}\right)} \tag{5-42b}$$

5.7.3　幅度谱、相位谱和功率谱

可视化地分析图像傅里叶变换的主要方法就是计算其频谱并把它显示为一幅图像。使用 $\text{Re}(u,v)$ 和 $\text{Im}(u,v)$ 分别表示 $F(u,v)$ 的实部和虚部，即 $F(u,v) = \text{Re}(u,v) + j\text{Im}(u,v)$，则幅度谱和相位谱分别表示为

$$\left| F(u,v) \right| = \left[\text{Re}^2(u,v) + \text{Im}^2(u,v) \right]^{1/2} \tag{5-43}$$

$$\varphi(u,v) = \arctan^{-1}\left[\frac{\text{Im}(u,v)}{\text{Re}(u,v)} \right] \tag{5-44}$$

通过幅度谱和相位谱可以还原 $F(u,v)$，即得到 $F(u,v)$ 的复指数形式的表达式：

$$F(u,v) = \left| F(u,v) \right| e^{-j\varphi(u,v)} \tag{5-45}$$

定义幅度谱的平方为功率谱（谱密度），即

$$P(u,v) = \left| F(u,v) \right|^2 = \text{Re}^2(u,v) + \text{Im}^2(u,v) \tag{5-46}$$

因为对于和空域相同大小的频域下的每一点 (u,v) 均可以计算出一个对应的 $\left| F(u,v) \right|$ 和 $\varphi(u,v)$，所以可以像显示一幅图像那样显示幅度谱和相位谱。图 5-27（b）和（c）分别给出了图 5-27（a）所示图像的幅度谱和相位谱。

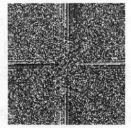

（a）原图像　　　　　　　（b）幅度谱　　　　　　　（c）相位谱

图 5-27　原图及其幅度谱和相位谱（幅度谱和相位谱都将原点移到了中心位置）

幅度谱也称频率谱，是图像增强中关心的主要对象，频域下每一点 (u,v) 的幅度 $\left| F(u,v) \right|$ 可用来表示该频率的正弦（余弦）平面波在叠加中所占的比例。幅度谱直接反映频率信息，

是频域滤波的一个主要依据。

相位谱表面上看并不那么直观，但它隐含着实部与虚部之间的某种比例关系，因此与图像结构息息相关。

图 5-28（a）和（b）分别是一幅 lena 和 goldhill 图片。这里我们交换两幅图像的相位谱，即用 lena 的幅度谱加上 goldhill 的相位谱，而用 goldhill 的幅度谱加上 lena 的相位谱，然后根据式（5-45）利用幅度谱和相位谱还原傅里叶变换 $F(u,v)$，再经傅里叶逆变换得到交换相位谱后的图像，结果显示于图 5-28（c）和（d）。

通过该示例可以发现，经交换相位谱和傅里叶逆变换之后得到的图像内容与其相位谱对应的图像一致，这验证了上面关于相位谱决定图像结构的论断。而图像整体灰度分布特性，如明暗、灰度变化趋势等则在较大程度上取决于对应的幅度谱，因为幅度谱反映了图像整体上各个方向的频率分量的相对强度。

（a）lena

（b）goldhill

（c）lena 幅度谱+goldhill 相位谱并经过
IDFT 后的图像

（d）goldhill 幅度谱+lena 相位谱并经过
IDFT 后的图像

图 5-28　图像幅度谱与相位谱的认识

5.7.4　二维 DFT 的性质

1. 周期性和共轭对称性（periodicity and conjugate symmetry）

如果 $f(x,y)$ 为实数，其傅里叶变换关于原点共轭对称，表示为

$$F(u,v) = F^*(-u,-v) \tag{5-47}$$

这暗示了幅度谱同样也是关于原点对称：

$$|F(u,v)| = |F(-u,-v)| \tag{5-48}$$

根据 $F(u,v)$ 的计算公式可以得到：

$$F(u,v) = F(u+M,v) = F(u,v+N) = F(u+M,v+N) \tag{5-49}$$

上式显示，DFT 在 u 和 v 方向上是无限周期信号，周期分别为 M 和 N。这种周期性同样也体现在 IDFT 中：

$$f(x,y) = f(x+M) = f(x,y+N) = f(x+M,y+N) \tag{5-50}$$

也就是说，通过逆傅里叶变换得到的一幅图像也是无限周期性的。

这仅仅是 DFT 与 IDFT 的一个数学性质，但它同时也说明，DFT 只需一个周期（$M \times N$）内的数据就可以将 $F(u,v)$ 完全确定，在空域同样成立。

当我们考虑 DFT 数据怎样与变换的周期相联系的时候，这种周期性就非常重要了。首先来看一维的情况，设矩形函数为 $f(x) = \begin{cases} A, & 0 \leqslant x \leqslant X \\ 0, & \text{其他} \end{cases}$，它的傅里叶变换为

$$F(u) = \int_{-\infty}^{\infty} f(x)e^{-j2\pi ux}dx = A\int_{0}^{X} e^{-j2\pi ux}dx = AX\frac{\sin \pi uX}{\pi uX}e^{-j\pi uX}$$

幅度谱为 $|F(u)| = AX\left|\dfrac{\sin \pi uX}{\pi uX}\right|$，显示于图 5-29（a）。这种情况下，周期性说明，$F(u)$ 的周期为 M，对称性说明频谱幅值以原点为中心。

DFT 取值区间为[0，M-1]，在这个区间内频谱是由背靠背的两个半周期组成，如图 5-29（a）所示；要显示一个完整的周期，必须将变换的原点移至 $u=M/2$，结果如图 5-29（b）所示。

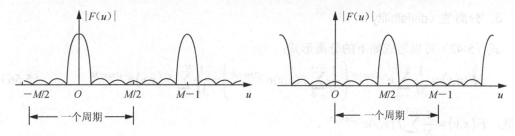

（a）矩形函数的幅度谱　　　　　　　　　　　　　（b）原点平移后的幅度谱

图 5-29　频谱图

根据定义，有

$$F\left(u+\frac{M}{2}\right) = \sum_{x=0}^{M-1} f(x)e^{-j\frac{2\pi}{M}x\left(u+\frac{M}{2}\right)} = \sum_{x=0}^{M-1} (-1)^x f(x)e^{-j\frac{2\pi}{M}xu} \tag{5-51}$$

在进行 DFT 之前用 $(-1)^x$ 乘以输入信号 $f(x)$，可以在一个周期的变换中（$u=0，1，2，\cdots，M$-1），求得一个完整的频谱。

推广到二维情况，在进行 DFT 之前用 $(-1)^{(x+y)}$ 乘以输入的图像函数，则有：

$$\text{DFT}\left[f(x,y)(-1)^{(x+y)}\right] = F\left(u-\frac{M}{2}, v-\frac{N}{2}\right) \tag{5-52}$$

这样，DFT 的原点，即 $F(0,0)$，被设置在 $u=M/2$，$v=N/2$ 上。矩形图像的傅里叶变换结果如图 5-30 所示。

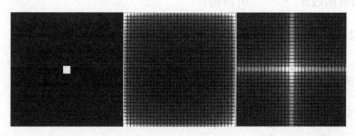

（a）原始图像　　　　（b）中心化前的频谱图　　　（c）中心化后的频谱图

图 5-30　图像频谱的中心化

2. 平均值

一幅数字图像的平均灰度可以用下式表示

$$\bar{f} = \frac{1}{MN}\sum_{x=0}^{M-1}\sum_{y=0}^{N-1}f(x,y) \tag{5-53}$$

将 $u=0$, $v=0$ 代入二维 DFT 公式（5-42a），可以得到

$$F(0,0) = \frac{1}{MN}\sum_{x=0}^{M-1}\sum_{y=0}^{N-1}f(x,y) \tag{5-54}$$

故有

$$\bar{f} = F(0,0) \tag{5-55}$$

显然，$F(0,0)$ 对应于图像 $f(x,y)$ 的平均灰度，有时也称做频谱的直流分量（DC）。

3. 分离性（divisibility）

式（5-42）可以写成如下的分离形式：

$$F(u,v) = \frac{1}{M}\sum_{x=0}^{M-1}e^{-j2\pi ux/M}\left(\frac{1}{N}\sum_{y=0}^{N-1}f(x,y)e^{-j2\pi vy/N}\right) = \frac{1}{M}\sum_{x=0}^{M-1}F(x,v)e^{-j2\pi ux/M} \tag{5-56}$$

这里，$F(x,v) = \frac{1}{N}\sum_{y=0}^{N-1}f(x,y)e^{-j2\pi vy/N}$。

由上述分离形式知，二维 DFT 可以运用两次一维 DFT 来实现。通过先沿输入图像的每一行计算一维变换，然后沿中间结果的每一列再计算一维变换的方法来求二维变换。颠倒次序后（先列后行）结论同样成立。

4. 位移性（translation）

如果 $f(x,y) \Leftrightarrow F(u,v)$, 则

$$f(x-x_0, y-y_0) \Leftrightarrow F(u,v)e^{-j2\pi\left(\frac{ux_0}{M}+\frac{vy_0}{N}\right)} \tag{5-57a}$$

$$f(x,y)e^{j2\pi\left(\frac{u_0 x}{M}+\frac{v_0 y}{N}\right)} \Leftrightarrow F(u-u_0, v-v_0) \tag{5-57b}$$

上述两个式子说明，空域图像 $f(x,y)$ 产生位移时，频谱的幅值不发生变化，仅有相位发生变化，即时域中的时移表现为频域中的相移；频域中的位移 (u_0,v_0) 对应于空域函数 $f(x,y)$ 被另一指数函数 $e^{j2\pi\left(\frac{u_0 x}{M}+\frac{v_0 y}{N}\right)}$ 所调制。

当 $u_0 = M/2$, $v_0 = N/2$ 时，$e^{j2\pi\left(\frac{u_0 x}{M}+\frac{v_0 y}{N}\right)} = e^{j\pi(x+y)} = (-1)^{x+y}$，即

$$f(x,y)(-1)^{x+y} \Leftrightarrow F(u-M/2, v-N/2) \tag{5-58}$$

这与式（5-52）的表达形式完全相同。

5. 旋转性（rotation）

如果 $f(r,\theta) \Leftrightarrow F(w,\varphi)$，则

$$f(r,\theta+\theta_0) \Leftrightarrow F(w,\varphi+\theta_0) \tag{5-59}$$

其中，$f(r,\theta)$ 和 $F(w,\varphi)$ 分别为 $f(x,y)$ 和 $F(u,v)$ 的极坐标形式。旋转性表明，空域图像旋转某一角度，对应的频谱旋转相同的角度，如图 5-31 所示。

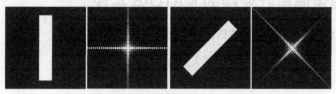

图 5-31　DFT 旋转性

6. 线性

如果 $f_1(x,y_1) \Leftrightarrow F_1(u,v_1)$ 及 $f_2(x,y_1) \Leftrightarrow F_2(u,u)$，则

$$af_1(x,y) + bf_2(x,y) \Leftrightarrow aF_1(u,v) + bF_2(u,v) \tag{5-60}$$

上式说明，两个（或多个）函数之加权和的傅里叶变换就是各自傅里叶变换的相同的加权和。

7. 尺度变换（scaling）

如果 $f(x,y) \Leftrightarrow F(u,v)$，则

$$f(ax, by) \Leftrightarrow \frac{1}{|ab|} F(u/a, v/b) \tag{5-61}$$

式（5-61）说明，在空间比例尺度的展宽，对应于在频域比例尺度的压缩，其幅值也减少为原来的 $1/|ab|$，如图 5-32 所示。

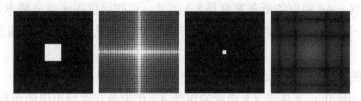

图 5-32　尺度变换

8. 卷积定理（convolution theorem）

如果 $f(x,y) \Leftrightarrow F(u,v)$ 及 $g(x,y) \Leftrightarrow G(u,v)$，则

$$\sum_m \sum_n f(m,n)g(x-m,y-n) \Leftrightarrow F(u,v)G(u,v) \tag{5-62}$$

上式说明，两个函数卷积的傅里叶变换等于两个函数各自傅里叶变换的乘积，即空域中两个函数的卷积完全等效于一个更简单的运算，即它们各自的傅里叶变换相乘后做逆傅里叶变换。

进一步地，相关定理表示为

$$\sum_m \sum_n f(m,n)g^*(m-x, n-x) \Leftrightarrow F(u,v)G^*(u,v) \tag{5-63}$$

于是自相关定理则表示为

$$\sum_m \sum_n f(m,n)f^*(m-x, n-x) \Leftrightarrow |F(u,v)|^2 \tag{5-64}$$

相关定理可以看成是卷积定理的特例，即将函数 $f(x,y)$ 与 $g^*(-x,-y)$ 做卷积。

5.7.5　图像傅里叶变换的 MATLAB 实现

【程序】图像傅里叶变换的 MATLAB 实现。

```
a=imread('square.bmp');  %读入图像
figure(1), imshow(a);
A=fft2(a);     %计算二维傅里叶变换
figure(2);  imshow(abs(A)+1, [ ]);    %显示中心化前的频谱
A1=fftshift(A);  %将直流分量移到频谱图的中心
figure(3); imshow(abs(A1)+1, [ ]);    %显示中心化后的频谱图
figure(4); imshow(log(abs(A1)+1), [ ]);    %中心化后的频谱图的对数变换
```

需要说明的是，fftshift(fft2(f))的作用等价于直接对 $f(x,y)(-1)^{(x+y)}$ 进行傅里叶变换，fft2 与 fftshift 的操作是不可互换的，也就是说 fftshift(fft2(f))不等于 fft2(fftshift(f))。

思考与练习

5-1　何为图像数字化？

5-2　物体表面上某一区域的灰度与那些因素或分量有关？是什么关系？

5-3　扫描仪的光学分辨率是 $600×1200$ 线，一个具有 5000 个感光单元的 CCD 器件用于 A4 幅面扫描仪，A4 幅面的纸张宽度是 8.3 英寸，该扫描仪的光学分辨率是多少？

5-4　如果一幅灰度图像灰度级为 2^8，请计算一幅 100 万像素的数字图像有多少 bit 的数据量？

5-5　简述灰度直方图的概念、性质。

5-6　给出一幅 4bit、8 像素×8 像素的图像 A，作出各灰度级出现的频数与灰度级的对应关系（直方图）。

$$A=\begin{bmatrix} 11 & 14 & 4 & 15 & 1 & 15 & 15 & 15 \\ 12 & 12 & 9 & 14 & 4 & 15 & 12 & 13 \\ 0 & 2 & 6 & 15 & 3 & 7 & 1 & 13 \\ 4 & 2 & 8 & 2 & 5 & 3 & 3 & 15 \\ 5 & 3 & 3 & 15 & 4 & 2 & 6 & 1 \\ 11 & 15 & 4 & 14 & 7 & 15 & 13 & 15 \\ 12 & 13 & 6 & 15 & 3 & 14 & 12 & 14 \\ 4 & 2 & 6 & 4 & 1 & 7 & 3 & 5 \end{bmatrix}$$

5-7　请定性画出：（1）一幅看上去明亮，亮区缺乏层次的模拟图像的概率密度函数曲线；（2）一幅看上去灰暗的数字图像的灰度直方图。

5-8　计算图像 A 和 B 的联合直方图。

$$A=\begin{array}{|c|c|c|c|c|}\hline 1 & 2 & 2 & 4 & 3 \\ \hline 1 & 2 & 4 & 5 & 0 \\ \hline 5 & 0 & 1 & 4 & 2 \\ \hline 4 & 2 & 4 & 3 & 5 \\ \hline 4 & 5 & 4 & 1 & 0 \\ \hline\end{array} \qquad B=\begin{array}{|c|c|c|c|c|}\hline 5 & 1 & 2 & 0 & 2 \\ \hline 2 & 5 & 3 & 4 & 0 \\ \hline 1 & 3 & 4 & 2 & 5 \\ \hline 1 & 2 & 2 & 5 & 3 \\ \hline 1 & 2 & 5 & 4 & 3 \\ \hline\end{array}$$

5-9　为什么彩色在机器视觉中用得不是很普遍？你是否认为彩色机器视觉的应用在不断增加？如果是这样，请问它的主要应用是什么？

5-10　如何表示图像中一点的彩色值？彩色模型起什么作用？

5-11　色调、色饱和度和亮度的定义是什么？在表征图像中某一点颜色时，哪一个最重要，为什么？

5-12　为什么有时需要将一种彩色模型表示形式转换为另一种形式？

5-13　什么是彩色的减性模型和加性模型？哪一种模型更适合用于图片显示和打印场合？为什么？

5-14　采集一幅 RGB 图像，编写程序将其转换为 HSI 彩色模型。在不同分量上施加不同程度的噪声，然后再转换到 RGB 彩色模型来显示。

5-15　用 MATLAB 中 random 函数产生不同标准差的零均值高斯噪声，使用加性噪声模型将其加入到一幅灰度图像中进行观察。

5-16　编程生成如图 5-33 所示的两幅图像，对其进行 DFT 变换，分析幅度谱之间的区别。

5-17　编程生成如图 5-34 所示的两幅图像，对其进行 DFT 变换，分析相位谱之间的区别。如何通过频谱计算条纹图像之间的位移量。

图 5-33　题 5-17 图　　　　　　　　　图 5-34　题 5-18 图

5-18　图像的频谱可以反应出图像哪些特征？

5-19　交换两幅图像的相位谱，并进行傅里叶逆变换，通过实验验证相位谱决定图像结构的论断。

第6章 »»»»»»
图像质量的改善

教学要求

  掌握图像预处理技术的基本原理，包括对比度增强、空域与频域滤波、锐化以及图像代数运算，并且可以使用一门程序设计语言编程实现图像卷积运算和频域滤波操作。学会运用本章知识对工程实践中遇到的图像质量改善问题提出合理可行的解决方案。

引例

  一般地，图像在生成、获取、传输等过程中，受照明光源性能、成像系统性能、通道带宽和噪声等诸多因素的影响，总是会造成图像质量的下降，如图 6-1 所示的三幅图像。消除这些使图像质量退化的因素，使图像变得容易观看，或使图像中包含的有用信息容易提取，是图像处理的最重要的任务之一。这样的图像质量改善处理，其主要目的有两个。一个目的是改善图像的视觉效果，提高图像的清晰度。"改善"是指针对给定图像的模糊状况及其应用场合，有目的地强调图像的整体或局部特性。另一个目的是将图像转换成一种更适合于机器进行分析处理的形式，以便能够从图像中更容易地进行特征提取。

  具有代表性的图像质量改善方法有：基于灰度变换的对比度增强，消除噪声的平滑，增强边缘的锐化等。其中，平滑和锐化分别相当于增强图像的低频成分和高频成分的处理，称为图像的增强（image enhancement），是以不一定忠实于原图像，而只要得到使人容易观看的图像为目的的处理。与此相对应，把图像质量的退化过程用数学模型来表示，并根据其逆变换再现原图像的方法，特称为图像复原（image restoration）。此外，消除因输入设备产生的几何畸变的处理，即图像校正，也是以把原图像变换为正确的图像为目的的处理。

  图 6-1 所示的三幅低质量的图像，分别采用哪一种图像处理技术可以改善其图像质量？本章将对这些图像质量的改善技术进行介绍。

图 6-1　低对比度或受噪声污染的图像

6.1 对比度增强

6.1.1 灰度级变换

直接灰度变换属于空域处理方法中的点运算操作，点运算与相邻的像素之间无运算关系，而是输入图像与输出图像之间的映射关系。输出图像上每个像素的灰度值仅由相应输入像素的灰度值决定，而与像素点所在的位置无关。

直接灰度变换包括线性和非线性灰度变换，而非线性灰度变换主要包括对数变换和幂次变换。

1. 线性灰度变换

当图像成像时，由于曝光不足或过度、成像设备的非线性以及图像记录设备动态范围不够等因素，都会产生对比度不足的弊病，从而造成图像中细节分辨不清。这种情况下，可以使用线性灰度变换（linear gray-scale transformation）技术，通过逐段线性变换（piecewise linear transformation）拉伸感兴趣的灰度级、压缩不感兴趣的灰度级，以达到增强图像对比度、提高灰度动态范围的目的。

1）线性点运算

线性点运算的灰度变换函数可以采用如下线性方程描述，

$$z = as + b \tag{6-1}$$

（1）如果 $a > 1$，输出图像的对比度增大（灰度级扩展），如图 6-2 所示。

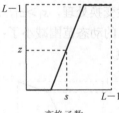

变换前图像　　　　　　变换函数　　　　　　变换后图像

图 6-2　对比度增大

（2）如果 $0 < a < 1$，输出图像的对比度减小（灰度级压缩），如图 6-3 所示。

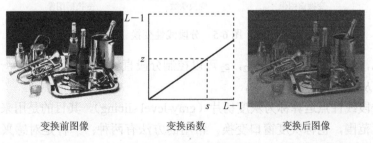

变换前图像　　　　　　变换函数　　　　　　变换后图像

图 6-3　对比度减小

（3）如果 $a < 0$，暗区域将变亮，亮区域将变暗。

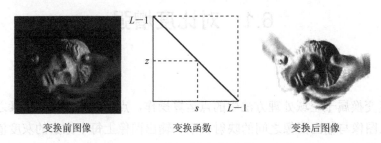

变换前图像　　　　　　　变换函数　　　　　　　变换后图像

图 6-4　反色变换

当 $a=-1$ 时，称为反色变换（negative transformation），就是将图像灰度反转产生等同照片负片的效果，适合增强埋藏在黑暗区域中的白色或灰色细节，反色变换的处理结果如图 6-4 所示。假设对灰度级范围 $[0，L-1]$ 的图像进行反色变换到 $[L-1，0]$，变换函数为：

$$z = L - 1 - s \tag{6-2}$$

2）分段线性点运算

分段线性点运算可以将图像中感兴趣的灰度范围线性扩展，相对抑制不感兴趣的灰度范围。典型的增强对比度的变换函数是三段线性变换，其数学表达式如下：

$$z = \begin{cases} \dfrac{z_1}{s_1}s, & 0 \leqslant s \leqslant s_1 \\ \dfrac{z_2 - z_1}{s_2 - s_1}(s - s_1) + z_1, & s_1 < s \leqslant s_2 \\ \dfrac{L - 1 - z_2}{L - 1 - s_2}(s - s_2) + z_2, & s_2 < s \leqslant L - 1 \end{cases} \tag{6-3}$$

例如，如图 6-5 所示的分段线性变换处理，$s_1 > z_1$，$s_2 < z_2$。由图中变换曲线可以看出，原图像中灰度值在 $0 \sim s_1$ 和 $s_2 \sim L-1$ 的动态范围减小了；而灰度值在 $s_1 \sim s_2$ 的动态范围增加了，从而增加了中间范围内的对比度。

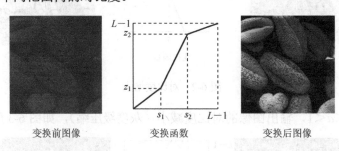

变换前图像　　　　　　　变换函数　　　　　　　变换后图像

图 6-5　分段线性变换

由此可见，通过调整 s_1，z_1，s_2，z_2 可以控制分段直线的斜率，可对任一灰度区间进行扩展或压缩，从而得到不同的效果。

另一种分段线性点运算称为灰度切片（gray-level slicing），其目的是用来凸显一幅图像中的特定灰度范围，也称灰度窗口变换。常用的方法有两种：一种是对感兴趣的灰度级以较大的灰度 z_2 来显示，而对另外的灰度级则以较小的灰度 z_1 来显示。这种灰度变换的表达式为：

$$z = \begin{cases} z_2, & s_1 \leqslant s \leqslant s_2 \\ z_1, & \text{其他} \end{cases} \quad (6\text{-}4)$$

如图 6-6（a）所示，给出了式（6-4）所述的灰度变换曲线，它可将 s_1 和 s_2 间的灰度值突出，而将其余灰度值变为某个低灰度值，实际是窗口二值化处理。另一种方法是对感兴趣的灰度级以较大的灰度值来显示，而其他灰度级则保持不变，即保留背景的灰度窗口变换，应用于"蓝幕"技术。这种变换可以用下面的表达式来描述，其变换曲线如图 6-6（b）所示。

$$z = \begin{cases} z_2, & s_1 \leqslant s \leqslant s_2 \\ s, & \text{其他} \end{cases} \quad (6\text{-}5)$$

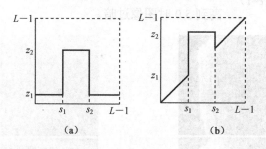

图 6-6　灰度切片变换曲线

2．对数变换

在某些情况下，例如，在显示傅里叶频谱时，其动态范围远远超出显示设备的显示能力，此时仅有图像中最亮部分可在显示设备上显示，而频谱中的低值部分将显示为黑色，所显示的图像相对于原图像就存在失真。解决此问题的有效方法是对原图像进行对数变换（logarithmic transformation），使图像低灰度级区域扩展、高灰度级区域压缩。

对数变换数学表达式为：

$$z = c \log(1 + s) \quad (6\text{-}6)$$

式中　c——尺度比例常数，取值可以结合原图像的动态范围以及显示设备的显示能力来确定，$s \geqslant 0$。

傅里叶频谱的对数变换如图 6-7 所示。相比之下，变换后图像中细节部分的可见程度是很显然的。这说明，对数变换可以使一窄带低灰度输入图像值映射为一宽带输出值，利用这种变换可以扩展被压缩的高值图像中的暗像素。

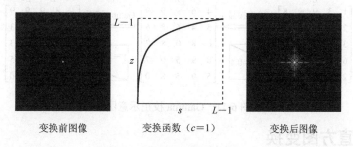

变换前图像　　　　变换函数（$c=1$）　　　　变换后图像

图 6-7　对数变换

3．幂次变换

幂次变换（power-law transformation）数学表达式为：

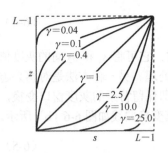

图 6-8　幂次变换示意图（c=1）

$$z = cs^{\gamma}, \ (c, \gamma > 0) \tag{6-7}$$

幂次变换的变换曲线如图 6-8 所示。其中，$0 < \gamma < 1$，将低亮度输入值对应至宽输出范围；$\gamma > 1$ 值，将高亮度输入值对应至宽输出范围。

图 6-9 和图 6-10 分别显示了使用小于 1 和大于 1 的 γ 值的幂次变换处理结果。图 6-9 显示，当 γ =0.6，γ =0.4 时可以看到更多的细节，然而当 γ 降到 0.3 时对比度明显降低。图 6-10 显示，当 γ =3.0，γ =4.0 时效果很好，然而当 γ 提高到 5.0 时图像过暗。

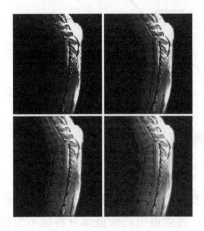

图 6-9　原图像（左上）与幂次变换（c=1，γ =0.6/0.4/0.3）后的图像

图 6-10　原图像（左上）与幂次变换（c=1，γ =3.0/4.0/5.0）后的图像

用于修正幂次响应现象的过程称为 Gamma 校正，这里以 CCD 输出信号的 Gamma 校正为例进行说明。CCD 的输入/输出特性一般是非线性的，设入射光强度为 L，CCD 的输出为 I，则有 $I = 3.8 \times L^{0.4}$，它是一个指数为 0.4 的幂函数。为了保持输出亮度不失真，需要使用 Gamma 校正，此时需将 γ 值调高，Gamma 校正使用的变换函数为 $L' = (I/3.8)^{2.5}$，由此可以得到原始光强 L 的近似值 L'，如图 6-11 所示。

$$
\begin{matrix}
& L & \\
\begin{bmatrix}
1 & 3 & 9 & 9 & 8 \\
2 & 1 & 3 & 7 & 3 \\
3 & 6 & 0 & 6 & 4 \\
6 & 8 & 2 & 0 & 5 \\
2 & 9 & 2 & 6 & 0
\end{bmatrix}
& \xrightarrow[\gamma=0.4]{\text{CCD直接显示}} &
\begin{bmatrix}
4 & 6 & 9 & 9 & 9 \\
5 & 4 & 6 & 8 & 6 \\
6 & 8 & 0 & 8 & 7 \\
8 & 9 & 5 & 0 & 7 \\
5 & 9 & 5 & 8 & 0
\end{bmatrix}
& \xrightarrow[\gamma=2.5]{\text{Gamma校正}} &
\begin{matrix} L' \approx L \end{matrix} \\
&&&&
\begin{bmatrix}
1 & 3 & 9 & 9 & 9 \\
2 & 1 & 3 & 6 & 3 \\
3 & 6 & 0 & 6 & 3 \\
6 & 9 & 2 & 0 & 5 \\
2 & 9 & 2 & 6 & 0
\end{bmatrix}
\end{matrix}
$$

图 6-11　Gamma 校正示意图

6.1.2　直方图变换

直方图描述了一幅图像的灰度（颜色）分布情况，体现图像中各灰度值在整个图像中出现的概率。灰度偏暗或偏亮的图像，其直方图分布集中在灰度级较低（或较高）的一侧。动态范围偏小（低对比度）的图像，其直方图分布范围较窄；而动态范围正常的图像，其直方图分布覆盖很宽的灰度级范围。也就是说可以通过改变灰度直方图的形状来达到增强图像对比度的效果。这种方法以概率论为基础，常用的方法有直方图均衡化和直方图规定化。

1. 直方图均衡化

直方图均衡化是指将原图像的直方图通过变换函数修正为均匀的直方图，然后按均衡直方图修正原图像。例如，将一幅灰度分布如图 6-12（a）所示的图像的直方图变换为如图 6-12（b）所示的形式，并以具有均衡特性的直方图 6-12（b）去映射修正图像灰度分布，则修正后的图像将比原图像协调。这一过程即为直方图均衡化（histogram equalization）。

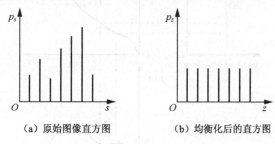

（a）原始图像直方图　　　　　　　（b）均衡化后的直方图

图 6-12　图像直方图均衡化

图像均衡化处理后，图像的直方图是"平坦"的，即各灰度级具有近似相同的出现频数，那么由于灰度级具有均匀的概率分布，图像看起来就更清晰了。

对于一幅连续或离散的灰度图像，其概率密度函数（PDF）分别表示为

$$p(s) = \lim_{\Delta s \to 0} \frac{A(s + \Delta s) - A(s)}{\Delta s A} , \quad p(s_i) = \frac{n_i}{N} \qquad (6\text{-}8)$$

式中　A——图像的面积；

n_i——第 i 个灰度级 s_i 出现的频数；

N——图像的总像素数。

设 L 是图像的灰度级数，由概率密度函数的性质，有

$$\int_{s_{\min}}^{s_{\max}} p(s)\mathrm{d}s = 1 , \quad \sum_{i=0}^{L-1} p(s_i) = 1 \qquad (6\text{-}9)$$

假设以 s 和 z 分别表示归一化的原图像灰度和经直方图均衡化后的图像灰度，即 $s \leqslant 1$，$z \leqslant 1$。

在 $[0, 1]$ 区间内的任一 s 值，都可以产生一个 z 值，且 $z = T(s)$，$T(s)$ 为变换函数，如图 6-13 所示。$T(s)$ 满足下列条件：① 在 $0 \leqslant s \leqslant 1$ 区间，$T(s)$ 为单调递增函数；② 在 $0 \leqslant s \leqslant 1$ 区间，有 $0 \leqslant T(s) \leqslant 1$。

条件①保证灰度级从小到大的次序，条件②保证变换后的像素灰度级在允许的动态范围内。反变换关系为 $s = T^{-1}(z)$，$T^{-1}(z)$ 对 z 同样满足上述条件。

对于连续图像，

$$\mathrm{d}z = p(s)\mathrm{d}s = \mathrm{d}T(s) \qquad (6\text{-}10)$$

两边取积分得：

$$z = T(s) = \int_0^s p(s)\mathrm{d}s \tag{6-11}$$

它表明变换函数是原图像的累积概率分布函数，是一个非负的递增函数。

对于离散图像，变换函数为：

$$z_k = T(s_k) = \sum_{i=0}^k p(s_i) = \sum_{i=0}^k \frac{n_i}{N} \tag{6-12}$$

相应的反变换为 $s_k = T^{-1}(z_k)$。

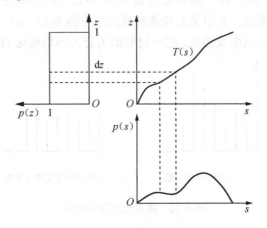

图 6-13　直方图均衡化示意图

从理论上说，直方图均衡化后的图像应该具有"平坦"倾向的直方图，实际上并非如此，均衡化后的图像直方图并不是十分均衡的，这是因为在操作过程中原直方图频数较小的某些灰度级要合并到一个或几个灰度中。

下面通过一个例题说明直方图均衡化的处理过程。假设一幅图像共有 $64\times64=4096$ 像素，8 个灰度级，各灰度级概率分布见表 6-1，直方图均衡化过程见表 6-2 和图 6-14。

表 6-1　各灰度级概率分布（N=4096）

灰度级 s_i	s_0=0	s_1=1/7	s_2=2/7	s_3=3/7	s_4=4/7	s_5=5/7	s_6=6/7	s_7=1
像素数 n_i	790	1023	850	656	329	245	122	81
概率 $p(s_i)$	0.19	0.25	0.21	0.16	0.08	0.06	0.03	0.02

表 6-2　直方图均衡化过程

原灰度级	n_i	$p(s_i)$	z_k	取整数倍	均衡化后直方图
s_0=0	790	0.19	z_0=0.19	1/7(0.14)	0.19
s_1=1/7	1023	0.25	z_1=0.44	3/7(0.428)	0.25
s_2=2/7	850	0.21	z_2=0.65	5/7(0.714)	0.21
s_3=3/7	656	0.16	z_3=0.81	6/7(0.857)	0.16+0.08=0.24
s_4=4/7	329	0.08	z_4=0.89	6/7(0.857)	
s_5=5/7	245	0.06	z_5=0.95	7/7(1.00)	0.06+0.03+0.02=0.11
s_6=6/7	122	0.03	z_6=0.98	7/7(1.00)	
s_7=1	81	0.02	z_7=1.00	7/7(1.00)	

直方图均衡化实质上是以减少图像的灰度等级为代价换取对比度的提高。在均衡化过程中，原来的直方图上频数较小的灰度级被合并到很少几个或一个灰度级内，这样将损失许多图像细节。如果这些灰度级构成的图像细节比较重要，则需采用局部区域直方图均衡。

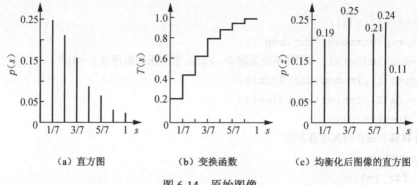

　　(a) 直方图　　　　　　　(b) 变换函数　　　　　(c) 均衡化后图像的直方图

图 6-14　原始图像

　　如图 6-15 所示，显示了四种基本类型图像的直方图均衡化结果，其中，上面两组分别为偏暗和偏亮图像的直方图均衡化结果；下面两组分别为低对比度和高对比度图像的直方图均衡化结果。从处理结果可以看出，直方图均衡化增加了图像灰度动态范围，也增加了图像的对比度。

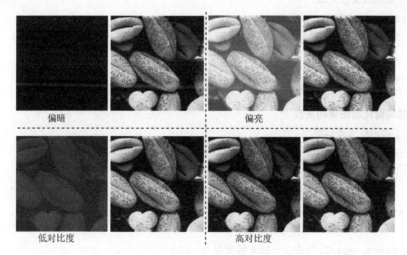

偏暗　　　　　　　　　　　　　　　偏亮

低对比度　　　　　　　　　　　　　高对比度

图 6-15　四组直方图均衡化实例（每组结果中前后两图分别为原图和均衡化后的图像）

　　直方图均衡化算法步骤如下。

　　（1）对于有 L 个灰度级（一般是 256 级）大小为 $M \times N$ 的图像，创建一个长为 L 的数组 H，并初始化为 0。

　　（2）计算图像直方图 $H(j)$，$j \in [0, L-1]$。扫描每个像素，增加相应的 H 元素，当该像素具有灰度 j 时，让 $H(j) = H(j) + 1$。

　　（3）计算累积灰度直方图：$H_c(k) = \sum\limits_{j=0}^{k} H(j)$。

　　（4）计算均衡化后图像的灰度：重新扫描图像，当扫描像素具有灰度 j 时，输出灰度为 $z = \mathrm{round}\left(\dfrac{L-1}{MN} H_c[j] \right)$。这种表达假定原始图像和处理后图像的灰度范围都是 $[0, \ L-1]$。

为了深入理解直方图均衡化的原理与处理过程,下面给出直方图均衡化的 MATLAB 实现程序,另外,还可以直接使用函数 histeq 实现直方图均衡化。

【程序】 直方图均衡化的 MATLAB 实现。

```
H=zeros(1,256);
[cm,map]=imread('nut.bmp');
cm=double(cm)+1; %图像灰度范围 0～255,直方图数组序号 1～256
figure(1),imshow(uint8(cm));
figure(2),imhist(uint8(cm));
[M,N]=size(cm);
%计算输入图像的灰度直方图
for i=1:M
    for j=1:N
        k=cm(i,j);
        H(k)=H(k)+1;
    end
end
%计算累积灰度直方图
Hc=zeros(1,256);
Hc (1)=H(1);
for ik=2:256
    Hc(ik)= Hc(ik-1)+H(ik);
end
%计算均衡化后图像的灰度
for i=1:M   %点运算
    for j=1:N
        k=cm(i,j);
        cm_equ(i,j)=Hc(k)*256/(M*N);
    end
end
cm_equ=cm_equ-1; %由 1～256 转变至 0～255
figure(3),imshow(uint8(cm_equ));
figure(4), imhist(uint8(cm_equ));
```

2. 直方图规定化

直方图均衡化的优点是能自动增强整个图像的对比度,但它的具体增强效果不易控制,处理的结果总是得到全局均衡化的直方图。另外,均衡化处理后的图像虽然增强了图像的对比度,但它并不一定适合人的视觉。实际中有时要求突出图像中人们感兴趣的灰度范围,这时,可以变换直方图使之成为所要求的形状,从而有选择地增强某个灰度值范围内的对比度,这种方法称为直方图规定化或直方图匹配。一般来说正确选择规定化的函数可获得比直方图均衡化更好的效果。

令 $p(s)$ 为原始图像的灰度密度函数，$p(u)$ 是期望的图像灰度密度函数，如图 6-16 所示。对 $p(s)$ 及 $p(u)$ 做直方图均衡变换，通过直方图均衡为桥梁，实现 $p(s)$ 与 $p(u)$ 变换。

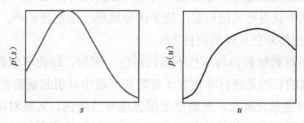

图 6-16　原图像直方图和规定直方图

直方图规定化主要有三个步骤（这里只考虑 $L_s \leqslant L_u$ 的情况，L_s 和 L_u 分别为原始图像和规定图像中的灰度级数）：

（1）对原始图像进行直方图均衡化处理：

$$z_k = T(s_k) = \sum_{j=0}^{k} p_s\left(s_j\right) \quad k = 0,1,\cdots,L_s - 1 \qquad (6\text{-}13)$$

（2）对希望的直方图（规定化函数）用同样的方法进行直方图均衡化处理：

$$v_l = T_u(u_l) = \sum_{i=0}^{l} p_u\left(u_i\right) \quad l = 0,1,\cdots,L_u - 1 \qquad (6\text{-}14)$$

（3）使用与 v_l 靠近的 z_k 代替 v_l，并求逆变换得到规定化后图像的灰度级。

6.1.3　彩色增强

人眼只能区分 20 多种不同的灰度级，而对于不同亮度和色调的色彩则可分辨上千种。因而灰度图像中，微小灰度差别的细节无法让人眼所察觉，但若给它们赋予不同的颜色后，就有可能分辨出。彩色增强的目的便是为了增强图像的视觉效果。彩色增强包括假彩色增强、伪彩色增强和彩色变换增强，它们之间的区别在于处理对象或处理目的的不同。

与真彩色图像相区别的另外两种彩色图像分别为伪彩色图像和假彩色图像。

① 伪彩色图像是由灰度图像经过伪彩色处理后得到的，其像素值是所谓的索引值，是按照灰度值进行彩色指定的结果，其色彩并不一定忠实于外界景物的真实色彩。

在显示或记录时，根据黑白图像各像素灰度的大小按一定的规则赋予它们不同的颜色，于是就将黑白图像变换成彩色图像，这种处理方法称为伪彩色增强。

② 假彩色图像是自然图像经过假彩色处理后形成的彩色图像。假彩色处理与伪彩色处理一样，也是通过彩色映射增强图像效果，但其处理的原始图像不是灰度图像，而是一幅真实的自然彩色图像，或是遥感多光谱图像。

1. 假彩色增强

1）假彩色增强的目的

假彩色增强处理对象是三基色描绘的自然图像或同一景物的多光谱图像。假彩色增强的主要目的包括三方面内容。

（1）把景物映射成奇怪的彩色，会比原来的自然彩色更引人注目，留下深刻印象。

（2）适应人眼对颜色的灵敏度，提高鉴别能力。例如，人眼对绿色亮度的响应最灵敏，可把原来是其他颜色显示的细节映射成绿色，这样就易鉴别。人眼对蓝色的强弱对比灵敏度最大，可把细节丰富的物体映射成深浅与亮度不一的蓝色。

（3）将多光谱图像处理成假彩色图像，不仅看起来自然、逼真，更主要的是通过与其他波段图像配合可从中获得更多的信息，便于区分地形、地物及矿产。

2）对自然图像的假彩色处理的两种方法

（1）将关注的目标物映射为与原色不同的彩色。例如，绿色草原置成红色，蓝色海洋置成绿色等。这样做的目的是使目标物置于奇特的环境中以引起观察者的注意。

（2）根据人眼的色觉灵敏度，重新分配图像成分的颜色。人眼对可见光中的绿色波长比较敏感，于是可将原来非绿色描述的图像细节或目标物经假彩色处理变成绿色以达到提高目标分辨率的目的。自然图像的假彩色映射可定义为：

$$\begin{bmatrix} R_g \\ G_g \\ B_g \end{bmatrix} = \begin{bmatrix} T_{11} & T_{12} & T_{13} \\ T_{21} & T_{22} & T_{23} \\ T_{31} & T_{32} & T_{33} \end{bmatrix} \begin{bmatrix} R_f \\ G_f \\ B_f \end{bmatrix} \tag{6-15}$$

式中，R_f、G_f、B_f 为原基色分量；R_g、G_g、B_g 为假彩色三基色分量；T_{ij}（i,j=1,2,3）为转移函数。例如，

$$\begin{bmatrix} R_g \\ G_g \\ B_g \end{bmatrix} = \begin{bmatrix} 0 & 0 & 1 \\ 1 & 0 & 0 \\ 0 & 1 & 0 \end{bmatrix} \begin{bmatrix} R_f \\ G_f \\ B_f \end{bmatrix} \tag{6-16}$$

现在，多光谱图像在图像家族中已占有极重要的位置。仅遥感图像而言，就有地质遥感图像、海洋遥感图像、气象遥感图像、森林遥感图像、农业遥感图像、军事遥感图像等。多光谱图像中，有一部分是非可见光波段，这些非可见光波段往往包含了可见光波段所不包含的信息。例如，红外波段具有夜间探测和全天候探测的能力。将红外波段与可见光波段感应的图像结合起来，可确保图像资料的连续性，丰富图像资料的内容。三基色与具有 n 个波段的多光谱图像 f_i 之间的关系为

$$\begin{cases} R_g = T_R\{f_i, \ i=1, \ 2, \ \cdots, \ n\} \\ G_g = T_G\{f_i, \ i=1, \ 2, \ \cdots, \ n\} \\ B_g = T_B\{f_i, \ i=1, \ 2, \ \cdots, \ n\} \end{cases} \tag{6-17}$$

式中，f_i 为第 i 波段图像；$T_R\{\cdot\}$、$T_G\{\cdot\}$、$T_B\{\cdot\}$ 表示通用的函数运算。如图 6-17 所示，显示了一幅遥感图像与其假彩色处理结果。

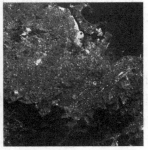

图 6-17　遥感图像假彩色处理结果

2. 伪彩色增强

伪彩色增强（pseudo color enhancement），就是将单一波段或灰度图像变换为彩色图像，从而把人眼不能区分的微小的灰度差别显示为明显的色彩差异，更便于识别和提取有用信息。伪彩色增强适用于航摄和遥感图片、云图等方面，也可以用于医学图像的判读。

伪彩色增强可以在空域或频域中实现，主要包括灰度分层法、空域灰度级彩色变换和频域伪彩色增强。

1）灰度分层法

灰度分层法也称密度分割，是伪彩色增强中最简单的一种方法，它是对图像灰度范围进行分割，使一定灰度间隔对应于某一种颜色，从而有利于图像的增强和分类。也就是把灰度图像的灰度级从 0（黑）到 M（白）分成 M 个区间 L_k，$k=1,2,\cdots,M$。给每个区间 L_k 指定一种彩色 C_k，这样，便可以把一幅灰度图像变成一幅伪彩色图像，灰度分层法示意图如图 6-18 所示。

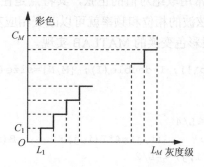

图6-18 灰度分层法示意图

灰度分层法的缺点是变换出的彩色数目有限，伪彩色生硬且不够柔和，量化噪声大。增强效果与分割层数成正比，层次越多，细节越丰富，彩色越柔和。增强处理结果如图 6-19（b）所示。

（a）原始图像　　　　　（b）灰度分层法增强　　　　（c）空域灰度级彩色变换增强

图 6-19 伪彩色增强示例

2）空域灰度级彩色变换

空域灰度级彩色变换是一种更为常用的、比灰度分层法更为有效的伪彩色增强方法。它是根据色度学的原理，将原图像 $f(x,y)$ 的灰度分段经过红、绿、蓝三种不同变换，变成三基色分量，然后用它们分别去控制彩色显示器的红、绿、蓝电子枪，这样就可得到一幅由三个变换函数调制的与 $f(x,y)$ 幅度相对应的彩色图像。彩色的含量由变换函数的形状而定。

典型的变换函数如图 6-20 所示，其中前三个图分别表示红色、绿色、蓝色三种变换函数，而最后一幅图是把三种变换函数显示在同一坐标系上以清楚地看出相互间的关系，横坐标表示原图像灰度 $f(x,y)$。由最后一图可见，只有在灰度为零时呈蓝色，灰度为 $L/2$ 时呈绿色，灰度为 L 时红色，而在其他灰度时呈其他彩色。这种技术可以将灰度图像变换为具有多种颜色渐变的连续彩色图像，增强结果如图 6-19（c）所示。

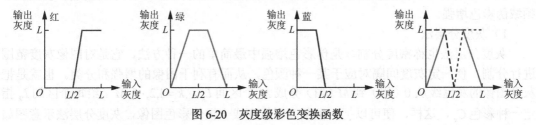

图 6-20　灰度级彩色变换函数

实际应用中，变换函数常用取绝对值的正弦，其特点是在峰值处比较平缓而在低谷处比较尖锐。通过改变每个正弦波的相位和频率就可以改变相应灰度值所对应的彩色。

【程序】单色图像灰度级彩色变换的 MATLAB 实现。

```
I=imread('\Img.bmp\'); I=double(I); [M,N]=size(I); L=256;
for i=1:M
for j=1:N
        if I(i,j)<L/4
         R(i,j)=0;    G(i,j)=4*I(i,j);        B(i,j)=L;
        else if I(i,j)<=L/2
                R(i,j)=0;    G(i,j)=L;    B(i,j)=-4*I(i,j)+2*L;
        else if I(i,j)<=3*L/4
                R(i,j)=4*I(i,j)-2*L;    G(i,j)=L;    B(i,j)=0;
          Else
                R(i,j)=L;        G(i,j)=-4*I(i,j)+4*L;    B(i,j)=0;
        End
     End
 End
for i=1:M
for j=1:N
        G2C(i,j,1)=R(i,j);    G2C(i,j,2)=G(i,j);    G2C(i,j,3)=B(i,j);
    End
End
G2C=G2C/256;
figure, imshow(uint8(G2C));
```

3）频域伪彩色增强

频域伪彩色增强的处理步骤如图 6-21 所示，首先将输入的灰度图像经傅里叶变换到频域，在频域内用三个不同传递特性的滤波器分离成三个独立分量，然后对它们进行逆傅里叶变换，便得到三幅代表不同频率分量的单色图像，接着对这三幅图像做进一步的处理，如直方图均衡化，最后将它们作为三基色分量分别加到彩色显示器的红、绿、蓝显示通道，从而得到一幅彩色图像。

图 6-21　频域滤波法实现伪彩色处理的示意图

伪彩色增强不改变像素的几何位置，而仅仅改变其显示的颜色，它是一种很实用的图像增强技术，主要用于提高人眼对图像的分辨能力。这种处理可以用计算机来完成，也可以用专用硬件设备来实现。伪彩色增强技术已经被广泛应用于遥感和医学图像处理，例如，云图判读，X 光片、超声图片增强等。如图 6-22（a）和（b）所示，分别显示了伪彩色增强在医学图像以及气象图像中的应用。

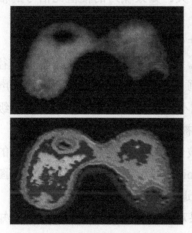 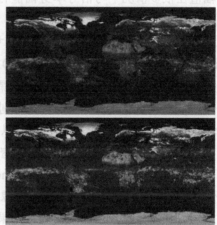

（a）医学灰度图像与灰度分层法　　　（b）气象灰度图及其伪彩色增强结果

（层数等于 8）处理结果

图 6-22　伪彩色增强示例

6.2　平滑与噪声滤除

6.2.1　图像中的噪声

实际采集到的图像常受一些随机误差的影响而退化，通常称这个退化为噪声（noise）。在图像采集与传输过程中都可能出现噪声。噪声可能依赖于图像内容，也可能与其无关。

噪声一般由其概率特征来描述。理想的噪声，称为白噪声（white noise），具有常量的功率谱，也就是说其强度并不随着频率的增加而衰减。白噪声是常用的模型，作为退化的最坏估计。使用这种模型的优点是计算简单。白噪声的一个特例是高斯噪声（Gaussian noise），服从高斯（正态）分布，一维高斯概率密度函数表示为：

$$p(x) = \frac{1}{\sigma\sqrt{2\pi}} e^{\frac{-(x-\mu)^2}{2\sigma^2}} \tag{6-18}$$

其中，μ 和 σ 分别是噪声的均值和标准差。在很多实际情况下，噪声可以很好地用高斯噪声来近似。

当图像通过信道传输时，噪声一般与出现的图像信号无关。这种独立于信号的退化被称为加性噪声（additive noise），可以用如下的模型来表示：

$$g(x, y) = f(x, y) + n(x, y)$$ (6-19)

其中，输入图像 f 和噪声 n 是相互独立的变量。

信噪比（Signal to Noise Ratio，SNR）定义为信号的平方和与噪声平方和之比。

$$SNR = \frac{\sum_{(x,y)} g^2(x, y)}{\sum_{(x,y)} n^2(x, y)}$$ (6-20)

SNR 也是图像质量的一个度量，其值越大表示图像质量越好。

噪声的幅值在很多情况下与信号本身幅值有关。如果噪声的幅值比信号的幅值大很多时，可以写成：

$$g = f + nf = f(1 + n) \approx fn$$ (6-21)

这种模型表达的是乘性噪声（multiplicative noise）。乘性噪声与图像信号相关，往往随图像信号的变化而变化，例如，电视扫描光栅以及胶片颗粒所引起的噪声就属于乘性噪声。

量化噪声（quantization noise）会在量化级别不足时出现。例如，仅有 50 个级别的单色图像，这种情况下会出现伪轮廓，量化噪声可以被简单地消除。

冲击噪声（impulsive noise）是指一幅图像被个别噪声像素破坏，这些像素的灰度与其邻域灰度显著不同。椒盐噪声（salt-and-pepper noise）为饱和的冲击噪声，表示图像被一些白的或黑的像素所破坏。椒盐噪声会使二值图像退化。

下面将叙述有关图像噪声消除的问题，如果对于噪声的性质没有任何先验知识，局部预处理方法是合适的，如果事先已知噪声的参数，则可以使用图像复原技术。以下将要讲述的平滑处理方法中，均值滤波和高斯滤波是简单的线性运算，而其他两种方法则是引入非线性运算的平滑方法。

6.2.2　均值滤波

均值滤波（mean filtering）也称邻域平均法，是一种最简单的线性低通滤波器，就是对含有噪声的原始图像 $f(i, j)$ 的每个像素取一个邻域 S，用邻域内像素的平均灰度值作为处理后图像 $g(x, y)$ 的像素值，即

$$g(x, y) = \frac{1}{M} \sum_{(i,j) \in S} f(i, j)$$ (6-22)

式中，S 是预先确定的邻域；M 是邻域 S 中的像素数。

如果选择 (i, j) 的 8 邻域，那么式（6-22）变为 $g(x, y) = \frac{1}{9} \sum_{k=i-1}^{i+1} \sum_{l=j-1}^{j+1} f(k, l)$，此时窗口为

3×3 像素。8 邻域平均法的处理过程使用卷积来完成，如图 6-23 所示，等权卷积结果即为被处理区域中心像素 p_5 的滤波结果。

均值滤波所采用的模板一般包括等权模板和加权模板，常用的3×3模板如图6-24所示。

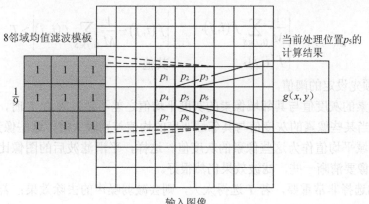

8 邻域均值滤波模板

当前处理位置 p_5 的
计算结果

$g(x, y)$

输入图像

图 6-23　8 邻域平均法卷积实现示意图

$$\frac{1}{9}\begin{bmatrix} 1 & 1 & 1 \\ 1 & 1 & 1 \\ 1 & 1 & 1 \end{bmatrix} \qquad \frac{1}{5}\begin{bmatrix} 0 & 1 & 0 \\ 1 & 1 & 1 \\ 0 & 1 & 0 \end{bmatrix} \qquad \frac{1}{16}\begin{bmatrix} 1 & 2 & 1 \\ 2 & 4 & 2 \\ 1 & 2 & 1 \end{bmatrix}$$

8 邻域均值模板　　　　　　　4 邻域均值模板　　　　　　　高斯模板

图 6-24　常用 3×3 均值滤波模板

邻域 S 控制着滤波程度，邻域半径越大，滤波作用越强。作为去除大噪声的代价，大尺度滤波器也会导致图像细节的损失。不同尺度下均值滤波的结果如图 6-25 所示，图 6-25 左上图为原始图像，其余五张图为均值滤波处理结果。原始图像 500×500 像素，滤波窗口的大小分别为 3×3 像素，5×5 像素，9×9 像素，15×15 像素和 55×55 像素。

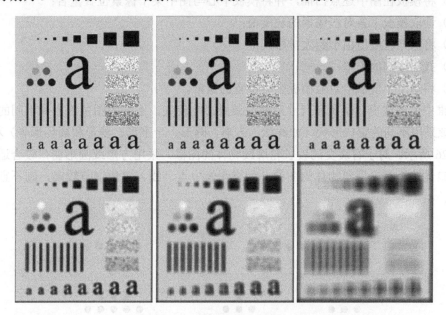

图 6-25　邻域平均法实例

为了在噪声消除和图像模糊之间取得较好的平衡，可以采用阈值平均法，即根据下列准则对图像进行平滑：

$$g(x,y)=\begin{cases} \dfrac{1}{M}\sum_{(i,j)\in S}f(i,j), & \left|f(i,j)-\dfrac{1}{M}\sum_{(i,j)\in S}f(i,j)\right|>T \\ f(i,j), & \text{其他} \end{cases} \qquad (6\text{-}23)$$

式中　T——预先设定的阈值。

当某些像素的灰度值与其邻域像素的灰度平均值之差不超过阈值 T 时，仍保留这些像素的灰度值。当某些像素的灰度值与其邻域灰度的均值差别较大时，这些像素必定是噪声，这时再取其邻域平均值作为这些像素的灰度值。这样，平滑滤波后的图像比单纯地进行邻域平均后的图像要清晰一些，滤波效果仍然很好。

阈值 T 的选择非常重要，若 T 选得太大，则会减弱噪声的去除效果；若 T 太小，则会减弱图像模糊效应的消减效果。T 要根据图像的特点具体分析。

6.2.3　中值滤波

中值滤波（median filtering）是一种非线性平滑滤波，在一定条件下可以克服线性滤波如均值滤波带来的图像细节模糊问题，而且对滤除脉冲干扰及图像扫描噪声非常有效，但是对一些细节较多，特别是点、线、尖顶细节较多的图像则不宜采用中值滤波的方法。中值滤波的目的是在保护图像边缘的同时去除噪声。

1．中值滤波原理

中值滤波是用一个含有奇数个像素的滑动窗口，将窗口中心点的灰度值用窗口内各点的中值代替。具体操作步骤如下：

（1）将模板在图中逐点扫描，并将模板中心与图中某个像素位置重合；

（2）读取模板下各对应像素的灰度值；

（3）将这些灰度值由小到大排序列；

（4）找出序列的中值；

（5）将这个中值赋给对应模板中心位置的像素。

二维中值滤波窗口形状和尺寸对滤波效果影响较大，不同的图像内容和不同的应用要求，应该采用不同的窗口形状（如线状、方形、圆形、十字形、菱形和圆环形等）和尺寸，如图 6-26 所示。对于有缓变的较长轮廓线物体的图像，采用方形或圆形窗口较合适，而十字形窗口优选于有尖顶角物体的图像。如果图像中点、线、尖角细节较多，则不宜采用中值滤波。

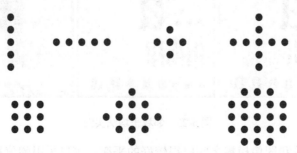

图 6-26　中值滤波窗口

2．中值滤波主要特性

图 6-27 是由尺寸为 5 像素的窗口采用中值滤波对几种信号的处理结果。窗口尺寸 $m=5$，左列为原始信号，右列为滤波结果。由图可见，中值滤波对离散阶跃信号、斜坡信号不产生作用，因而对图像的边缘有保护作用；但是，对于脉冲宽度小于窗口尺寸 1/2 且相距较远的窄脉冲干扰有良好的抑制作用。

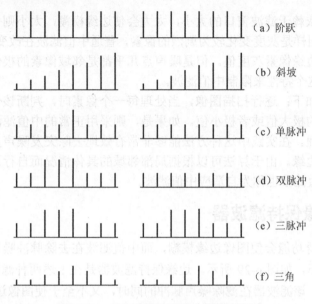

图 6-27　对几种信号进行中值滤波示例

二维序列的中值滤波特性不但与输入信号有关，还与窗口的形状有关。在实际使用窗口时，窗口的尺寸一般先取 3，再取 5，依次增大，直到滤波效果满意为止。均值滤波和中值滤波处理结果如图 6-28 所示。

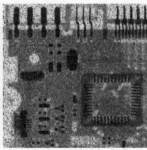

（a）椒盐噪声污染的电路板图像　　　（b）3×3 均值滤波　　　（c）3×3 中值滤波

图 6-28　均值和中值滤波结果

【程序】均值滤波和中值滤波的 MATLAB 实现。

```
I1 =imread('D:\board.jpg');
I=imnoise(I1,'salt & pepper',0.02);
figure(1), imshow(I);
```

```
h=fspecial('average',[3 3]); % 等价于h=1/9.*[1 1 1;1 1 1;1 1 1];
I2= imfilter(I,h); % filter2(h,I);
figure(2), imshow(I2);
I3= medfilt2(I);
figure(3), imshow(I3);    %中值滤波
```

3．一种改进的中值滤波策略

中值滤波效果依赖于滤波窗口的大小，太大会使边缘模糊，太小则去噪效果不佳。因为噪声点和边缘点同样是灰度变化较为剧烈的像素，普通中值滤波在改变噪声点灰度值时，会一定程度地改变边缘像素灰度值。但是噪声点几乎都是邻域像素的极值，而边缘往往不是，因此可以利用这个特性来限制中值滤波。

具体改进方法如下：逐行扫描图像，当处理每一个像素时，判断该像素是否是滤波窗口覆盖下邻域像素的极大值或者极小值。如果是，则采用正常的中值滤波处理该像素；如果不是，则不予处理。在实践中这种方法能够非常有效地去除突发噪声点，尤其是椒盐噪声，且几乎不影响边缘。由于算法可以根据局部邻域的具体情况而自行选择执行不同的操作，因此改进的中值滤波也称为自适应中值滤波。

6.2.4 边缘保持滤波器

均值滤波的平滑功能会使图像边缘模糊，而中值滤波在去除脉冲噪声的同时也将图像中的线条细节滤除掉，如图 6-29 所示。边缘保持滤波器是在上述两种滤波器的基础上发展起来的一种滤波器，该滤波器在滤除噪声脉冲的同时，又不至于使图像边缘十分模糊。

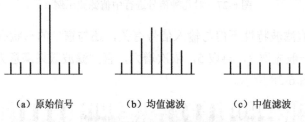

(a) 原始信号　　　　(b) 均值滤波　　　　(c) 中值滤波

图 6-29　尖顶边缘滤波示意图(模板为 1×5)

边缘保持滤波算法的基本过程描述为：对灰度图像的每一个像素位置 (i,j) 取适当大小的一个邻域（如 3×3 邻域），分别计算 (i,j) 的左上子邻域、左下子邻域、右上子邻域和右下子邻域的灰度分布均匀度 V，然后取最小均匀度对应区域的均值作为该像素新的灰度值。

计算灰度均匀度的公式为：

$$V = \frac{\sum f^2(i,j) - \left(\sum f(i,j)\right)^2}{N} \qquad (6-24)$$

也可以用下式计算：

$$V = \sum \left(f(i,j) - \bar{f}\right)^2 \qquad (6-25)$$

使用式（6-25），针对图 6-30(a)所示图像，计算中心像素的邻域均匀度，结果如图 6-30(b)所示。最小均匀度对应的区域为左下子邻域，因此中心像素 (i,j) 的新的灰度值应为左下子邻域灰度值的均值，即 $g(i,j)=0$。如图 6-31 所示，显示了边缘保持滤波的处理结果。

图像		
0	1	1
0	0	1
0	0	1

（a）

左上子邻域	右上子邻域	左下子邻域	右下子邻域
0　1	1　1	0　0	0　1
0　0	0　1	0　0	0　1
$V=3/4$	$V=3/4$	$V=0$	$V=1$

（b）

图 6-30　邻域均匀度计算示例

（a）原图　　　　　　　（b）3×3 滤波　　　　　　　（c）7×7 滤波

图 6-31　边缘保持滤波结果

6.3　频　域　滤　波

6.3.1　频域滤波基础

频谱图中靠近原点处的低频成分对应着图像的慢变化分量，例如，图 6-32（a）中的天空背景；当进一步移开原点时，较高的频率开始对应图像中变化越来越快的灰度级，这些是物体的边缘和由灰度级的突发改变（如噪声）标志的图像成分，例如，图 6-32（a）中房屋上的边缘部分以及图 6-32（c）中出现的大约成±45°的强边缘和两个白色突起部分。因而可以在频域对图像的不同频率成分进行操作，从而实现图像滤波。

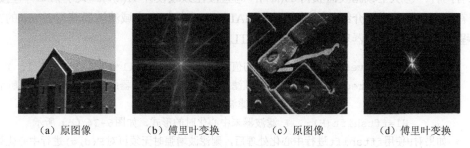

（a）原图像　　　　（b）傅里叶变换　　　　（c）原图像　　　　（d）傅里叶变换

图 6-32　原图像及其傅里叶变换

1．频域滤波与空域滤波的关系

根据卷积定理式（5-62），如果设 $g(x,y)=f(x,y)*h(x,y)$，$g(x,y)$ 的傅里叶变换用 $G(u,v)$ 表示，则

$$G(u,v) = H(u,v)F(u,v) \tag{6-26}$$

在实际的滤波应用中，图像 $f(x,y)$ 是给定的，这样我们可以得到 $F(u,v)$，只要确定

$H(u,v)$，就可以计算出 $G(u,v)$，然后由下式得到滤波增强后的空域图像 $g(x,y)$：

$$g(x,y)=\text{IDFT}[G(u,v)]=f(x,y)*h(x,y) \tag{6-27}$$

这样一来，我们可以利用空域图像与频谱之间的对应关系，尝试将空域卷积滤波变成频域滤波，然后再将频域滤波处理结果逆变换回空域，从而达到图像增强的目的。之所以使用频域滤波，其最大的吸引力在于频域滤波的直观性。

2. 频域滤波的基本步骤

根据上述讨论，进行频域滤波通常应遵循以下步骤，并如图 6-33 所示。
（1）计算原始图像 $f(x,y)$ 的傅里叶变换 $F(u,v)$，并将其零频移到频谱的中心位置；
（2）计算滤波传递函数 $H(u,v)$ 与 $F(u,v)$ 的乘积得到 $G(u,v)$；
（3）将频谱 $G(u,v)$ 的零频点移回到频谱图的左上角位置，然后进行逆傅里叶变换，得到滤波增强后的图像 $g(x,y)$。

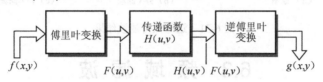

图 6-33　频域滤波示意图

根据 $H(u,v)$ 不同的频率截止特性，归纳出常用的频域滤波增强方法有低通滤波、高通滤波、带通和带阻滤波、同态滤波等。

3. 频域滤波的 MATLAB 实现

上述讨论可以看出，频域滤波增强的关键步骤之一就是设计频域滤波器 $H(u,v)$，可以采用的方法有两种：①从空域滤波器获得 $H(u,v)$；②直接在频域设计 $H(u,v)$。关于第二种直接设计方法将在下面三小节进行介绍，这里介绍在 MATLAB 中如何由空域滤波器获得 $H(u,v)$ 的方法。
【程序】从空域滤波器获得 $H(u,v)$ 的 MATLAB 程序。

```
h = fspecial(average)'; % 空域均值滤波器 h =0.11111*[1 1 1; 1 1 1; 1 1 1]
        H=freqz2(h);  % 由空域滤波器h获得频域滤波器H，如图6-34（a）所示，
                        默认滤波器为64×64
    H1=fftshift(H);  % 滤波器未中心化时的形式，如图6-34（b）所示
% 如果对H使用fftshift进行中心化处理后，则滤波增强时无须再对F(u,v)进行中心化处理
```

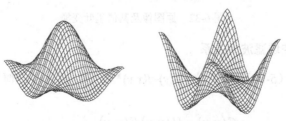

（a）中心化后的 $H(u,v)$ 　　（b）未中心化的 $H(u,v)$

图 6-34　一个低通滤波器 $H(u,v)$

为方便读者在 MATLAB 中实现频域滤波，我们编写了 imfreqfilt 函数，调用时需要输入原始图像和与原图像相同大小的频域滤波器作为参数，函数的输出为经过滤波处理的空域图像。

【程序】频域滤波函数 imfreqfilt 的 MATLAB 实现。

```
function out=imfreqfilt(I,H)
% 参数 I：输入的空域图像；参数 H：与原图像等大的频域滤波器
if (ndims(I)==3) && (size(I,3)==3) % 彩色图像
  I=rgb2gray(I);
end
if (size(I)~=size(H))
  msg1=sprintf('%s:滤波器与原图像大小不等，检查输入',mfilename);
  msg2=sprintf('%s:滤波操作已取消',mfilename);
  eid=sprintf('Images:%s:ImageSizeNotEqual',mfilename);
  error(eid,'%s  %s',msg1,msg2);
end
F=fft2(I);
sF=fftshift(F);
G=sF.*H; % 对应元素相乘实现频域滤波
G=ifftshift(G);
G=ifft2(G);
out=abs(g);
out=out/max(out(:));%归一化以便显示
```

6.3.2　低通滤波器

　　图像中噪声干扰对应于图像傅里叶变换中的高频部分，所以，要想在频域中消除或抑制其影响就要设法减弱高频分量。我们根据需要选择一个合适的 $H(u,v)$，然后乘以图像的频谱 $F(u,v)$，使 $F(u,v)$ 的高频分量得到衰减，而低频分量相对不发生改变，从而实现图像平滑。在以下讨论中，考虑对 $F(u,v)$ 的实部和虚部的影响完全相同的滤波传递函数，具有这种特性的滤波器称为零相移滤波器（zero-phase-shift filter）。

1. 理想低通滤波器

　　理想低通滤波器（ideal low-pass filter，ILPF）是指可以"截断"傅里叶变换中所有的高频成分，这些成分处在距离零频大于 D_0 的位置，其传递函数为：

$$H(u,v)=\begin{cases}1, & D(u,v)\leqslant D_0 \\ 0, & D(u,v)>D_0\end{cases} \tag{6-28}$$

式中，D_0 是一个非负整数，称为截止频率，表示点 (u,v) 到频域平面原点的距离；$D(u,v)=\left(u^2+v^2\right)^{1/2}$。

　　如图 6-35 所示为 ILPF 传递函数的剖面图（设 $D(u,v)$ 相对于原点对称）和透视图。这里理想是指小于或等于 D_0 的频率可以完全不受影响地通过滤波器，大于 D_0 的频率则完全通不过。尽管 ILPF 在数学上定义得很清楚，在计算机模拟中也可以实现，但 ILPF 这种陡峭的突变不能用硬件来实现，且随所选的截止频率 D_0 的不同，会发生不同程度的"振铃（ring）"

和模糊现象，这种现象是由 DFT 性质决定的。由于 $H(u,v)$ 是一个理想矩形特性，那么它的逆变换 $h(x,y)$ 必然会产生无限的振铃特性，经过与 $f(x,y)$ 卷积后则给 $g(x,y)$ 同时带来模糊和振铃现象。D_0 越低，滤除噪声越彻底，高频分量损失越严重，图像就越模糊。

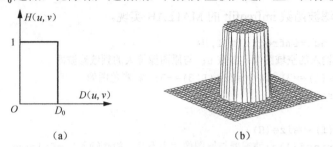

图 6-35　理想低通滤波器

2. Butterworth 低通滤波器

物理上可以实现的一种低通滤波器是 Butterworth 低通滤波器（BLPF）。一个 n 阶截止频率为 D_0 的 BLPF 的传递函数为：

$$H(u,v) = \frac{1}{1 + k\left[D(u,v)/D_0\right]^{2n}} \tag{6-29}$$

其中，$k=1$ 或 0.414，下面的介绍中均取 $k=1$。

如图 6-36 所示为 BLPF 传递函数的剖面图和一个 4 阶 BLPF 的透视图。与 ILPF 不同，BLPF 传递函数在 D_0 处没有尖锐的不连续，其通带与阻带之间过渡比较光滑，所以用 BLPF 得到的输出图像振铃效应不明显。传递函数曲线可看出，在它的尾部保留有较多的高频，所以对噪声的平滑效果不如 ILPF。

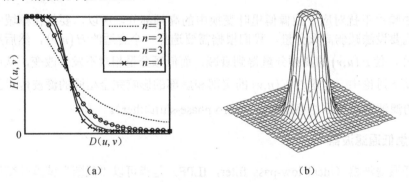

图 6-36　Butterworth 低通滤波器传递函数的剖面图和透视图

式（6-29）中，对于 $k=1$ 和 0.414 两种情况，当 $D(u,v) = D_0$ 时，$H(u,v)$ 分别等于 0.5 和 $1/\sqrt{2}$，即下降到最大值（等于 1）的 50% 和 $1/\sqrt{2}$。

3. 高斯低通滤波器

高斯低通滤波器（Gaussian low-pass Filter，GLPF）的传递函数表示为：

$$H(u,v) = e^{-D^2(u,v)/2\sigma^2} \tag{6-30}$$

式中，σ 表示标准差。令 $\sigma = D_0$，得到关于截止频率 D_0 的 GLPF 表达式：

$$H(u,v) = e^{-D^2(u,v)/2D_0^2} \tag{6-31}$$

当 $D(u,v) = D_0$，滤波器下降到最大值的 0.607 倍。GLPF 传递函数的剖面示意图和透视图如图 6-37 所示，高斯低通滤波处理结果如图 6-38 所示。

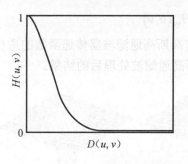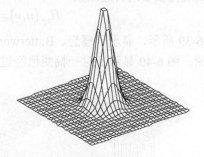

图 6-37 高斯低通滤波器的剖面图和透视图

（a）原始图像   （b）高斯低通滤波

（c）图（a）的幅度谱   （d）处理结果

图 6-38 高斯低通滤波处理结果

选择不同的滤波器传递函数（也称为窗函数，window function）$H(u,v)$ 可产生不同的滤波效果。除了上述四种类型外，还有其他类型的低通滤波器，如三角（Bartlett）窗，汉宁（Hanning）窗，海明（Hamming）窗，Blackman 窗等。关于窗函数及其频率特性的有关内容可参考文献[54]。

6.3.3 高通滤波器

低通滤波使图像平滑，其相反操作——高通滤波通过衰减图像频谱中的低频分量、相对不改变高频分量而实现图像锐化。

1．基本高通滤波器

给定一个低通滤波器的传递函数 $H_{\mathrm{lp}}(u,v)$，通过使用式（6-32）这种简单的关系可以获得相应的高通滤波器的传递函数：

$$H_{\mathrm{hp}}(u,v)=1-H_{\mathrm{lp}}(u,v) \tag{6-32}$$

如图 6-39 所示，显示了理想、Butterworth 和高斯高通滤波器传递函数的透视图及其对应的二维图，图 6-40 显示了对一幅图像经过高斯高通滤波处理后的结果。

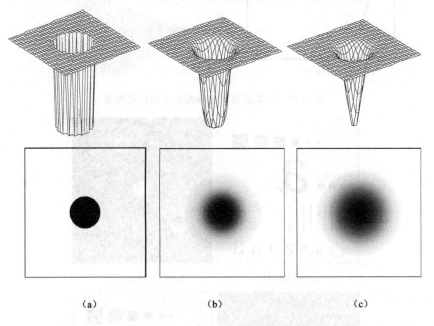

（a）　　　　　　　　（b）　　　　　　　　（c）

图 6-39　理想、Butterworth 和高斯高通滤波器传递函数的透视图（第一行）和对应的二维图（第二行）

图 6-40　高斯高通滤波处理结果

2．高频加强滤波

图像经过高通滤波后，许多低频信号没有了，因此图像的平滑区基本消失，对于这个问题可以用高频加强滤波来弥补。高频加强滤波的传递函数表示为：

$$H_{\mathrm{hfe}}(u,v)=a+bH_{\mathrm{hp}}(u,v) \tag{6-33}$$

式中，a 是一个大于 0 且小于 1 的常数；b 为大于 1 的乘数因子。

用高频加强滤波可以取得比一般高通滤波效果好的增强图像。为了解决变暗的趋势，在变换结果图像上再进行一次直方图均衡化，这种方法被称为后滤波处理。

6.3.4　带阻滤波器

1. 理想带阻滤波器

$$H(u,v) = \begin{cases} 1, & D(u,v) < D_0 - \dfrac{W}{2} \\ 0, & D_0 - \dfrac{W}{2} \leqslant D(u,v) \leqslant D_0 + \dfrac{W}{2} \\ 1, & D(u,v) > D_0 + \dfrac{W}{2} \end{cases} \tag{6-34}$$

式中　W——频带的宽度；

$\qquad D_0$——频带的中心半径。

2. Butterworth 带阻滤波器

$$H(u,v) = \frac{1}{1 + \left[\dfrac{D(u,v)W}{D^2(u,v) - D_0^2}\right]^{2n}} \tag{6-35}$$

3. 高斯带阻滤波器

$$H(u,v) = 1 - e^{-\frac{1}{2}\left[\frac{D^2(u,v) - D_0^2}{D(u,v)W}\right]^2} \tag{6-36}$$

三种带阻滤波器的透视图如图 6-41 所示。一幅被正弦噪声污染图像使用带阻滤波器进行滤波处理，结果如图 6-42 所示。

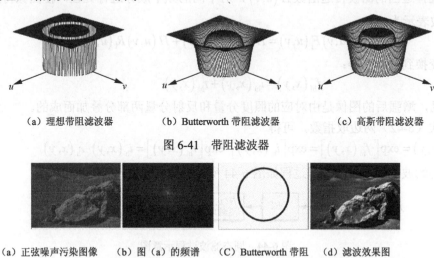

（a）理想带阻滤波器　　　（b）Butterworth 带阻滤波器　　　（c）高斯带阻滤波器

图 6-41　带阻滤波器

（a）正弦噪声污染图像　　（b）图（a）的频谱　　（C）Butterworth 带阻　　（d）滤波效果图
滤波器

图 6-42　带阻滤波示例

带通滤波器执行与带阻滤波器相反的操作，即可用全通滤波器减去带阻滤波器 $H_{bp}(u,v)$ 来实现带通滤波器，二者之间的关系如下：

$$H_{bp}(u,v) = 1 - H_{bs}(u,v) \tag{6-37}$$

6.3.5 同态滤波器

如图 6-43 所示的图像，由于照明不均匀，类似于逆光摄影，虽然图像动态范围很大，但图中感兴趣的某一区域的灰度范围很小，分不清物体的灰度层次和细节。同态滤波是一

种在频域中同时进行图像灰度范围压缩和图像对比度增强的方法，能够消除图像上照明不均匀的问题，增加暗区的图像细节，同时又不损失亮区的图像细节。

前面已经介绍过，一幅图像 $f(x,y)$ 可以用照度分量 $i(x,y)$ 和反射分量 $r(x,y)$ 的乘积来表示：

$$f(x,y) = i(x,y) \cdot r(x,y) \tag{6-38}$$

图 6-43 照度不均匀图像 照度分量 $i(x,y)$ 取决于光源，且入射光比较均匀，通常以空域的慢变化为特征，表现为低频分量。反射分量 $r(x,y)$ 反映物体性质和结构特点，随空间位置做快速变化，特别在不同物体的连接部分，表现为高频分量。

为了消除照度不均，压缩照度分量，增强反射分量，需要把照度分量和反射分量分开并施以不同的影响。对上式两边取自然对数，将乘性关系转化为加性关系：

$$\ln f(x,y) = \ln i(x,y) + \ln r(x,y) \tag{6-39}$$

再对式（6-39）进行傅里叶变换

$$F_1(u,v) = I_1(u,v) + R_1(u,v) \tag{6-40}$$

这种图像对数傅里叶变换中的低频部分对应照度分量，而高频部分对应反射分量。虽然这是一个粗糙的近似，但它对图像增强是有用的。

再选择适当的滤波传递函数 $H(u,v)$，对不同的频率成分进行处理，使图像得到改善。频域滤波表示为：

$$H(u,v)F_1(u,v) = H(u,v)I_1(u,v) + H(u,v)R_1(u,v) \tag{6-41}$$

逆变换到空域，得：

$$f_{hl}(x,y) = i_{hl}(x,y) + r_{hl}(x,y) \tag{6-42}$$

由此可见，增强后的图像是由对应的照度分量和反射分量两部分叠加而成的。

对式（6-42）两边取指数，可得

$$g(x,y) = \exp\left[f_{hl}(x,y)\right] = \exp\left[i_{hl}(x,y)\right] \cdot \exp\left[r_{hl}(x,y)\right] = i_h(x,y) \cdot r_h(x,y) \tag{6-43}$$

同态滤波图像增强的处理过程如图 6-44 所示。

$$f(x,y) \rightarrow \boxed{\ln} \rightarrow \boxed{\text{DFT}} \rightarrow \boxed{\substack{H(u,v) \\ \text{高频增强}}} \rightarrow \boxed{\text{IDFT}} \rightarrow \boxed{\exp} \rightarrow g(x,y)$$

图 6-44 同态滤波过程示意图

图 6-45 所示的同态滤波函数 $H(u,v)$ 表示为：

$$H(u,v) = (\gamma_H - \gamma_L)[1 - e^{-c(D^2(u,v)/D_0^2)}] + \gamma_L \tag{6-44}$$

其中，$\gamma_H > 1$，$\gamma_L < 1$。该同态滤波器通过压缩照度分量的灰度范围（或在频域上削弱照度频谱分量）、增强反射分量的对比度（或在频域上加大反射频谱分量），使暗区细节增强，并保留亮区图像细节。同态滤波处理结果如图 6-46 所示，结果是原始图像的背景亮度被减

弱，图案中线条的对比度得到增强。

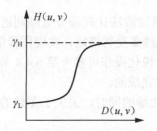

图 6-45　同态滤波函数剖面图

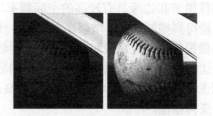

图 6-46　同态滤波增强处理

6.4　锐　化

图像平滑是通过削弱高频成分突出低频成分来达到滤除噪声、平滑图像的目的。而图像锐化是一种与图像平滑相反的增强处理方法，主要是加强高频或减弱低频，加强细节和边缘，对图像有去模糊的作用。

在空域中，图像平滑的实质就是对图像进行了求和取平均，是一种积分运算，上述介绍的五种空域滤波方法均为图像平滑处理。

而图像锐化可以用积分的反运算——"微分"来实现。微分运算提取出了图像中的边缘和轮廓，把微分的结果 f_{highpass} 乘上一定的比例 a 并与原图像 f_{original} 相加即为空域锐化结果 g。根据图像锐化的本质，锐化的通用公式可以写成：

$$g = f_{\text{original}} + af_{\text{highpass}} \tag{6-45}$$

图像锐化可以使用下面两种方法实现。

1. 微分法

考察正弦函数 $\sin(2\pi ax)$，它的微分为 $2\pi a\cos(2\pi ax)$。因此，微分后频率不变，幅度上升 $2\pi a$ 倍。空间频率越高，幅度增加就越大。这表明微分是可以加强高频成分的，从而使图像轮廓变清晰。

边缘检测中梯度法和拉普拉斯算子（该部分内容请参考第 7 章）分别对应图像度的一阶和二阶导数。当利用微分法进行锐化增强时，先用边缘检测算子（如 Sobel 算子、Roberts 算子、Laplacian 算子）计算图像的一阶或二阶导数，然后采用锐化公式（6-45）对原图像进行锐化。例如，图 6-47 中第 1 行所示的两个 Laplacian 模板用来计算图像的二阶导数；图 6-47 中第 2 行所示的两个 Laplacian 锐化模板即是将原始图像与 Laplacian 运算结果相叠加起到锐化处理的效果。

$$\begin{bmatrix} 0 & -1 & 0 \\ -1 & 4 & -1 \\ 0 & -1 & 0 \end{bmatrix} \qquad \begin{bmatrix} -1 & -1 & -1 \\ -1 & 8 & -1 \\ -1 & -1 & -1 \end{bmatrix}$$

$$\begin{bmatrix} 0 & -1 & 0 \\ -1 & 5 & -1 \\ 0 & -1 & 0 \end{bmatrix} \qquad \begin{bmatrix} -1 & -1 & -1 \\ -1 & 9 & -1 \\ -1 & -1 & -1 \end{bmatrix}$$

图 6-47　Laplacian 模板（第一行）与对应的 Laplacian 锐化模板（第二行）

2．高通滤波法

图像细节和边缘具有较高的空间频率，所以采用高通滤波法让高频分量顺利通过，使低频分量得到抑制，就可增强高频分量，使图像的边缘或线条变得清晰，实现图像的锐化。

图像锐化可以在空域和频域实现，频域高通滤波进行锐化操作可参考第 6.4.4 节；空域锐化是让图像和频域高通滤波器的冲击响应函数进行卷积完成的。

图像锐化处理结果如图 6-48 所示。高通滤波在增强边缘的同时，丢失了图像的层次，图像会变得粗糙。

图 6-48　图像锐化结果

6.5　图像的代数运算

代数运算（arithmetic operations）是指两幅或多幅输入图像之间进行点对点的加、减、乘、除运算得到输出图像的过程。如果输入图像为 $A(x,y)$ 和 $B(x,y)$，输出图像为 $C(x,y)$，则有如下四种形式：

$$
\begin{aligned}
C(x,y) &= A(x,y) + B(x,y) \\
C(x,y) &= A(x,y) - B(x,y) \\
C(x,y) &= A(x,y) \times B(x,y) \\
C(x,y) &= A(x,y) \div B(x,y)
\end{aligned}
\tag{6-46}
$$

MATLAB 中对两幅图像进行乘除运算时，应该使用点乘或点除运算符，例如，图像 A 与 B 相乘或相除的操作函数分别为：C=A.*B；C=A./B。

6.5.1　图像相加

图像相加主要应用在去除加性随机噪声、生成图像叠加效果方面。

1．多图像平均法

多图像平均法是利用对同一景物的多幅图像取平均来消除噪声产生的高频成分，在图像采集中常应用这种方法来去除噪声。

假定对同一景物 $f(x,y)$ 摄取 M 幅图像 $g_i(x,y)$ $(i=1, 2, \cdots, M)$，由于在获取时可能有随机噪声 $e(x,y)$ 存在，所以 $g_i(x,y)$ 可表示为

$$
g_i(x,y) = f(x,y) + e_i(x,y)
\tag{6-47}
$$

对 M 幅图像做灰度平均，则平均后的图像为

$$\overline{g}(x,y) = \frac{1}{M}\sum_{i=i}^{M}\left[f(x,y)+e_i(x,y)\right] = f(x,y)+\frac{1}{M}\sum_{i=i}^{M}e_i(x,y) \tag{6-48}$$

当随机噪声 $e(x,y)$ 的均值为 0 时，方差为 σ^2、且不同位置处的噪声分布互不相关时，则上述图像取均值后将降低噪声的影响；同时有以下两式成立：

$$E\{\overline{g}(x,y)\} = \frac{1}{M}\sum_{i=i}^{M}\{E[f(x,y)]+E[e_i(x,y)]\} = \frac{1}{M}\sum_{i=1}^{M}f_i(x,y) = f(x,y) \tag{6-49}$$

$$\sigma^2_{\overline{g}(x,y)} = \frac{1}{M}\sigma^2_{e(x,y)} \tag{6-50}$$

对 M 幅图像平均可把噪声方差降低 M 倍，当 M 增大时，$\overline{g}(x,y)$ 将更接近于 $f(x,y)$。于是，多图像平均法可用来降低加性随机噪声，提高信噪比。如图 6-49 所示，显示了加性高斯噪声污染图像以及 10 幅、20 幅和 50 幅图像的平均结果。

多图像平均处理常用于摄像机中，以降低电视摄像机光导析像管的噪声，这时可对同一景物连续摄取多幅图像并数字化，再对多幅图像取平均值。一般选用 8 幅图像取平均。这种方法的实际困难是难于把多幅图像配准，以便使相应的像素能正确地对应排列。

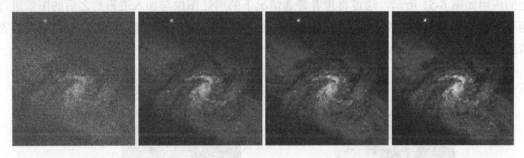

图 6-49　加性高斯噪声污染图像与 10、20、50 幅噪声图像的平均结果

2．不同图像之间的相加

不同图像之间的相加运算生成图像叠加效果，可以得到各种图像合成的效果，也可以用于两张图片的衔接。

MATLAB 中不能对读入的两幅图像直接进行简单的矩阵相加。这是因为，一般情况下直接读入的图像其默认格式为 uint8，即最大灰度值等于 255。当直接相加时，将对求和结果中大于 255 的灰度值赋值为 255，而将小于零的数值赋值为 0。MATLAB 中两幅图像相加运算的执行程序如下，图像相加结果如图 6-50 所示。

【程序】两幅图像相加运算的 MATLAB 实现。

```
f=imread('IMAGE1.bmp');
g=imread('IMAGE2.bmp');
s=double(f)+double(g);
sx=s-min(min(s)); %减最小值
s_out=sx/max(max(sx)); %归一化处理
figure, imshow(uint8(255*s_out));
```

f g $f+g$

图 6-50　图像相加

6.5.2　图像相减

将同一景物在不同时间拍摄的图像或同一景物在不同波段的图像相减，这就是图像的减法运算，实际中常称为差影法。差值图像提供了图像间的差值信息，能用于指导动态监测、运动目标的检测和跟踪、图像背景的消除及目标识别等。

图像相减（image subtraction）主要应用于差影法以及混合图像的分离。差影法在医学上的应用如图 6-51 所示，通过将患者普通情况下的病灶图像与加入造影剂之后的图像进行相减运算，得到病灶的微小变化。差影法也可应用于自动现场监测，例如，森林火灾等灾情监测、江河海岸污染监测。

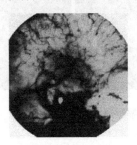
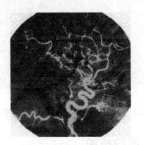

（a）注入血管造影剂前的图像　　　　　（b）注入血管造影剂后图像与模板
　　　　　　　　　　　　　　　　　　　　　图像相减结果

图 6-51　差影法在医学上的应用

实际应用中，图像相减运算时必须使两幅相减图像的像素对应于空间同一目标点，否则需要进行图像配准处理。另外进行图像相减操作时往往需要考虑背景的更新机制，尽量补偿因天气、光照等因素对图像造成的影响。

6.5.3　图像相乘

图像相乘常用于二值模板增强处理和灰度处理。掩模图像增强时，首先构造一副掩模图像，在需要保留区域，图像灰度值设为 1；而在被去除区域，图像灰度值设为 0；然后将掩模图像与原始图像相乘，通过掩模处理可以屏蔽图像的某些部分；也可以用于实现图像的局部显示，提取图像中感兴趣的区域，如图 6-52 所示。图像相乘与图像差影法相结合，称之为差分相乘，该方法可以提取运动目标的中间重叠区域，精确检测出运动物体，同时有效地排除随机噪声点。

图 6-52　图像的局部显示

6.5.4　图像相除

图像相除可以用来检测两幅图像之间的差异，除法运算的结果是对应像素值的变化比率，而不是每个像素的绝对差异，因而图像相除有时也称做比值处理，是遥感图像处理中的常用方法。基于该原理，利用图像相除可以对模糊图像进行复原，结果如图 6-53 所示。

图 6-53　图像相除实现模糊图像的复原

图像相除还可以用于解决非均匀性照明问题。例如，直接采集到的图像 $f(x,y)$ 如图 6-54（a）所示，由于光强的非均匀分布将导致图像分割难以实现；另外将照明光源投射到一个均匀反射率的白色反射面，产生的图像为 $g(x,y)=ki(x,y)$，如图 6-54（b）所示；根据图像函数公式 $f(x,y)=i(x,y)r(x,y)$，将这两幅图像进行相除运算，得到正规化图像，$\dfrac{f(x,y)}{ki(x,y)}=\dfrac{r(x,y)}{k}$，如图 6-54（c）所示，该图像仅包含反射分量，这样便非常容易地实现目标识别。

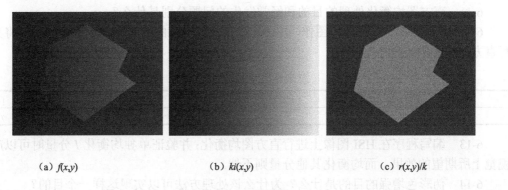

（a）$f(x,y)$　　　　　　　　　　（b）$ki(x,y)$　　　　　　　　　　（c）$r(x,y)/k$

图 6-54　图像相除

思考与练习

6-1 图像增强的目的是什么？

6-2 什么是图像平滑？试述均值滤波的基本原理。

6-3 请用 MATLAB 语言编写一段程序，采用双线性插值法实现对 8bit 灰度图像放大两倍的处理。

6-4 设计一个灰度级变换函数，将图像中最暗的灰度值为 12 的像素映射为黑（0），最亮的灰度值为 50 的像素映射为白（255），其他的所有像素在黑和白之间线性地变换。

6-5 点运算是否会改变图像内像素点之间的空间位置关系？

6-6 请用 MATLAB 语言实现图像的增亮、变暗处理。

6-7 利用线性灰度变换，试写出把灰度范围[0，30] 拉伸为[0，50]，把灰度范围[30，60]移动到[50，80]，把灰度范围[60，90]压缩为[80，90]的变换方程。

6-8 使用图 6-55 右图所示的变换函数对图像 $f(x,y)$ 进行分段线性灰度变换处理。

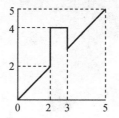

$$f(x,y)=\begin{bmatrix} 1 & 1 & 3 & 4 & 5 \\ 2 & 1 & 4 & 5 & 5 \\ 2 & 3 & 5 & 4 & 5 \\ 3 & 2 & 3 & 3 & 2 \\ 4 & 5 & 4 & 1 & 1 \end{bmatrix}$$

图 6-55 题 6-8 图

6-9 给定图像 $f(x,y)$，（1）使用 3×3 均值滤波器进行平滑处理；（2）使用如下均值加权滤波器 H 进行平滑处理。不考虑边界像素。

$$f(x,y)=\begin{bmatrix} 1 & 1 & 3 & 4 & 5 \\ 2 & 1 & 4 & 5 & 5 \\ 2 & 3 & 5 & 4 & 5 \\ 3 & 2 & 3 & 3 & 2 \\ 4 & 5 & 4 & 1 & 1 \end{bmatrix}, \quad H=\frac{1}{10}\begin{bmatrix} 1 & 1 & 1 \\ 1 & 2 & 1 \\ 1 & 1 & 1 \end{bmatrix}$$

6-10 对监视器进行 Gamma 校正的目的是什么？请确定校正用 Gamma 函数表达式并说明原因。

6-11 直方图均衡化处理的目的和经常发生的问题分别是什么？

6-12 一幅 10×10 像素的图像，6 个灰度级及其对应的像素数如表 6-3 所示，将其进行直方图均衡化处理。

表 6-3 图像的参数

灰度级	0	1/5	2/5	3/5	4/5	1
像素数	20	4	50	10	9	7

6-13 编写程序在 HSI 图像上进行直方图均衡化；并验证单独均衡化 I 分量时可以产生视觉上所期望的效果，而均衡化其他分量则不然。

6-14 伪彩色增强的目的是什么？为什么该处理方法可以实现这样一个目的？

6-15　讨论假彩色和伪彩色的差异。

6-16　已知某伪彩色图像处理中，采用如图 6-56 所示的灰度级彩色变换函数，请问当灰度级为 $3L/8$ 和 $3L/4$ 时，输出图像在相应灰度级上将呈现什么颜色？并给出它们的配色方程。

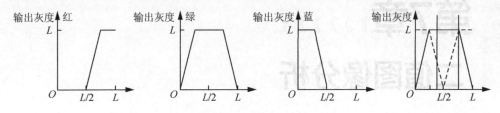

图 6-56　题 6-16 图

6-17　对于图像 A，分别进行邻域平滑和高通锐化处理。其中边界像素保持不变，邻域平滑模板为 $H = \dfrac{1}{8}\begin{bmatrix} 1 & 1 & 1 \\ 1 & 0 & 1 \\ 1 & 1 & 1 \end{bmatrix}$，高通锐化算子为 $H = \begin{bmatrix} -1 & -1 & -1 \\ -1 & 8 & -1 \\ -1 & -1 & -1 \end{bmatrix}$，图像 $A = \begin{bmatrix} 1 & 1 & 3 & 4 & 5 \\ 2 & 1 & 4 & 5 & 5 \\ 2 & 3 & 5 & 4 & 5 \\ 3 & 2 & 3 & 3 & 2 \\ 4 & 5 & 4 & 1 & 1 \end{bmatrix}$。

6-18　什么是中值滤波，有何特点？

6-19　设原图像为 $[2\ \ 4\ \ 7\ \ 4\ \ 3\ \ 5\ \ 4\ \ 6\ \ 4\ \ 4\ \ 4]$，使用一维 1×5 模板进行中值滤波，边界像素保持不变。

6-20　解释为什么中值滤波对受冲击噪声污染的图像滤波效果好。

6-21　均值滤波器是线性滤波器，而中值滤波器却不是，为什么？

6-22　一幅 8×8 像素的图像 $f(i,j)$ 的灰度值由下列方程给出：$f(i,j) = |i-j|$，$i,j = 0,1,\cdots,7$，用 3×3 中值滤波器作用于该图像上，求输出图像，注意边界像素保持不变。

6-23　实现高斯平滑滤波器。选择几个不同的 σ 值对一幅图像进行滤波，观察平滑程度。你将如何为一幅图像选择合适的 σ 值？

6-24　已知一幅数字图像如图 6-57 所示，请分别用下面两种方法求取 R 点处理后的灰度值。①用邻域平均法求取 R_2 点的灰度值；②用 Robert 梯度法求取 R_1 点的梯度值。

6-25　某滤波器的传递函数为 $H(u,v) = \dfrac{1}{1 + 0.414\left[\dfrac{100}{D(u,v)}\right]^2}$，请结合滤波器特性曲线说明该滤波器是低通的还是高通的？为什么？

1	1	2	2	3
1	1$_{R_1}$	2	2	3
6	6	7	7	$R_2$6
1	1	2	2	3

图 6-57　题 6-24 图

6-26　简要说明图像相加运算原理，并举例说明这种运算在图像处理应用中有何重要意义和作用。

6-27　为一幅图像增加一周期噪声，如正弦噪声，然后进行带阻滤波，其中滤波器选择理想带阻滤波器以及高斯带阻滤波器。

第7章 »»»»»

二值图像分析

教学要求

掌握基本的图像阈值分割算法以及二值图像的操作技术，理解二值图像的几何学性质。

引 例

在文字或图纸等这些图像处理的对象中，都是用黑色的墨在白纸上书写来表示，即它们是黑与白的二值信息。因此，将它们变换成数字二值图像（binary image）进行处理就很方便。另外，如果对灰度或彩色图像进行目标的分析、识别和测量时，需要对原始图像中对象和背景进行分离处理，转化为二值图像，这样的情况也很多。同时，二值图像只存在两种数值（1 和 0），它的处理方法和数据的表示方法与灰度图像有很多不同之处。并且具有以下特点因而应用广泛：①处理算法简单，计算速度快；②易于实现图形分类和测量；③所需内存小，对计算设备要求低。

例如，我们需要对如图 7-1 所示的图像分别进行目标的自动计数、圆形度计算、主轴方向计算和欧拉数计算，这种情况下则需要采用阈值分割和二值图像操作来完成。

(a) 自动计数　　　　　(b) 圆形度计算　　　　　(c) 主轴方向计算

(d) 欧拉数计算

图 7-1　简单的图像分析示例

7.1 图像分割与阈值分割

7.1.1 图像分割

图像分割是指按照一定标准，将图像空间划分成若干个互不重叠的区域。各区域内部具有相同或相近的性质，而区域之间存在较明显的差异。图像分割是图像处理技术中的一个关键问题，是由图像处理向图像分析过渡的重要步骤，在图像处理技术中占有重要的地位。一方面，它是对图像特征的提取，是目标表达的基础；另一方面，它也是进行后续图像分析与理解的前提，分割结果的好坏将直接影响高层图像分析和图像理解的质量。

从分割的角度看，图像分割有两个重要的分割准则：相邻像素之间的相似性和不连续性。根据分割时所依据的分割准则，可以将现有的分割方法分为基于不连续性的边缘分割算法和基于相似性的区域分割算法，如图 7-2 所示。其中相似性的区域分割就是将具有同一特性的像素聚集在一起，形成一个目标；基于不连续性的边缘分割就是首先检测局部不连续性，然后将它们连接在一起形成边界，根据边界将图像分割成不同的区域。本章介绍阈值分割方法，边缘检测将在下一章 8.2 节中介绍。

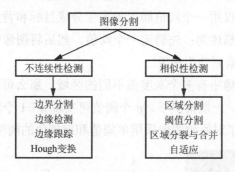

图 7-2 图像分割算法

7.1.2 阈值分割

阈值分割（thresholding segmentation）是图像分割算法中应用最广泛的一类算法。阈值分割也称二值化（binarization），是图像灰度变换的一种特殊情况，是为了从图像中提取物体形状的最基本的处理方法。

1. 阈值分割

假设图像由多个区域组成，每个区域内部由灰度相同或相近的像素组成，而不同区域交界处的像素在灰度值上有较明显的差别。因此，可以通过设置合理的阈值（threshold value），并比较各个像素与阈值的大小关系来区分不同的区域。阈值处理的表达式为：

$$g_{x,y}=\begin{cases}1, & f_{x,y}\geqslant T\\ 0, & f_{x,y}<T\end{cases} \tag{7-1}$$

通常，在处理得到的二值图像 $g_{x,y}$ 中，灰度值为 1（1-像素）的部分表示物体，值为 0

（0-像素）的部分表示背景，反之亦然。图 7-3 和图 7-4 给出了经阈值分割得到二值图像的一个示例。由式（7-1）可知，阈值分割的关键步骤就是确定阈值 T，该过程称为阈值选择。

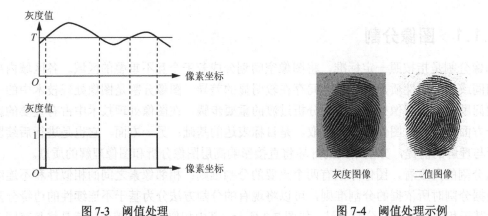

图 7-3　阈值处理　　　　　　　　　　图 7-4　阈值处理示例

2. 单阈值与多阈值

阈值分割中，根据阈值的多少，可以将阈值为单阈值和多阈值两大类。

（1）单阈值。单阈值仅用一个阈值即可把图像分成目标和背景两大部分。使用单阈值进行图像分割的基本思想描述为：先确定一个阈值，然后将图像中各像素的灰度值与阈值进行比较，由此将图像像素划分为两类。

（2）多阈值。如果图像中有多个灰度值不同的区域，那么可以选择用多个阈值把每个像素分到合适的类别中去。一般情况下，n 个阈值可实现 $n+1$ 个区域的分割。

如图 7-5 所示，给出了对原始图像采用单阈值和双阈值的阈值分割结果。

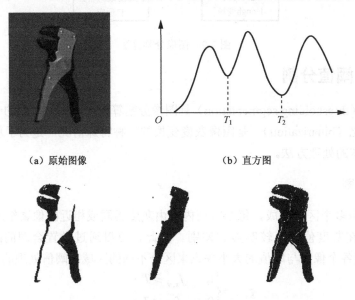

（a）原始图像　　　　　　　　　　　　（b）直方图

（c）阈值 T_1 分割结果　　　　（d）阈值 T_2 分割结果　　　（e）双阈值分割结果

图 7-5　阈值分割示例

3．阈值分割技术分类

尽管在目标和背景的对比度十分明显的情况下阈值分割很容易实现，但实际上由于在目标和背景的分界部分存在细微的灰度变化，所以阈值分割时确定阈值是困难的。阈值的选取可能与像素位置、灰度值及当前像素的邻域性质等因素有关。根据阈值选取所依赖的相关因素，可以将阈值分割技术分为三类。

（1）全局阈值法。如果阈值的选取仅取决于图像灰度值，这种阈值就可以称为全局阈值。

（2）局部阈值法。局部阈值法中阈值的选取取决于图像灰度值和该点邻域的某些性质（如区域内各像素的值、相邻像素值的关系等）。这类阈值技术也被称为区域相关技术。局部阈值法将原始图像划分成较小的图像，并对每个子图像选取相应的阈值。在阈值分割后，相邻子图像之间的边界处可能产生灰度级不连续的情况，因此需要利用平滑技术进行排除。局部阈值法的常用技术有灰度差直方图法、微分直方图法、灰度−局部灰度均值散布图法、二维熵法等。

（3）自适应阈值法。阈值的选取除了与图像灰度值和该点邻域的某种局部特性有关外，还与像素的坐标位置有关。

总之，阈值的选取一直受到国内外学者的广泛关注，并且产生了非常多的阈值选取方法。然而，到目前为止，还没有一种通用的对全部图像都适用的阈值选取方法，一般一种阈值选取方法只针对一类图像有效而对其他图像分割的效果就不是很理想。下面介绍几种基本的阈值选取方法。

7.2　全局阈值法

全局阈值法也称为点阈值法。常用的全局阈值法有双峰法、p 参数法（p-tile method）、判别分析法、均匀性度量法、类间最大距离法、最大熵法等。

7.2.1　双峰法

在一些简单的图像中，物体的灰度分布比较有规律，背景与各个目标在图像的直方图上各自形成一个波峰，即区域与波峰一一对应，每两个波峰之间形成一个波谷。那么选择双峰之间的波谷所对应的灰度值作为阈值，即可实现两个区域的分割，如图 7-6 所示。以此类推，就可以在图像中分割出各个有意义的区域。

双峰法是一种简单有效的阈值确定方法，但是它要求图像的灰度直方图必须具有双峰性，且背景与对象区域所对应的直方图呈明显的双峰。在波峰间的波谷平坦、各区域直方图的波形重叠等情况下，用双峰法难以确定阈值，必须寻求其他方法。

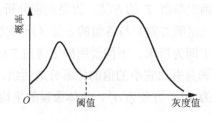

图 7-6　双峰法示意图

7.2.2　p 参数法

当不同区域（即目标）之间的灰度分布有一定的重叠时，双峰法的效果就很差。如果预先知道每个目标占整个图像的比例，则可以采用 p 参数法进行分割。p 参数法的基本思想是：已知对象在图像中所占面积比例大致为 p 时，选择一个阈值 T，使阈值分割后的二值图像中的 1-像素所占的比例为 p，背景所占比例为 $1-p$。下面以图像中包括两个区域的情况来分析 p 参数法的基本步骤。假设整个直方图中低灰度区域所占的比例为 p_1，则 p 参数法的具体步骤可以描述为：

（1）计算图像的灰度直方图分布 $p(k)$。其中 $0 \leqslant k \leqslant L-1$，表示灰度值。

（2）从最低灰度值开始，计算图像的累积分布直方图：

$$P_1(k) = \sum_{j=0}^{k} p(j) \tag{7-2}$$

（3）计算阈值 T，有

$$T = \arg\min \left| P_1(k) - p_1 \right| \tag{7-3}$$

也就是说，阈值就是与 p_1 最为接近的累积分布函数 $P_1(k)$ 所对应的灰度值。

如果图像中有三个区域，并且假设整个直方图中低灰度区域所占的比例为 p_1，高灰度区域所占的比例为 p_2，则低灰度区域的分割同上述方法。高灰度区域的累积分布函数计算过程正好相反，其直方图的累加方向应从高端到低端。令 $P_2(k)$ 为从高灰度值到低灰度值的累积分布函数，则有

$$P_2(k) = \sum_{j=L-1}^{k} p(j) \tag{7-4}$$

则从图像中分离出高灰度区域的阈值为

$$T_2 = \arg\min \left| P_2(k) - p_2 \right| \tag{7-5}$$

如果图像的区域数大于 3，则可在分离高、低两端区域后的图像中继续用上述方法进行分割，只是要注意分割过程中的起始灰度值不是 0 和 $L-1$，而是 T_1、T_2 等。

p 参数法经常用在图纸和公文图像等应分离出的对象图形的面积在某种程度上能推断出来的情形。但是，在实际应用中，受到对象在图像中所占面积比率已知这个前提条件的限制，因此其适用性也受到限制。

7.2.3　判别分析法

当把图像的灰度直方图中的灰度值的分布用阈值 T 分成两组（T 以上的和不足 T 的）时，为使两组的分离最佳而确定参数 T 的方法，就是判别分析的阈值选择法。分离性的尺度采用两组的平均值的方差（组间方差）与各组的方差（组内方差）之比（判别比），当这个判别比成为最大时的阈值 T 即为所求。下面说明确定阈值 T 的方法。

将 T 以上灰度值的像素和具有比它小的值的像素分成两组，组 1 和组 2。设组 i（$i=1,2$）的像素数为 w_i，平均灰度值为 M_i，方差为 σ_i^2，全体像素的平均灰度值为 M_T，则组内方差可用下式表示

$$\sigma_w^2 = \frac{w_1\sigma_1^2 + w_2\sigma_2^2}{w_1 + w_2} \tag{7-6}$$

组间方差可用下式来表示

$$\sigma_B^{\;2} = \frac{w_1(M_1 - M_T)^2 + W_2(M_2 - M_T)^2}{w_1 + w_2} = \frac{w_1 w_2 (M_1 - M_2)^2}{(w_1 + w_2)^2} \tag{7-7}$$

若设全体像素的灰度值的方差为 σ_T^2，则因下式 $\sigma_T^2 = \sigma_w^2 + \sigma_B^2$ 成立，因而判别比为

$$\frac{\sigma_B^2}{\sigma_w^2} = \frac{\sigma_B^2}{\sigma_T^2 - \sigma_B^2} \tag{7-8}$$

由于全方差 σ_T^2 是一个与阈值无关的常数，因此，由式（7-8）可知，为了使判别比达到最大，只须使 σ_B^2 达到最大即可。根据上述分析，判别分析法就是当 T 发生变化时，求出使 σ_B^2 最大时的 T 值。

判别分析法算法：

（1）根据图像灰度直方图找到两个峰值对应的灰度值，将其表示为 G_1 和 G_2；

（2）T 按照步长 1 由 G_1 到 G_2 的变化过程中，由式（7-7）计算 σ_B^2；

（3）寻找最大的 σ_B^2，其对应的灰度值即为最佳阈值 T，根据该阈值对图像进行阈值分割。

7.2.4　最大熵法

最大熵法是应用信息论中熵的概念与图像阈值化技术对图像进行分割的一种技术，其目标就是选择最佳阈值，使分割后的图像目标区域与背景区域两部分灰度统计的信息量最大。根据这一基本原理，最大熵法的具体步骤归纳如下：

（1）计算整幅图像的灰度直方图 $p(k)$，$0 \leqslant k \leqslant L-1$。

（2）假设当前阈值为 $T^{(i)}$，并根据式（7-1）将图像分为 $R_1^{(i)}$ 和 $R_2^{(i)}$ 两个区域。

（3）按照下面公式分别计算两个区域中的平均相对熵 $E_1^{(i)}$ 和 $E_2^{(i)}$。

$$E_1^{(i)} = -\sum_{k=0}^{T^{(i)}} \left(\frac{p(k)}{P(T^{(i)})} \ln \frac{p(k)}{P(T^{(i)})} \right) \tag{7-9a}$$

$$E_2^{(i)} = -\sum_{k=T^{(i)}+1}^{255} \left(\frac{p(k)}{1 - P(T^{(i)})} \ln \frac{p(k)}{1 - P(T^{(i)})} \right) \tag{7-9b}$$

其中，$P(T^{(i)}) = \sum_{j=0}^{T^{(i)}} p(j)$。

（4）计算两个区域的熵：$E^{(i)} = E_1^{(i)} + E_2^{(i)}$。

（5）令 $i = i+1$，返回步骤（2），尝试其他阈值，并根据步骤（2）～（4）重新计算两个区域的熵 $E^{(i)}$。

（6）选择最大熵所对应的阈值 T。

7.2.5　自动迭代法

如下阈值也可以通过迭代的方法来确定。假设 i 为迭代次数，且初始值为 0。迭代法阈

值确定步骤可以归纳如下：

（1）选择一个初始阈值 $T^{(i)}$，通常可以选择图像的平均灰度值；

（2）利用 $T^{(i)}$ 把图像分割成两个区域，$R_1^{(i)}$ 和 $R_2^{(i)}$；

（3）计算两个区域 $R_1^{(i)}$ 和 $R_2^{(i)}$ 各自的平均灰度值 $M_1^{(i)}$ 和 $M_2^{(i)}$；

（4）计算新的阈值：$T^{(i+1)} = \dfrac{M_1^{(i)} + M_2^{(i)}}{2}$；

（5）令 $i = i+1$，重复步骤（2）～（4），直到阈值不再变化为止。

7.3　自适应阈值法

场景照明不均匀时，采用前面的方法进行阈值分割时，并不能正确分离目标与背景。这时需要采用自适应阈值法。尽管为计算各个像素的最优阈值需要花费一定的处理时间，但是对实际图像数据是有效的方法。自适应阈值法也称为动态阈值法，常用的方法有阈值插值法、移动平均法等。

7.3.1　阈值插值法

阈值插值法首先将整幅图像分割成 $N \times N$ 个子图像，分别自动决定各自的阈值，该阈值将作为子图像中心点处的阈值；然后通过线性插值连接这些阈值获得所有像素的阈值，从而制作成"阈值曲面"，由此对图像进行阈值分割。

7.3.2　移动平均法

移动平均法是通过比较某像素的灰度级与其邻域的局部平均值来进行阈值分割的简单方法。设像素 (x,y) 邻域的灰度局部平均值为 $\mu_{x,y}$，这时通过式（7-10）可得到二值图像。

$$g_{x,y} = \begin{cases} 1, & f_{x,y} \geqslant \mu_{x,y} \\ 0, & f_{x,y} < \mu_{x,y} \end{cases} \tag{7-10}$$

作为邻域的尺寸大小通常使用 51×51（像素）这样非常大的值。在包含该局部区域的更大的背景中，对象物之外的细微灰度变化也会被提取出来，这是此方法的不足之处。

7.4　二值图像的几何学性质

7.4.1　连通性

1. 4 连通和 8 连通

作为相同值（0 或 1）的像素间是相互连通还是分离（连通性，connectivity）的判断标准，一般用下述的 4 连通（4-connected）和 8 连通（8-connected）。4 连通如图 7-7（a）所示，是连接位于像素 (x,y) 的上下左右像素，也就是连接 $(x-1,y)$ $(x+1,y)$ $(x,y-1)$ $(x,y+1)$ 位置上具有相同灰度值像素的标准。8 连通如图 7-7（b）所示，是连接处于上下左右以及 4

个斜邻近方向上共 8 个位置的同值像素的标准。4 连通的像素群通常也是 8 连通。

4 连通和 8 连通的像素块称为连通成分（connected component）。如果一个像素集合内的每一个像素与集合内其他像素连通，则称该集合为一个连通成分。考虑灰度值为 0（表示背景）和 1（表示对象）的二值图像，所有 1-像素的集合表示前景，用 S 表示；所有 0-像素的集合叫做背景，用 S 的补集 $\bar{S}$ 表示。四周被 1-像素连通成分所包围的那些 0-像素组成的连通成分叫做孔或洞（hole）。

（a）4 连通　　　　　（b）8 连通

图 7-7　4 连通和 8 连通

图 7-8　连通性的定义

将 1-像素的连通性用 8 连通定义时，则 0-像素的连通性使用的是 4 连通，反之，将 1-像素的连通性用 4 连通定义时，则 0-像素的连通性使用的是 8 连通。也即对前景和背景应使用不同的连通性。例如，在图 7-8 中，灰色像素表示 1-像素，白色像素表示 0-像素，将 1-像素的连通性用 8 连通定义时，这里所示的所有的 1-像素都连接在一起。像素 A 与外侧的 0-像素不连通，并且被 1-像素的连通成分所包围而形成孔。如果 1-像素的连通性用 4 连通定义时，此图中的 1-像素被分为两个连通成分。由于此时对 0-像素采用 8 连通，像素 A 就与外侧的 0-像素连通起来而不再是孔了。

2．路径

在前景 S 中，从像素到像素的一个像素序列表示路径。4 路径表示像素与其近邻像素是 4 连通关系，8 路径表示像素与其近邻像素是 8 连通关系，如图 7-9 所示。已知像素 p 和 q，如果存在一条从 p 到 q 的路径，且路径上的全部像素都包含在 S 中，则称 p 与 q 是连通的。

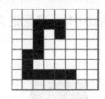
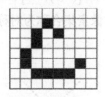

图 7-9　4 路径和 8 路径

3．欧拉数

在几何理论中，闭区域的宏观形态可以用它的拓扑性质来度量。除撕裂或扭接外，在任何变形下都不改变的图像性质称为拓扑性质（topological characteristic）。显然两点间的距离不是拓扑性质，因为图像拉伸或压缩时它都改变。图像的连通性是拓扑性质，当平移、旋转、拉伸、压缩、扭变之后，连通性是不变的。因此，区域的孔数 H 和连通成分数 C 是拓扑性质。可用欧拉数来度量。

欧拉数（Euler number）是图像的一种拓扑度量。欧拉数等于连通成分数减去孔的个数，即：

$$E = C - H \tag{7-11}$$

当然，这里的连通也取决于所定义的连通类型，即 4 连通或 8 连通。

MATLAB 中用 bweuler 函数来计算二值图像 BW 的欧拉数，它的语法格式为：

```
eul=bweuler（BW, n）;
```

其中，n 为连通类型，n＝4 表示采用 4 连通，n＝8 表示采用 8 连通，n 的默认值为 8。

在图 7-8 中，将 1-像素的连通性用 4 连通定义时，连通成分个数为 2，由于孔的个数为 0，所以欧拉数为 2－0＝2。另外，当用 8 连通定义时，连通成分的个数为 1，由于孔的个数为 1，所以欧拉数为 1－1＝0。在视觉应用中，欧拉数或示性数（genus）可作为图形和文字识别时的特征量，并且欧拉数具有平移、旋转和比例不变特性的拓扑特征。如图 7-10 所示给出了一个欧拉数计算示例。其中，图 7-10（a）中有 1 个连通成分和 1 个孔，欧拉数为 0；图 7-10（b）中有 1 个连通成分和 2 个孔，欧拉数为-1；图 7-10（c）中有 2 个连通成分和 0 个孔，欧拉数为 2。

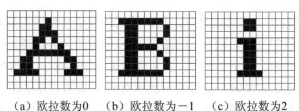

（a）欧拉数为0　　（b）欧拉数为－1　　（c）欧拉数为2

图 7-10　欧拉数计算举例

4．中轴

中轴可作为物体的一种简洁表示。如果对 S 中像素 (x,y) 的所有邻点 (u,v) 有式（7-12）成立，

$$d\left\{(x,y),\ \overline{S}\right\} \geqslant d\left\{(u,v),\ \overline{S}\right\} \tag{7-12}$$

则 S 中像素 (x,y) 到 $\overline{S}$ 的距离 $d\left\{(x,y),\ \overline{S}\right\}$ 是局部最大值，距离将在下节中介绍。S 中所有到 $\overline{S}$ 的距离是局部最大值的像素集合称为对称轴或中轴，通常记为 S^*。中轴示意图如图 7-11 所示。

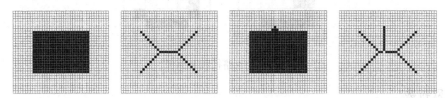

图 7-11　图像与中轴

7.4.2　距离

在数字图像中，所用的像素间的距离除了欧几里德距离（Euclidean distance）之外，还有棋盘距离（chess-board distance）及城区距离（city block distance）。在数字图像中，由于很多情况下只要能判断距离的大小关系就可以了，而且与欧几里德距离相比，棋盘距离及

城区距离的计算简单，所以更为常用。如果两个像素 a，b 的坐标分别用 (x_a, y_a) 和 (x_b, y_b) 表示，则两像素间的欧几里德距离 d_E 可以用下式给出：

$$d_E = \sqrt{(x_a - x_b)^2 + (y_a - y_b)^2} \tag{7-13}$$

棋盘距离 d_{chess} 是指从像素 a 朝着像素 b，通过向纵、横及斜向 $45°$ 方向的相邻像素依次移动，到达 b 时用最小的移动次数来定义两像素间的距离，可用下式求得：

$$d_{chess} = \max(|x_a - x_b|, \ |y_a - y_b|) \tag{7-14}$$

城区距离 d_{city} 是指从像素 a 向 b 沿纵、横相邻像素反复移动到达时的距离，下式给出其定义

$$d_{city} = |x_a - x_b| + |y_a - y_b| \tag{7-15}$$

三种距离的计算示例如图 7-12 所示，它们之间存在如下关系

$$d_{chess} \leqslant d_E \leqslant d_{city} \tag{7-16}$$

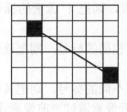　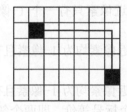　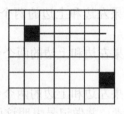

（a）欧几里德距离　　　　　　（b）城区距离　　　　　　（c）棋盘距离

图 7-12　数字图像像素间距离

7.5　二值图像的操作

7.5.1　连通成分标记

作为二值图像的识别和图形测量的前处理，要将同一连通成分（4 连通和 8 连通）的所有的像素分配相同的标号，对不同的连通成分分配不同的标号，被称为连通成分的标记（labeling）。举例来说，如图 7-13 所示的 4 连通标记的例子，互相连通的像素组用相同的标号，而不连通的像素组用不同的标号。这种方法在图像处理和模式识别的许多领域有广泛的应用，如光学字符识别（Optical Character Recognition，OCR）、图文分割、工程图识别中的图形或标注符号分割、生物医学领域中自动细胞分类计数、流水线上自动产品质量检测等。

　　　　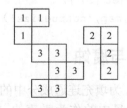

图 7-13　4 连通成分标记的例子

目前连通成分标记分为两大类，一类是基于像素点的连通成分标记，另一类是基于行程分析的连通成分标记。这里重点介绍一种基于像素点的连通成分标记方法，即顺序标记法。

顺序标记法作为传统的连通成分标记方法通常需要对二值图像执行二次扫描。第一次扫描通过逐行逐列扫描像素，判断像素之间的邻域关系，对属于同一连通成分的像素赋予相同的连通标号。这种逐行逐列顺序扫描的结果，通常会产生同一像素点被重复标记的现象，同一连通成分的不同子区域被赋予了不同的标记号。因此需要执行第二次扫描消除重复性的标记，合并属于同一连通成分的而具有不同标记号的子区域。

顺序标记法算法：

以 4 连通情况为例进行分析。按照从左至右、从上到下的顺序对图像进行扫描，如果当前像素为 1-像素时，检测该像素左边和上边的两个邻近像素，并按照如下规则进行标记：

（1）如果左边和上边的两个邻近像素均为 0-像素，则给当前像素分配一个新的标号；

（2）如果左边和上边的两个邻近像素只有一个 1-像素，则把 1-像素的标号赋给当前像素；

（3）如果左边和上边的两个邻近像素均为 1-像素且有相同的标号，则把该标号赋给当前像素；

（4）如果左边和上边的两个邻近像素均为 1-像素且有不同的标号，则把其中一个标号赋给当前像素，并做记号表明这两个标号等价，即两个邻近像素通过当前像素连接在一起。

扫描结束时，将所有等价的标号对赋予一个唯一标号，最后再重新进行扫描，将各个等价对重新用新标号进行标注。

对于 8 连通的情况，可采用类似的方法，唯一的区别在于：除了检测当前像素的左边和上边的两个邻近像素外，还需检测左上和右上的两个邻近像素。

MATLAB 图像处理工具箱中提供的 bwlabel 函数可以对二值图像进行区域标记：

```
[L,Num]=bwlabel（BW,n）；
```

其中，BW 为输入的二值图像；n 连通类型，n＝4 表示采用 4 连通，n＝8 表示采用 8 连通，n 的默认值为 8；返回值 L 为与图像 BW 大小相同的数据矩阵，可以利用数据矩阵各元素的不同整数值来区分图像中的不同连通成分，返回值 Num 表示图像 BW 中的连通成分数。

注意，bwlabel 输出矩阵不是二值图像，而是 double 类型的矩阵，因此可以用索引色图像的格式显示该图像。方法是先对各元素加 1，使其处于索引色图像正确的范围。这样每个物体显示为不同的颜色，很容易区分。例如：

```
X=bwlabel（BW1,4）；
Map=[0 0 0;jet（3）]；
imshow（X+1,map,'notruesize'）；
```

7.5.2　膨胀与腐蚀

根据噪声的影响，为填充连通成分中的孔和裂缝进行的处理叫做图像的膨胀（dilation）。而为了除去分散在背景中的作为噪声的 1-像素和缩小突起状噪声就要进行图像的腐蚀（erosion）。下面介绍 8 连通情况下的膨胀与腐蚀处理。对于 4 连通的情况只须把 8 邻域替换为 4 邻域即可。

1．膨胀处理

对所有的 (x,y)，当 $f_{x,y}$ 为 0-像素时，$g_{x,y}$ 由下式确定：

$$g_{x,y} = \begin{cases} 1, & f_{x,y} \text{的8邻域至少包含1个1-像素} \\ 0, & \text{其他} \end{cases} \qquad (7\text{-}17)$$

2．腐蚀处理

对所有的 (x,y)，当 $f_{x,y}$ 为 1-像素时，$g_{x,y}$ 由下式确定：

$$g_{x,y} = \begin{cases} 1, & f_{x,y} \text{的8邻域全部为1-像素} \\ 0, & \text{其他} \end{cases} \qquad (7\text{-}18)$$

根据式（7-18），可以进行一次腐蚀处理。

上述的膨胀腐蚀处理重复进行多次操作的情况很多。膨胀和腐蚀不能保持图形的连通性和孔的个数等拓扑性质。

MATLAB 中使用 imdilate 函数进行图像膨胀，使用 imerode 函数进行图像腐蚀。

3．膨胀和腐蚀处理的例子

通过组合膨胀和腐蚀，可以除去图形的细小凸凹和沟槽。对字母采用收缩与膨胀组合的处理结果显示于图 7-14。

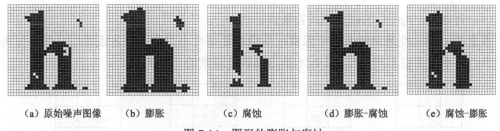

（a）原始噪声图像　　（b）膨胀　　　（c）腐蚀　　　（d）膨胀-腐蚀　　　（e）腐蚀-膨胀

图 7-14　图形的膨胀与腐蚀

7.5.3　细线化

在进行图形和文字识别时，在不改变图形的拓扑（topology）性质（图形的连通和不连通，孔的有无，分支等关系）的情况下，使线宽变为 1 个像素的操作称为细线化（thinning）。因此，细线化的目标是提取二值图像骨架，在 MATLAB 中使用 bwmorph 函数来实现。

细线化的核心是判断当前像素能否删除，可以根据像素的连接数以及像素间的位置关系确定。

1．像素的连接数

二值图像中，$f(p)=1$ 时，像素 p 的连接数 $N_c(p)$ 是指与 p 连通的连通成分数，可以通过考察像素 p 的 8 邻域（如图 7-15 所示）得到。计算像素 p 的 4 连通或 8 连通的连接数公式分别为：

$$N_c^4(p) = \sum_{k \in \{0,2,4,6\}} \left[f(p_k) - f(p_k) f(p_{k+1}) f(p_{k+2}) \right] \tag{7-19a}$$

$$N_c^8(p) = \sum_{k \in \{0,2,4,6\}} \left[(1-f(p_k)) - (1-f(p_k))(1-f(p_{k+1}))(1-f(p_{k+2})) \right] \tag{7-19b}$$

当 $k+2=8$，则令 $p_8 = p_0$。

p_5	p_6	p_7
p_4	p	p_0
p_3	p_2	p_1

图 7-15 8 邻域

同一图像的某一像素，在 4 或 8 连通的情况下，该像素的连接数是不同的。通过对像素 p 的 8 邻域一切可能存在的值进行计算，其连接数总是取 0 至 4 之间的值。像素的连接数作为二值图像局部的特征量是很有用的。按连接数 $N_c(p)$ 大小可将像素分为以下几种。

（1）孤立点：$f(p)=1$ 的像素 p，当其 4（或 8）连通的像素全为 0-像素时，像素 p 叫做孤立点，其连接数 $N_c(p)=0$。

（2）内部点：$f(p)=1$ 的像素 p，在 4（或 8）连通情况下，当其 4（或 8）连通的像素全为 1-像素时，叫做内部点，其连接数 $N_c(p)=0$。

（3）边界点：在 $f(p)=1$ 的像素中，把除了孤立点和内部点以外的点叫做边界点。对于边界点，其连接数 $1 \leqslant N_c(p) \leqslant 4$，四种情况分别为：

① $N_c(p)=1$ 的 1-像素为可删除点或端点；

② $N_c(p)=2$ 的 1-像素为连接点；

③ $N_c(p)=3$ 的 1-像素为分支点；

④ $N_c(p)=4$ 的 1-像素为交叉点。

（4）背景点：$f(p)=0$ 的像素叫做背景点。

像素的可删除性是指删去这个像素，图像的连通性不改变（即各连通成分既不分离也不结合，孔不消失也不产生）。图 7-16 给出像素连接数的几个例子。

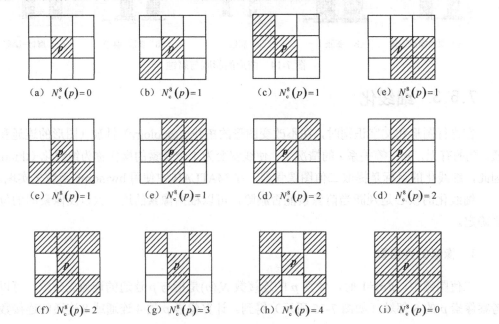

图 7-16 像素的连接数

2．4 连通细线化算法

（1）按光栅扫描的顺序分析图像中每一像素，当 $f(p)=1$ 且满足以下 3 个条件时，把 $f(p)$ 置换为 0，

① 像素 p 的 4 邻域中存在一个以上的 0-像素；

② 像素 p 的 8 邻域中存在三个以上的 1-像素；

③ 像素 p 的连接数 $N_c^4(p)=1$。

（2）重复步骤（1）直到没有符合条件的像素可以处理为止。

3．Hilditch 细线化算法

（1）按光栅扫描的顺序分析图像中每一像素，当 $f(p)=1$ 且满足以下 5 个条件时，把 $f(p)$ 置换为 -1，

① p 是边界像素的条件：$\sum\limits_{k \in \{0,2,4,6\}} a_k \geq 1$，$a_k = \begin{cases} 1; & f(p_k)=0 \\ 0; & f(p_k) \neq 0 \end{cases}$；

② 不删除端点条件：$\sum\limits_{k \in \{0,1,\cdots,7\}} (1-a_k) \geq 2$；

③ 保存孤立点条件：$\sum\limits_{k \in \{0,1,\cdots,7\}} C_k \geq 1$，$C_k = \begin{cases} 1; & f(p_k)=1 \\ 0; & f(p_k) \neq 1 \end{cases}$；

④ 保持点的连接性条件：$N_c^{(8)}(p)=1$；

⑤ 确保双像素宽度的像素单向消除的条件：8 邻域像素中不存在 $f(p_k)=-1$ 的像素；或者，若存在 $f(p_k)=-1$ 的像素，则使 $f(p_k)=0$，重新计算连接数且 $N_c^8(p_k)=1$。

（2）将变换后的图像矩阵中所有 $f(x,y)=-1$ 的像素的值置换为 0，即 $f(x,y)=0$；

（3）反复执行步骤（1）和（2），直到 $f(x,y)=-1$ 的像素不存在时结束。

7.5.4　形状特征的测量方法

1．统计矩特征

作为表示图形特征的量，经常使用统计矩。$(p+q)$ 阶矩定义为

$$m_{pq} = \sum_x \sum_y x^p y^q f(x,y) \tag{7-20}$$

根据 p 和 q 的组合能计算出各种各样的特征量。例如，图形的重心 (x_c, y_c) 用一阶矩来表示：

$$x_c = \frac{m_{10}}{m_{00}} = \frac{\sum\limits_x \sum\limits_y x f(x,y)}{\sum\limits_x \sum\limits_y f(x,y)}$$

$$y_c = \frac{m_{01}}{m_{00}} = \frac{\sum\limits_x \sum\limits_y y f(x,y)}{\sum\limits_x \sum\limits_y f(x,y)} \tag{7-21}$$

二值图像图形重心可以通过 MATLAB 中 regionprops 函数的 "Centroid" 属性来得到。

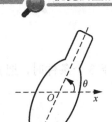

图7-17 图形主轴方向示意图

例如，c=regionprops(A,'Centroid')。

特别对于细长的图形，图形主轴方向（伸展方向）作为与方向性相关的特征量是非常有效的。主轴方向示意图如图7-17所示，用图中角度θ来表示，计算公式为：

$$\theta = \frac{1}{2}\arctan\frac{2m_{11}}{m_{20}-m_{02}} \tag{7-22}$$

2. 面积、周长、圆形度

面积（area）可以用连通成分中包含的像素数来表示。对于一幅二值图像的面积可由式（7-23）表示的零阶矩给出：

$$A = m_{00} = \sum_x\sum_y f(x,y) \tag{7-23}$$

MATLAB 中使用 bwerea 函数计算二值图像的面积。

周长（perimeter）可以通过统计图形边缘线上的像素数来求出。但是即使对相同的图形，因考虑的连通性的不同，其值也不同。此外，在 8 连通的轮廓中，对于斜向并列的像素，严格地说，应当要用$\sqrt{2}$的加权来计算。

作为从面积A和周长L计算出来的特征，经常使用圆形度（circularity）表示：

$$C = \frac{4\pi A}{L^2} \tag{7-24}$$

圆形度在真圆时为1，严格来说，由于是数字化计算出来的面积和周长，所以并不为1，形状越细长，C值越小，或者越复杂的形状C值越小。例如，在对香蕉和苹果进行分类时，圆形度就成为重要的分类尺度。圆形度的另一意义为：在周长给定后，圆形度越大，所围面积越大。

3. 体态比

体态比定义为区域的最小外接矩形的长与宽之比。这一参数可以把细长目标与圆形或方形目标区分开来。对于正方形和圆，它们的体态比等于1，细长物体的体态比大于1。如图7-18所示为几种不同形状的外接矩形。

 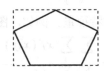

图7-18 体态比示例

4. 投影

给定一条直线，用垂直于该直线的一簇等间距直线将一幅二值图像分割成若干条，每一条内1-像素的个数为该条二值图像在给定直线上的投影（projection）。当给定直线为水平或垂直直线时，计算二值图像每一列或每一行上1-像素的数量，就得到了二值图像的水平和垂直投影，如图 7-19 所示。投影包含了图像的许多信息，在某些应用中，投影可以作为物体识别的一个特征。投影既是一种简洁的图像表示，又可以实现快速算法。并且，投影不是唯一的，同样的投影可能对应不同的图像。

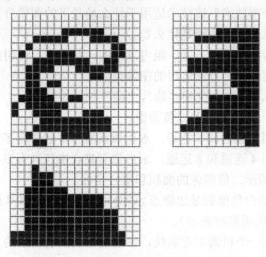

图 7-19 一幅二值图像及其水平投影图

下面介绍对角线投影的求解方法。对角线投影的关键是计算当前行和列对应的投影分布图位置标号。设行和列的标号分别用 x 和 y 表示，若图像矩阵为 n 行 m 列，则 x 和 y 的范围分别为 $0 \sim n\text{-}1$ 和 $0 \sim m\text{-}1$。假设对角线的标号 d 用行和列的仿射变换（线性组合加上常数）计算，即：

$$d = ax + by + c \tag{7-25}$$

对角线投影共对应 $n+m\text{-}1$ 条，其中仿射变换把右上角像素映射成对角线投影的第一个位置，把左下角像素映射成最后一个位置，如图 7-20 所示，则当前行列对应的标号 d 的公式为：

$$d = x - y + m - 1 \tag{7-26}$$

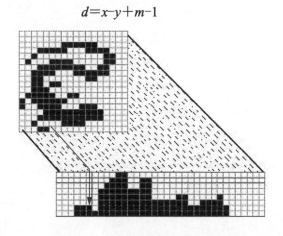

图 7-20 二值图像及其对角线投影图

思考与练习

7-1 什么是阈值分割技术？该技术适用于什么场景下的图像分割？

7-2 采用二值图像处理的原因是什么？

7-3 给出判别分析法中组间方差、组内方差的计算公式，说明阈值 T 的确定过程。

7-4 简述自适应阈值确定方法适用的图像类型是什么？

7-5 请计算数字 0，4，8 和文字"串"，"茴"的欧拉数。

7-6 考虑一幅如图 7-21 所示的二值图像。

（1）分别使用 4 连通和 8 连通，求黑像素集合中包含有多少个区域？

（2）分别使用 4 连通和 8 连通，求白像素集合中包含有多少个区域？

7-7 计算图 7-21 所示二值图像的面积和重心坐标。

7-8 假设图 7-22 的白色像素是边缘点。请分别使用 4 连通和 8 连通细化算法去除多余的白点（把去除的白点用阴影线表示）。

7-9 如果需要建立一个机器视觉系统，该系统可以获取场景的二值图像并识别物体。考虑一些常用物体，例如，硬币、钢笔、笔记本和其他办公用品。根据你在本章中学到的形状特征来建立物体识别策略。

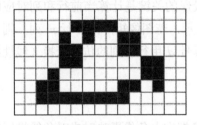

图 7-21 题 7-6 图

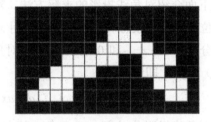

图 7-22 题 7-8 图

第8章 »»»»»»
图像的特征提取

教学要求

掌握图像的基本特征（点、边缘、直线和圆、纹理）的提取方法，了解形状特征与变换系数特征。

引 例

图 8-1 所示的三幅图像中，分别需要测量目标物体的角度、间距和直径。因此，图像特征提取成为图像测量的前提步骤以及关键技术之一。例如，对于第一幅图，需要进行边缘检测和直线检测；对于第二幅图，需要进行直线检测；对于第三幅图，需要进行边缘检测和圆检测。尽管只给出三个工程实例，但是由此也可看出，特征提取在图像分析和理解中的重要性。

(a) 角度测量 　　　　(b) 间距测量 　　　　(c) 直径测理

图 8-1　图像分析示例

8.1 点 检 测

点特征是目前基于特征的配准算法所用到的主要特征。与边缘或区域特征相比，点特征指示的数据量明显要少很多；点特征对于噪声的敏感度也比另外两种特征低；在灰度变化或遮掩等情况下，点特征也比边缘和区域特征更为可靠。

图像中"点"特征的含义是，它的灰度幅值与其邻域值有着明显的差异。检测这种点特征首先将图像进行低通滤波，然后把平滑后的每一个像素的灰度值与它相邻的 4 个像素的灰度值比较，当差值足够大时可检测出点特征来。

点特征包括角点、切点和拐点，它们是目标形状的重要特征。角点是目标边界上曲率超过一定阈值的局部极大值点；切点是直线与圆弧的平滑过渡点；拐点是凹圆弧与凸圆弧的平滑过渡点。

常用的点特征提取算法有：Moravec 角点检测算子、SUSAN 角点检测算子、Harris 角点检测算子、SIFT（Scale Invariant Feature Transform）特征点检测算子、Forstner 算子与 Hannah 算子等。下面仅介绍前三种算子。

8.1.1　Moravec 角点检测算子

Moravec 算子是利用灰度方差提取特征点，计算每个像素在水平（horizontal）、垂直（vertical）、对角线（diagonal）和反对角线（anti-diagonal）四个方向上的灰度方差，选择四个值中最小值为该像素的角点响应函数，最后通过局部非极大值抑制检测出角点。

Moravec 角点检测算法操作步骤如下。

（1）计算各像素四个方向上的灰度方差及该像素的角点响应函数。5×5 的窗口以及窗口内四个方向如图 8-2 所示。在以像素 (x,y) 为中心的 $w \times w$ 图像窗口中，利用下面公式计算其四个方向上像素灰度方差：

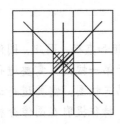

$$V_{\mathrm{h}} = \sum_{i=-k}^{k-1} \left(f_{x+i,y} - f_{x+i+1,y} \right)^2$$

$$V_{\mathrm{v}} = \sum_{i=-k}^{k-1} \left(f_{x,y+i} - f_{x,y+i+1} \right)^2$$

$$V_{\mathrm{d}} = \sum_{i=-k}^{k-1} \left(f_{x+i,y+i} - f_{x+i+1,y+i+1} \right)^2$$

图 8-2　Moravec 算法图像窗口

$$V_{\mathrm{a}} = \sum_{i=-k}^{k-1} \left(f_{x+i,y-i} - f_{x+i+1,y-i-1} \right)^2 \tag{8-1}$$

其中，$k = \mathrm{int}(w/2)$。四个值中的最小值为该像素的角点响应函数：

$$R(x,y) = \min\left(V_{\mathrm{h}}, V_{\mathrm{v}}, V_{\mathrm{d}}, V_{\mathrm{a}} \right) \tag{8-2}$$

（2）给定一经验阈值，将响应值大于该阈值的点作为候选角点。阈值的选择应以候选角点中包含足够多的真实角点而又不含过多的伪角点为原则。

（3）局部非极大值抑制。在一定大小的窗口内，将候选点中响应值不是极大者全部去掉，仅留下一个响应值最大者，则该像素即为一个角点。

Moravec 算子最显著的优点是算法简单、运算速度快。然而存在的问题有：①只利用了四个方向上的灰度变化实现局部相关，因此响应是各向异性的；②该算子的角点响应函数未对噪声进行抑制，故对噪声敏感；③选取最小值作为响应函数进行判定，所以对边缘信息比较敏感。

8.1.2　SUSAN 角点检测算子

SUSAN（small uni-value segment assimilating nucleus）算子可用于图像的角点特征检测和边缘检测，但是角点检测效果比边缘检测更好。此外，SUSAN 算法无须进行梯度计算，使得算法对局部噪声不敏感，抗噪能力强。

1．SUSAN 角点检测原理

SUSAN 算子是基于图像的几何观测，将像素分类为边缘、角点和扁平区，直接利用图像的灰度特征进行检测。如图 8-3 所示，SUSAN 算法采用一个圆形模板，模板圆心作为核，圆形区域内的每一个像素的灰度值与中心像素的灰度值比较，灰度值与中心像素灰度值相近的像素组成的区域称为 USAN 区域，即同化核分割相似值区域。

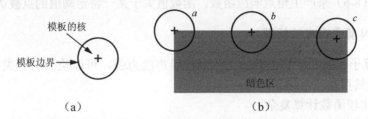

图 8-3　SUSAN 算子的 USAN 示意图

图 8-3（b）显示了不同位置的 USAN 区域面积大小。USAN 区域包含了图像结构的以下信息：

① 在 a 位置，核心点在角点上，USAN 区域面积达到最小；

② 在 b 位置，核心点在边缘，USAN 区域面积接近最大值的一半；

③ 在 c 位置，核心点处于暗色区之内，有大于半数的点在 USAN 中，USAN 区域面积接近最大值。可以看出，USAN 区域含有图像某个局部区域的强度特征。SUSAN 算法正是基于这一原理，通过判断核心点子邻域中的相似灰度像素的比率来确定角点。

将模板中的各点与核心点（当前点）的灰度值用下面的相似比较函数来进行比较：

$$c(x_0,y_0;\ x,y)=\begin{cases}1, & \left|f(x_0,y_0)-f(x,y)\right|\leqslant t\\0, & \left|f(x_0,y_0)-f(x,y)\right|>t\end{cases} \tag{8-3}$$

式中，(x_0,y_0) 为核心点的位置，(x,y) 为模板 $M(x,y)$ 中其他像素的位置，$f(x_0,y_0)$ 和 $f(x,y)$ 分别表示 (x_0,y_0) 和 (x,y) 处像素的灰度；t 表示灰度差值阈值；函数 c 表示比较输出结果，由模板中所有像素参与运算得出。

图 8-4 所示模板为 37 像素模板，最小的模板为 3×3 模板。通常对式（8-3）采用以下更加稳健的形式：

$$c(x_0,y_0;\ x,y)=\exp\left[-\left(\frac{f(x_0,y_0)-f(x,y)}{t}\right)^2\right] \tag{8-4}$$

USAN 的大小（面积）可由下式计算出

$$S(x_0,y_0)=\sum_{(x,y)\in M(x,y)}c(x_0,y_0;\ x,y) \tag{8-5}$$

图 8-4　37 像素圆形模板

该参数决定了 USAN 区域各点之间最大的灰度差值。将 $S(x_0,y_0)$ 与一个几何阈值 g 比较以做出判断。一般情况下，如果模板能取到的最大 S 值为 $S_{\max}$，对于 37 像素模板，$S_{\max}=36$，该阈值设为 $S_{\max}/2$ 以给出最优的噪声消除性能。如果提取边缘，则阈值设为 $3S_{\max}/4$。SUSAN 算法的角点响应函数可写为

$$R(x_0,y_0)=\begin{cases}g-S(x_0,y_0), & S(x_0,y_0)<g\\0, & \text{其他}\end{cases} \tag{8-6}$$

对其应用局部非极大值抑制后可得到角点。

2. SUSAN 角点检测算法

（1）在图像的核心点处放置一个 37 像素的圆形模板；
（2）用式（8-5）来计算圆形模板中和核心点有相似灰度值的像素个数；
（3）用式（8-6）来产生角点响应函数，函数值大于某一特定阈值的点被认为是角点。

3. SUSAN 算子存在的问题

SUSAN 算子不需要计算图像的导数，抗噪声能力强，可以检测所有类型的角点。但SUSAN 算子仍然存在三个问题。

（1）相似比较函数计算复杂。
（2）图像中不同区域处目标与背景的对比程度不一样，取固定阈值不符合实际情况。
（3）USAN 的三种典型形状为理想情况，即认为与核心点处于同一区域物体或背景的像素与核心点具有相似灰度值，而另一区域则与它相差较大。实际中，由于图像边缘灰度的渐变性，与核值相似的像素并不一定与它属于同一物体或背景，而离核心点较远，与它属于同一物体或背景的像素灰度值却可能与核值相差较远。

8.1.3 Harris 角点检测算子

Harris 角点检测算子又称为 Plessey 算法，是由 Moravec 算子改进而来的。Harris 算子引入了信号处理中自相关函数理论，将角点检测与图像的局部自相关函数紧密结合，通过特征值分析来判断是否为角点。

Moravec 算子由于只考虑了四个方向上的灰度变化，所以是各向异性的。而 Harris 定义了任意方向上的自相关值，使之能够表现各个方向上的变化特性，且通过高斯窗加权，起到了抗噪作用，它的区域灰度变化计算式为：

$$E(u,v) = \sum_{x,y} w(x,y)\left[f(x+u,y+v) - f(x,y)\right]^2 \tag{8-7}$$

其中，$f(x,y)$ 表示图像中 (x,y) 处的灰度值；$w(x,y)$ 为高斯滤波器，$w(x,y) = \mathrm{e}^{-\frac{x^2+y^2}{2\sigma^2}}$。

当图像的局部平移量 (u,v) 很小时，局部平移图像可以用一阶泰勒级数来近似：

$$f(x+u,y+v) \approx f(x,y) + \begin{bmatrix} f_x(x,y) & f_y(x,y) \end{bmatrix} \begin{bmatrix} u \\ v \end{bmatrix} \tag{8-8}$$

式中，f_x 和 f_y 分别表示图像在 x 和 y 方向上的导数。将式（8-8）代入式（8-7）中可得

$$E(u,v) = \sum_{x,y} w(x,y)\left(\begin{bmatrix} f_x(x,y) & f_y(x,y) \end{bmatrix} \begin{bmatrix} u \\ v \end{bmatrix}\right)^2 = \begin{bmatrix} u & v \end{bmatrix} M \begin{bmatrix} u \\ v \end{bmatrix} \tag{8-9}$$

式中，M 是 2×2 的对称矩阵。

$$M = \mathrm{e}^{-\frac{x^2+y^2}{2\sigma^2}} * \begin{bmatrix} \sum_{x,y}(f_x(x,y))^2 & \sum_{x,y} f_x(x,y)f_y(x,y) \\ \sum_{x,y} f_x(x,y)f_y(x,y) & \sum_{x,y}(f_y(x,y))^2 \end{bmatrix} = \mathrm{e}^{-\frac{x^2+y^2}{2\sigma^2}} * \begin{bmatrix} \langle f_x^2 \rangle & \langle f_x f_y \rangle \\ \langle f_x f_y \rangle & \langle f_y^2 \rangle \end{bmatrix} = \begin{bmatrix} A & C \\ C & B \end{bmatrix}$$

$$\tag{8-10}$$

M 反映了图像坐标 (x,y) 局部邻域的图像灰度结构。假设矩阵 M 的特征值分别为 λ_1 和 λ_2，这两个特征值反映了局部图像的两个主轴的长度，而与主轴的方向无关，因此形成一个旋转不变描述。这两个特征值可能出现三种情况：

（1）如果 λ_1 和 λ_2 的值都很小，这时的局部自相关函数是平滑的（例如，任何方向上 M 的变化都很小），局部图像窗口内的图像灰度近似为常数。

（2）如果一个特征值较大而另一个较小，此时局部自相关是像山脊一样的形状。局部图像沿山脊方向平移引起的 M 变化很小，而在其正交方向上平移引起的 M 较大，这表明该位置位于图像的边缘。

（3）如果两个特征值都较大，这时局部自相关函数是尖锐的峰值。局部图像沿任何方向的平移都将引起 M 较大的变化，表明该点为特征点。

为了避免求矩阵 M 特征值，可以采用 Trace(M) 和 Det (M) 来间接代替 λ_1 和 λ_2。根据式（8-10），有

$$\text{Trace}(M) = \lambda_1 + \lambda_1 = A + B \tag{8-11a}$$

$$\text{Det}(M) = \lambda_1\lambda_2 = AB - C^2 \tag{8-11b}$$

角点响应函数可以写成

$$R = \text{Det}(M) - k\text{Trace}^2(M) \tag{8-12}$$

其中，k 是常数因子，一般取为 0.04～0.06。只有当图像中像素的 R 值大于一定的阈值，且在周围的八个方向上是局部极大值时才认为该点是角点。图像中角点的位置最后通过寻找角点响应函数的局部极值来获得。

8.2　边　缘　检　测

图像边缘是图像的最基本特征，主要存在于目标与目标、目标与背景、区域与区域（包括不同色彩）之间。它常常意味着一个区域的终结和另一个区域的开始。从本质上讲，图像边缘是以图像局部特征不连续的形式出现的，是图像局部特征突变的一种表现形式，例如，灰度的突变、颜色的突变、纹理结构的突变等。边缘检测（edge detection）实际上就是找出图像特征发生变化的位置。

8.2.1　边缘的模型、边缘检测的基本步骤

灰度的空间变化模式随着引起其变化的原因的不同而有所不同。因此，在几乎所有的边缘检测算法中，都把几种典型的灰度的空间变化模式假定为边缘的模型，并对对应于那些模型的灰度变化进行检测。

首先，在标准的边缘模型中，采用局部的单一直线边缘作为边缘的空间特征，因而可根据与直线正交的方向上的灰度变化模式对边缘的类型进行分类。如图 8-5 所示为几种常见的边缘模型。第 1 行为二维图像显示，第 2 行为灰度断面（垂直于边缘方向）显示。

图 8-5（a）所示的阶跃边缘是理想的边缘，图 8-5（b）所示的斜坡边缘表示它已模糊时的边缘，几乎所有的边缘检测算法均考虑这两种边缘模型。图 8-5（c）所示的山型的尖峰状灰度变化，是对宽度较窄的线经模型化后得到的边缘，不过，若线宽变粗的话，则山

会呈现出两条平行的阶跃边缘的组合形状。这意味着边缘模型随着作为处理对象的图像的分辨率或边缘检测算法中参与运算的邻域的大小而变化。图 8-5（d）所示的屋顶边缘，可认为是图 8-5（c）中边缘已模糊时的边缘。

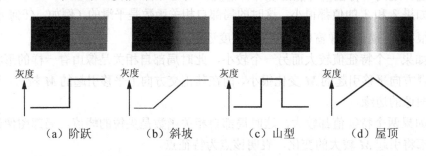

（a）阶跃　　　　（b）斜坡　　　　（c）山型　　　　（d）屋顶

图 8-5　边缘的模型

对于图 8-5（a）中的理想阶跃边缘，图像边缘是清晰的。由于图像采集过程中光学系统成像、数字采样、光照条件等不完善因素的影响，实际图像边缘是模糊的，因而阶跃边缘变成斜坡边缘，斜坡部分与边缘的模糊程度成比例。阶跃边缘处于图像中两个具有不同灰度值的相邻区域之间，如图 8-6 所示，其对应的实际边缘信号的一阶导数在边缘处出现极值，而二阶导数在边缘处出现零交叉。

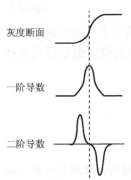

图 8-6　灰度变化与导数

由此可见，图像的边缘可以用灰度变化的一阶或二阶导数来表示。检测阶跃边缘实际上就是要找出使灰度变化的一阶导数取到极大值和二阶导数具有零交叉的像素。典型的边缘检测算法包含以下四个步骤。

（1）滤波：边缘检测算法主要是基于图像强度的一阶和二阶导数，但导数的计算对噪声很敏感，因此必须通过滤波来改善与噪声有关的边缘检测算法的性能。需要指出，大多数滤波器在降低噪声的同时也导致边缘强度的损失，因此，增强边缘和降低噪声之间需要折中。

（2）增强：增强边缘的基础是确定图像各点邻域灰度的变化值。增强算法可以将邻域（或局部）灰度值有显著变化的凸显出来，而检测图像灰度变化的最基本的方法，是求图像函数 $f(x,y)$ 的微分。函数的微分中，有偏微分、高阶微分等各种微分形式，但在边缘检测中最常用的微分是梯度（gradient）$\nabla f(x,y)$ 和拉普拉斯算子（Laplacian）$\nabla^2 f(x,y)$。

（3）检测：在图像中有许多点的梯度幅值比较大，而这些点在特定的应用领域中并不都是边缘，所以应该用某种方法来确定哪些点是边缘点。最简单的边缘检测判据是梯度幅值阈值判据。也就是说，通过使用差分、梯度、拉普拉斯算子及各种高通滤波进行边缘增强后，只要再进行一次阈值化处理，便可以实现边缘检测。

（4）定位：如果某一应用场合要求确定边缘位置，则边缘的位置可在亚像素分辨率上来估计，边缘的方位也可以被估计出来。

在边缘检测算法中，前三个步骤用得十分普遍。这是因为大多数场合下，仅仅需要边缘检测算法指出边缘出现在图像某一像素的附近，而没有必要指出边缘的精确位置或方向。最近的二十年里发展了许多边缘检测算法，本章仅介绍常用的几种。

8.2.2　基于梯度的边缘检测

边缘是图像中灰度发生急剧变化的地方，基于梯度的边缘检测算法的产生便以此为理论依据，它也是最原始、最基本的边缘检测方法。图像的梯度描述了灰度变化速率，因此通过梯度可以增强图像中的灰度变化区域，然后进一步判断增强的区域边缘。

对于二维图像函数 $f(x,y)$，在其坐标 (x,y) 上的梯度可以定义为一个二维列向量，即

$$\nabla f(x,y) = \begin{bmatrix} G_x \\ G_y \end{bmatrix} = \begin{bmatrix} \partial f/\partial x \\ \partial f/\partial y \end{bmatrix} \tag{8-13}$$

梯度矢量的大小用梯度幅值来表示：

$$|\nabla f(x,y)| = \sqrt{G_x^2 + G_y^2} = \sqrt{\left(\frac{\partial f}{\partial x}\right)^2 + \left(\frac{\partial f}{\partial y}\right)^2} \tag{8-14}$$

梯度幅值是指在 (x,y) 位置处灰度的最大变化率。一般来讲，也将 $|\nabla f(x,y)|$ 称为梯度。

梯度矢量的方向角，是指在 (x,y) 位置处灰度最大变化率方向，表示为

$$\theta(x,y) = \arctan\left(G_y / G_x\right) \tag{8-15}$$

其中，θ 是相对 x 轴的角度。

梯度幅值计算式（8-14）对应欧氏距离，为了减少计算量，梯度幅值也可按照城区距离和棋盘距离来计算，分别表示为

$$|\nabla f(x,y)| \approx |G_x| + |G_y| \tag{8-16}$$

$$|\nabla f(x,y)| \approx \max\left\{|G_x|, |G_y|\right\} \tag{8-17}$$

对数字图像而言，偏导数 $\partial f/\partial x$ 和 $\partial f/\partial y$ 可以用差分来近似。图 8-7 所示模板表示图像中 3×3 像素区域。例如，若中心像素 w_5 表示 $f(x,y)$，那么 w_1 表示 $f(x-1,y-1)$，w_2 表示 $f(x,y-1)$，以此类推。那么根据上述模板，最简单的一阶偏导数的计算公式可以表示为

$$G_x = w_5 - w_6, \quad G_y = w_5 - w_8 \tag{8-18}$$

式（8-18）中像素间的关系如图 8-8（a）所示。这种梯度计算方法也称为直接差分，直接差分的卷积模板如图 8-8（b）所示。

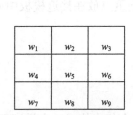

图 8-7　计算模板

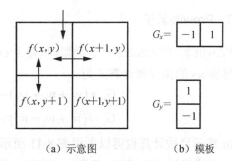

（a）示意图　　　（b）模板

图 8-8　直接差分法

1. Roberts 算子

图像中导数计算可以采用交叉差分操作，即

$$G_x = w_5 - w_9 , \quad G_y = w_8 - w_6 \qquad (8\text{-}19)$$

上式即为 Roberts 交叉梯度算子，如图 8-9（a）所示，也可采用图 8-9（b）所示的卷积模板实现上述操作。如果按照欧氏距离和城区距离计算梯度幅值，则式（8-14）和（8-16）可进一步分别写成

$$|\nabla f(x,y)| = \left[(w_5 - w_9)^2 + (w_8 - w_6)^2 \right]^{\frac{1}{2}} \qquad (8\text{-}20)$$

$$|\nabla f(x,y)| \approx |w_5 - w_9| + |w_8 - w_6| \qquad (8\text{-}21)$$

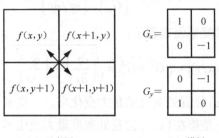

（a）示意图　　　　（b）模板

图 8-9　Roberts 算子

式（8-21）与图 8-9（b）所示的卷积模板相对应。

采用 Roberts 算子计算图像梯度时，无法计算出图像的最后一行（列）像素的梯度，这时一般采用前一行（列）的梯度值近似代替。

2．Sobel 算子

采用 3×3 模板可以避免在像素之间内插点上计算梯度，对于中心像素 w_5，使用以下公式来计算其偏导数：

$$G_x = (w_1 + 2w_4 + w_7) - (w_3 + 2w_6 + w_9)$$
$$G_y = (w_1 + 2w_2 + w_3) - (w_7 + 2w_8 + w_9) \qquad (8\text{-}22)$$

该公式所述即为 Sobel 算子，其导数计算也可以采用图 8-10 所示的卷积模板。Sobel 算子的特点是对称的一阶差分，对中心加权具有一定的平滑作用。

3．Prewitt 算子

Prewitt 算子与 Sobel 算子类似，只是 Prewitt 算子没有把重点放在接近模板中心的像素。中心像素 w_5 的偏导数计算式为

$$G_x = (w_1 + w_4 + w_7) - (w_3 + w_6 + w_9)$$
$$G_y = (w_1 + w_2 + w_3) - (w_7 + w_8 + w_9) \qquad (8\text{-}23)$$

Prewitt 算子导数计算也可以采用图 8-11 所示的卷积模板。

上述梯度法对 G_x 和 G_y 各用一个模板，需要两个模板组合起来构成一个梯度算子。常用的三种梯度算子（Roberts 算子、Sobel 算子和 Prewitt 算子）的导数计算模板分别如图 8-9（b）、图 8-10 和图 8-11 所示。各模板的系数和均等于零，表明在灰度均匀区域的响应为零。

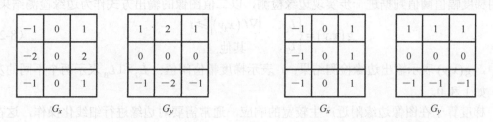

图 8-10　Sobel 算子　　　　　　　　　　　　图 8-11　Prewitt 算子

图 8-12 给出了利用这三个算子进行边缘检测的不同效果。

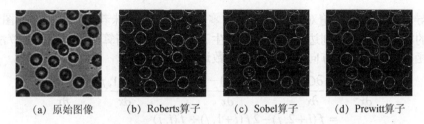

　　(a) 原始图像　　　(b) Roberts算子　　　(c) Sobel算子　　　(d) Prewitt算子

图 8-12　梯度法边缘检测示例

4．Kirsch 算子

　　Kirsch 算子是一种方向算子，利用一组模板对图像中的同一像素进行卷积运算，然后选取其中最大值作为边缘强度，而将与之对应的方向作为边缘方向。相对于梯度算子的优点是，Kirsch 算子不只考虑水平和垂直方向，还可以检测其他方向上的边缘，但计算量大大增加。

　　常用的 8 方向 Kirsch（3×3）模板如图 8-13 所示，方向间的夹角为 45°。图像中每个像素都有 8 个模板对某个特定方向边缘做出最大响应，最大响应模板的序号构成了对边缘方向的编码。

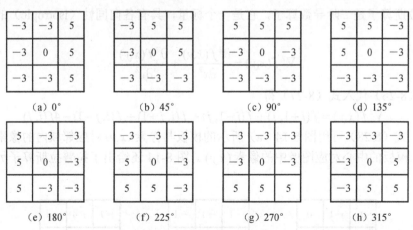

　　(a) 0°　　　　　　(b) 45°　　　　　　(c) 90°　　　　　　(d) 135°

　　(e) 180°　　　　　(f) 225°　　　　　(g) 270°　　　　　(h) 315°

图 8-13　八方向 kirsch 算子模板

　　Kirsch 算子检测过程描述为：把表示不同方向边缘的 8 个模板分别当作加权矩阵与图像进行卷积运算，选择输出最大值的模板，把该模板表示的边缘方向和卷积运算结果作为边缘上的灰度变换值来输出。

　　梯度幅值阈值化处理：利用上述算子计算出图像的梯度幅值便完成了边缘增强，然后

采用梯度幅值阈值判据进一步实现边缘检测，以二值图像的输出方式作为边缘检测结果，

$$g(x,y) = \begin{cases} L_G, & |\nabla f(x,y)| \geqslant t \\ L_B, & \text{其他} \end{cases}$$ (8-24)

式中，$g(x,y)$ 表示输出边缘检测结果；t 表示梯度幅值阈值；L_G 和 L_B 表示两个不同的灰度值，如 1 和 0。

梯度算子在图像边缘附近产生较宽的响应，通常需要对边缘进行细线化操作，这在一定程度上影响了边缘定位的精度。

8.2.3 基于拉普拉斯算子的边缘检测

一阶导数的局部最大值对应二阶导数的零交叉点，这意味着可以通过寻找图像函数的二阶导数的零交叉点来找到边缘点，由此产生了基于拉普拉斯算子的边缘检测算法。

图像函数 $f(x,y)$ 在 x 方向上的二阶偏导数近似表示为：

$$\frac{\partial^2 f(x,y)}{\partial x^2} = \frac{\partial G_x}{\partial x} = \frac{\partial [f(i+1,j) - f(i,j)]}{\partial x} = \frac{\partial f(i+1,j)}{\partial x} - \frac{\partial f(i,j)}{\partial x}$$
$$= f(i+2,j) - 2f(i+1,j) + f(i,j)$$ (8-25)

这一近似式是以坐标 $(i+1,j)$ 为中心的。用 $i-1$ 替换 i，得到

$$\frac{\partial^2 f(x,y)}{\partial x^2} = f(i+1,j) + f(i-1,j) - 2f(i,j)$$ (8-26a)

它是以坐标 (i,j) 为中心的二阶偏导数的理想近似式。类似地，在 y 方向的二阶偏导数表示为

$$\frac{\partial^2 f(x,y)}{\partial y^2} = f(i,j+1) + f(i,j-1) - 2f(i,j)$$ (8-26b)

1. 拉普拉斯算子

拉普拉斯算子是二阶导数算子，它是一个标量，具有各向同性（isotropic）的性质，其定义为

$$\nabla^2 f(x,y) = \frac{\partial^2 f(x,y)}{\partial x^2} + \frac{\partial^2 f(x,y)}{\partial y^2}$$ (8-27)

将式（8-26）代入式（8-27）得

$$\nabla^2 f(x,y) = f(i+1,j) + f(i-1,j) + f(i,j+1) + f(i,j-1) - 4f(i,j)$$ (8-28)

显然，式（8-28）可用图 8-14（a）所示的模板与像素 (x,y) 对应邻域内的像素进行卷积操作得到，模板的中心对应图像中的像素 (x,y)。图 8-14 还给出了拉普拉斯算子另外两种常用的模板。

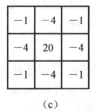

图 8-14　常用的三种拉普拉斯算子模板

2. LoG 算子

拉普拉斯算子一般不直接用于边缘检测，因为任何包含有二阶导数的算子比只包含有一阶导数的算子更易受噪声的影响，对图像计算后会增强噪声。甚至一阶导数很小的局部峰值也可以导致二阶导数过零点。为了避免噪声的影响，拉普拉斯算子常与平滑滤波器组合使用。常用的平滑函数为高斯函数，高斯平滑滤波器对于消除正态分布噪声是很有效的。二维高斯函数及其一、二阶导数和拉普拉斯算子如下所示：

$$h(x,y) = \frac{1}{2\pi\sigma^2} e^{-\frac{x^2+y^2}{2\sigma^2}} \tag{8-29}$$

$$\frac{\partial h(x,y)}{\partial x} = \frac{-x}{2\pi\sigma^4} e^{-\frac{x^2+y^2}{2\sigma^2}}, \quad \frac{\partial h(x,y)}{\partial x} = \frac{-y}{2\pi\sigma^4} e^{-\frac{x^2+y^2}{2\sigma^2}} \tag{8-30}$$

$$\frac{\partial^2 h(x,y)}{\partial x^2} = \frac{1}{2\pi\sigma^4}\left(\frac{x^2}{\sigma^2}-1\right) e^{-\frac{x^2+y^2}{2\sigma^2}}, \quad \frac{\partial^2 h(x,y)}{\partial y^2} = \frac{1}{2\pi\sigma^4}\left(\frac{y^2}{\sigma^2}-1\right) e^{-\frac{x^2+y^2}{2\sigma^2}} \tag{8-31}$$

$$\nabla^2 h(x,y) = \frac{\partial^2 h(x,y)}{\partial x^2} + \frac{\partial^2 h(x,y)}{\partial y^2} = \frac{1}{\pi\sigma^4}\left(\frac{x^2+y^2}{2\sigma^2}-1\right) e^{-\frac{x^2+y^2}{2\sigma^2}} \tag{8-32}$$

其中，σ 为高斯分布的标准差，它决定了高斯滤波器的宽度。用高斯函数对图像进行平滑滤波，结果为：

$$g(x,y) = h(x,y) * f(x,y) \tag{8-33}$$

其中，"*"表示卷积符号。图像平滑后再应用拉普拉斯算子，结果为

$$\nabla^2 g(x,y) = \nabla^2 \left(h(x,y)*f(x,y)\right) \tag{8-34}$$

由于线性系统中卷积与微分的次序是可以交换的，因而：

$$\nabla^2 (h(x,y) * f(x,y)) = \nabla^2 h(x,y) * f(x,y) \tag{8-35}$$

式中，$\nabla^2 h(x,y)$ 称为高斯—拉普拉斯（Laplacian of Gaussian）算子，简称 LoG 算子，如图 8-15 所示。由于其形状的原因，该算子也被称为墨西哥草帽（Mexicanhat）算子。因此采用 LoG 算子卷积图像，相当于使用高斯函数平滑图像，然后对平滑结果采用拉普拉斯算子检测图像边缘。这种边缘检测算法也称为 Marr 边缘检测算法。

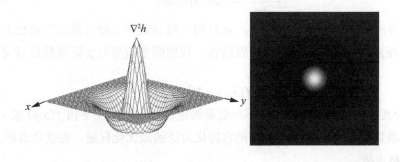

（a）LoG 函数的三维显示　　　　（b）LoG 函数的二维显示

图 8-15　LoG 算子

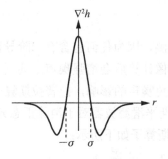

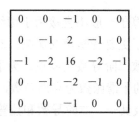

（c）LoG 函数的横截面显示 　　　　　（d）5×5LoG 模板

图 8-15　LoG 算子（续）

8.2.4　Canny 算子

John Canny 于 1986 年提出 Canny 算子，它与 LoG 算子类似，也属于先平滑后求导数的方法。更为重要的是，Canny 创立了边缘检测计算理论（Computational theory of edge detection）解释这项技术如何工作。

前面介绍的边缘检测算子均是基于微分方法，其依据是图像的边缘对应一阶导数的极大值点和二阶导数零交叉点，这种依据只有在图像不含噪声的情况下才成立。假设实际图像信号用以下公式表示：

$$f(x,y) = s(x,y) + n(x,y) \tag{8-36}$$

式中，$s(x,y)$ 为理想无噪声图像信号；$n(x,y)$ 表示加性噪声信号。应用微分算子可以计算的是 $f(x,y)$ 的一阶导数和二阶导数。虽然噪声幅值往往很小，但我们不能认为 $f(x,y)$ 的一阶导数和二阶导数会接近 $s(x,y)$ 的一阶导数和二阶导数。因为噪声频率往往很高，导致 $f(x,y)$ 的一阶导数和二阶导数严重偏离 $s(x,y)$ 的一阶导数和二阶导数。例如，假设噪声为高频正弦信号，

$$n(x) = a\sin(\omega x) \tag{8-37}$$

那么它的一阶导数和二阶导数分别为

$$\frac{\partial n(x)}{\partial x} = aw\cos(\omega x) \tag{8-38}$$

$$\frac{\partial^2 n(x)}{\partial x^2} = -aw^2 \sin(\omega x) \tag{8-39}$$

即使 a 很小，当噪声 $n(x)$ 的频率 ω 很高时，$n(x)$ 的一阶导数和二阶导数的幅值也会变得非常大。实际中，噪声不一定是加性的。一般而言，理想图像信号与实际图像信号可表示为下面的关系式：

$$f(x,y) = N[s(x,y)] \tag{8-40}$$

其中，$N[\ ]$ 表示某种变换算子，该算子不一定是可逆的。这种情况下由 $f(x,y)$ 求 $s(x,y)$ 条件不充分，通过增加某种约束 $C[s(x,y)]$，把它转化为泛函最优化问题，也就是求解 $s(x,y)$，使下式中 r 达到最小值，

$$r = \left\| f(x,y) - N[s(x,y)] \right\| + \lambda \left\| C[s(x,y)] \right\| \tag{8-41}$$

Canny 算子正是遵循这种思想求得的最优化算子。Canny 将一个最优的边缘检测算子

所具有的要求归纳为以下三条准则。

（1）好的检测。将非边缘点判定为边缘点的概率要低，将边缘点判定为非边缘点的概率要低，能够尽可能多地标识出图像中的实际边缘。

（2）好的定位。标识出的边缘位置要与图像上真正边缘的位置尽可能接近，即检测出的边缘点要尽可能在实际边缘的中心。

（3）最小响应。图像中的边缘只能标识一次，单个边缘产生多个响应的概率要低，并且虚假响应边缘应该得到最大抑制。

总之，就是希望在提高对图像边缘的敏感性的同时，能够有效抑制噪声的算法才是好的边缘检测算法。

在图像边缘检测中，抑制噪声和边缘精确定位是无法同时得到满足的，也就是说，边缘检测算法通过图像平滑算子滤除噪声，但却增加了边缘定位的不确定性；反过来，若提高边缘检测算子对边缘的敏感性，同时也提高了对噪声的敏感性。有一种线性算子可以在抗噪声干扰和精确定位之间提供最佳折中方案，它就是高斯函数的一阶导数，对应于图像的高斯函数平滑与梯度计算。

Canny 算子边缘检测算法操作步骤如下。

（1）用尺度为 σ 的高斯滤波器平滑图像。

将图像 $f(x,y)$ 与高斯函数 $h(x,y;\ \sigma)$ 进行卷积运算，得到经平滑滤波后的图像 $g(x,y)$ ，

$$g(x,y) = h(x,y;\ \sigma) * f(x,y) \tag{8-42}$$

（2）用一阶偏导的有限差分来计算梯度的幅值和方向。使用一阶有限差分计算 $s(x,y)$ 的两个偏导数阵列 $G_x(x,y)$ 与 $G_y(x,y)$ ：

$$G_x(x,y) \approx [g(x+1,y) - g(x,y) + g(x+1,y+1) - g(x,y+1)]/2$$
$$G_y(x,y) \approx [g(x,y+1) - g(x,y) + g(x+1,y+1) - g(x+1,y)]/2 \tag{8-43}$$

梯度幅值和方向角分别为：

$$M(x,y) = \sqrt{G_x(x,y)^2 + G_y(x,y)^2} \tag{8-44}$$

$$\theta(x,y) = \arctan\left[G_y(x,y)/G_x(x,y)\right] \tag{8-45}$$

其中，$M(x,y)$ 反映了图像的边缘强度；$\theta(x,y)$ 反映了边缘的方向。使得 $M(x,y)$ 取得局部极大值的方向角 $\theta(x,y)$ 反映了边缘的方向。其反正切函数包含了两个参量，它表示一个角度，其取值范围是在整个圆周范围内。

（3）对梯度幅值应用非极大值抑制。为了定位边缘的位置，必须保留局部梯度最大的点，而抑制非极大值。于是如何在与边缘垂直的方向上寻找局部最大值的过程被称为非极大值抑制（non-maximum suppression，NMS）。

将梯度角 $\theta(x,y)$ 离散为圆周的四个扇区之一，如图 8-16 所示。四个扇区的标号为 0～3，对应 3×3 邻域内元素的四种可能组合，任何通过邻域中心的点必通过其中一个扇区。在每一

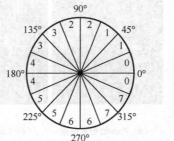

图 8-16　四个区及其相应的比较方向

点上，邻域中心像素的梯度幅值 $M(x,y)$ 与沿着梯度方向的两个元素进行比较。如果中心像素的梯度幅值不比沿梯度方向的两个相邻像素梯度幅值大，则令 $M(x,y)=0$。例如，中心像素 (x,y) 的梯度方向属于第三区，则把 $M(x,y)$ 与它的左上和右下相邻像素的梯度幅值（即，$M(x-1,y-1)$ 与 $M(x+1,y+1)$）比较；如果 $M(x,y)$ 不是局部最大值，则令其为 0。非极大值抑制图像用 $N(x,y)$ 表示。

（4）用双阈值算法检测和连接边缘。减少假边缘段数量的典型方法是对 $N(x,y)$ 使用阈值处理，将低于阈值的所有值赋零值。阈值化后得到的边缘图像仍然有假边缘存在，阈值选取得太低，会使得边缘对比度减弱，产生假边缘；阈值选取得太高而将导致部分轮廓丢失。一种更为有效的阈值方案是使用双阈值算法。

双阈值算法对非极大值抑制图像 $N(x,y)$ 作用两个阈值 t_1 和 t_2，且 $2t_1 \approx t_2$，从而可以得到两个阈值边缘图像 $N_1(x,y)$ 和 $N_2(x,y)$。由于 $N_2(x,y)$ 使用高阈值得到，因此含有很少的假边缘，但同时也损失了有用的边缘信息。而 $N_1(x,y)$ 的阈值较低，保留了较多的信息。于是可以以 $N_2(x,y)$ 为基础，以 $N_1(x,y)$ 为补充来连接图像的边缘。

连接边缘的具体步骤如下：

① 对 $N_2(x,y)$ 进行扫描，当遇到一个非零值的像素 $P(x,y)$ 时，跟踪以 $P(x,y)$ 为开始点的轮廓线，直到轮廓线的终点 $q(x,y)$。

② 考察 $N_1(x,y)$ 中与 $N_2(x,y)$ 中 $q(x,y)$ 点对应位置的 8 邻点区域。如果其 8 邻点区域中有非零像素存在，则将其包括在 $N_2(x,y)$ 中。重复该过程，直到在 $N_1(x,y)$ 和 $N_2(x,y)$ 中都无法继续为止。

③ 当完成对 $p(x,y)$ 的轮廓线的连接之后，将这条轮廓线标记为已访问。回到步骤①，寻找下一条轮廓线。重复步骤①～③，算法将不断地在 $N_1(x,y)$ 中收集边缘，直到 $N_2(x,y)$ 中找不到新轮廓线为止。

利用 MATLAB 中的 edge 函数，分别采用 Roberts 算子、Sobel 算子、Prewitt 算子、LoG 算子、Canny 算子对 Lena 原始图像进行边缘检测，检测结果显示于图 8-17。

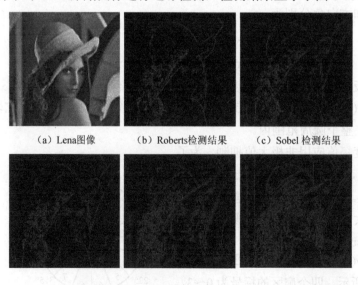

（a）Lena图像　　（b）Roberts检测结果　　（c）Sobel 检测结果

（d）Prewitt 检测结果　　（e）LoG 检测结果　　（f）Canny 检测结果

图 8-17　几种边缘检测算子对 Lena 图像的检测结果比较

8.3　边　缘　跟　踪

数字图像可用各种边缘检测方法检测出边缘点，在某些情况下，仅仅获得边缘点是不够的。另外，由于噪声、光照不均匀等因素的影响，获得的边缘点有可能是不连续的，必须通过边缘跟踪（edge tracking）将边缘像素组合成有意义的边缘信息，以便后续处理。边缘跟踪可以直接在原图像上进行，也可以在边缘跟踪之前，利用前面介绍的边缘检测算子得到梯度图像，然后在梯度图像上进行边缘跟踪。边缘跟踪包含两方面含义：①剔除噪声点，保留真正的边缘点；②填补边缘空白点。

8.3.1　局部处理方法

边缘连接最简单的方法之一是分析图像中每个边缘像素点(x,y)的邻域，如 3×3 或 5×5 邻域内像素的特点。将所有依据预定准则被认为是相似的点连接起来，形成由共同满足这些准则的像素组成的一条边缘。在这种分析过程中，确定边缘像素相似性的两个主要性质如下。

（1）用于生成边缘像素的梯度算子的响应强度，有

$$\left\| \nabla f(x,y) \right\| - \left\| \nabla f\left(x_0, y_0\right) \right\| \leqslant E \tag{8-46}$$

则处于定义的(x,y)邻域内坐标为(x_0,y_0)的边缘像素，具有与(x,y)相似的幅度，这里 E 是一个非负阈值。

（2）梯度矢量的方向由梯度矢量的方向角给出，如果

$$\left| \theta(x,y) - \theta\left(x_0, y_0\right) \right| \leqslant \phi \tag{8-47}$$

则处于定义的(x,y)邻域内坐标为(x_0,y_0)的边缘像素，具有与(x,y)相似的角度，这里 ϕ 是非负阈值。如前所述，(x,y)处边缘的方向垂直于此点处梯度矢量的方向。

如果大小和方向准则得到满足，则在(x,y)邻域中的点就与位于(x,y)的像素连接起来。在图像中的每个位置重复这一操作。当邻域的中心从一个像素转移到另一像素时，这两个相连接点必须记录下来。

8.3.2　边缘跟踪方法

边缘跟踪也称轮廓跟踪、边界跟踪，是由梯度图像中的一个边缘点出发，依次搜索并连接相邻边缘点从而逐步检测出边缘的方法，其目的是区分目标与背景。一般情况下，边缘跟踪算法具有较好的抗噪性，产生的边缘具有较好的刚性。

根据边缘的特点，有的边缘取正值（如阶跃型边缘的一阶导数为正），有的取负值（如屋顶型边缘的二阶导数），有的边缘取 0 值（阶跃型边缘二阶导数，屋顶型边缘一阶导数均过零点），因此可以将边缘跟踪算法分为极大跟踪法、极小跟踪法、极大－极小跟踪法与过零点跟踪法。

1. 边缘跟踪过程

（1）确定边缘跟踪的起始边缘点。其中起始边缘点可以是一个也可以是多个。

（2）确定和采取一种合适的数据结构和搜索策略，根据已经发现的边缘点确定下一个检测目标并对其进行检测。

（3）确定搜索终结的准则或终止条件（如封闭边缘回到起点），并在满足条件时停止进程，结束搜索。

2．常用的边缘跟踪技术

常用的边缘跟踪技术有两种：探测法和梯度图法。假设图像为二值图像且图像边缘明确，图像中只有一个封闭边缘的目标，那么探测法的基本步骤如下：

（1）假设 k 为记录图像边缘线像素点数的变量，其初始值为 0。

（2）自上而下、自左向右扫描图像，发现某个像素 p_0 从 0 变到 1 时，记录其坐标(x_0,y_0)，$k=0$。

（3）从像素(x_k+1,y_k)开始按顺时针方向，如图 8-18（a）所示，研究其 8 邻域，将第一次出现的 1-像素记为 p_k，并存储其坐标(x_k,y_k)，置 $k=k+1$。

（4）如果 8 邻域全为 0-像素，则 p_0 为孤立点，终止追踪。

（5）如果 p_k 和 p_0 是同一个点，即 $x_k=x_0$， $y_k=y_0$，则表明 $p_1,\cdots,p_{n-1}$ 已形成一个闭环，终止本条轮廓线追踪。否则返回步骤（3）继续跟踪。

（6）把搜索起点移到图像的别处，继续进行下一轮廓搜索。应注意新的搜索起点一定要在已得到的边缘线所围区域之外。

边缘跟踪结果如图 8-18（b）所示。

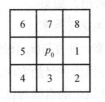 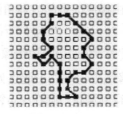

（a）1-像素搜索顺序　　　（b）边缘跟踪示例

图 8-18　边缘跟踪算法示意图

需要注意以下三点：

① 跟踪过程中要赋给已经确定出的边界点的已跟踪过标志。

② 若有多个区域，则再重复以上步骤，直到扫描点到达左下角点。

③ 外侧的边界线按逆时针方向跟踪，内侧的边界线按顺时针方向跟踪。

8.4　Hough 变换

如果图像分割过程中，预先已知目标的形状，如直线、曲线或圆等，则可以利用 Hough（霍夫）变换进行检测，它的主要优点在于受噪声和曲线间断的影响较小。在已知曲线形状的条件下，Hough 变换实际上是利用分散的边缘点进行曲线逼近，它也可看成一种聚类分析技术。图像空间中的所有点均对参数空间中的参数集合进行投票表决，获得多数表决票的参数即为所求的特征参数。

8.4.1　Hough 变换及直线检测

在直角坐标系表示的图像空间中，经过(x,y)的所有直线均可描述为：

$$y = ax + b \tag{8-48}$$

式中，a 和 b 分别表示斜率和截距。式（8-48）经适当变形又可以写为

$$b = -xa + y \tag{8-49}$$

该变换即为直角坐标系中对(x,y)点的 Hough 变换，它表示参数空间的一条直线，如图 8-19 所示。图像空间中的点(x_i,y_i)对应于参数空间中直线 $b = -x_i a + y_i$，点(x_j,y_j)对应于参数空间中直线 $b = -x_j a + y_j$，这两条直线的交点 (a',b') 即为图像空间中过点(x_i,y_i)和(x_j,y_j)的直线的斜率和截距。事实上，图像空间中这条直线上的所有点经 Hough 变换后在参数空间中的直线都会交于点 (a',b')。总之，图像空间中共线的点对应于参数空间相交的线。反之，参数空间相交于一点的所有直线在图像空间里都有共线的点与之对应。这就是 Hough 变换中的点线对偶关系。

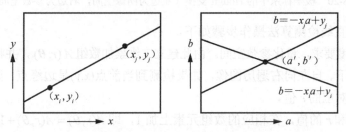

图 8-19　直角坐标系中的 Hough 变换

如果直线的斜率无限大，即被检测的直线为竖直线时，采用式（8-49）是无法完成检测的。为了能够准确识别和检测任意方向和任意位置的直线，通常使用直线极坐标方程来代替式（8-48）。

$$r = x\cos\theta + y\sin\theta, \quad \theta \in [-90°, 90°] \tag{8-50}$$

在极坐标系中，横坐标为直线的法向角，纵坐标为直角坐标原点到直线的法向距离。图像空间中的点(x,y)，经 Hough 变换映射到参数空间 (r,θ) 中一条正弦曲线，如图 8-20 所示。图像空间中共直线的 n 点，映射到参数空间是 n 条正弦曲线，且这些正弦曲线相交于点 (r^*,θ^*)。

为了检测出图像空间中的直线，在参数空间建立一个二维累加数组 $A(r,\theta)$，第一维的范围为 $[0,D]$，$D = \max(\sqrt{x^2+y^2})$ 为图像中的点到原点的最大距离值；第二维的范围为 $[-90°,90°]$。开始时把数组 A 初始化为零，然后由图像空间中的边缘点计算参数空间中参考点的可能轨迹，并对该轨迹经过的所有 (r,θ) 位置相对应的数组元素 $A(r,\theta)$ 加 1。当图像空间中所有边缘点都变换后，检测累加数组，根据最大值所对应的参数值 (r^*,θ^*) 确定出直线方程的参数。Hough 变换实质上是一种投票机制，对参数空间中的离散点进行投票，若投票值超过某一门限值，则认为有足够多的图像点位于该参数所决定的直线上。这种方法受噪声和直线出现间断的影响较小。

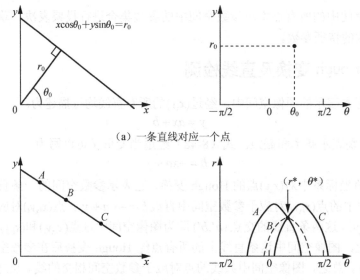

（a）一条直线对应一个点

（b）一条直线上的多个点对应多条交于一点的正弦曲线

图 8-20　极坐标系中的 Hough 变换（左边为图像空间，右边为参数空间）

Hough 变换直线检测算法操作步骤如下。

（1）根据精度要求，量化参数空间。由此建立二维累加数组 $A(r,\theta)$，并将其初始化为零。

（2）自上而下、自左向右遍历图像，如果检测到当前点 (x,y) 是边缘点，则根据式（8-50）计算出每一个 θ 对应的 r 值。

（3）根据 θ 和 r 的值，在相应的数组元素上加 1，即 $A(r,\theta)=A(r,\theta)+1$。

（4）重复执行步骤（2）和（3），直到所有的边缘点都处理完毕。

（5）找到累加数组中最大元素值，其对应的参数值为 (r^*,θ^*)，从而确定出图像空间中直线的方程为 $r^*=x\cos\theta^*+y\sin\theta^*$。

Hough 变换不需要预先组合或连接边缘点。位于感兴趣曲线上的边缘点可能构成图像边缘的一个小部分。特别指出，Hough 变换可以允许位于曲线上的边缘数量少于实际的边缘数量，而大多数鲁棒性回归算法无法适用于这种情况。Hough 变换所基于的假设是在大量噪声出现的情况下，最好是在参数空间中去求满足图像边缘最大数量的那个点。

如果图像中有几条曲线和给定模型相匹配，则在参数空间中会出现几个峰值。此时，可以探测每一个峰值，去掉对应于某一个峰值的曲线边缘，再检测余下的曲线，直到没有明显的边缘。但是，确定峰值的显著性是件很困难的事。

在进行 Hough 变换之前，需要对原始图像做必要的预处理，包括二值化和细线化操作，得到线幅宽度等于 1 像素的图像边缘，然后再利用 Hough 变换提取出图像中的直线。需要说明的是，对 θ 和 ρ 量化过粗，则计算出的直线参数就不精确；如果量化程度过细，则计算量增加。因此，对 θ 和 ρ 的量化要在满足一定精度条件下进行，也要兼顾计算量的问题。因此，程序中 θ 和 ρ 的步长决定了计算量和计算精度。Hough 变换直线检测示例如图 8-21 所示，从图中可以看出，利用 Hough 变换将两条呈波浪形的直线检测出来了，同时检测结果完全不受噪声与边缘间断的影响。

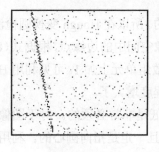
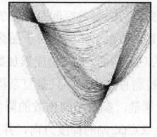
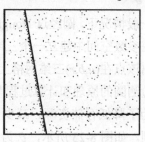

（a）原始图像　　　　　　（b）极坐标参数空间映射图　　　　　（c）直线检测结果

图 8-21　Hough 变换直线检测示例

【程序】 Hough 变换直线检测。

```
obj_edge=imread('edge.bmp');
[m,n]=size(obj_edge);
md=round(sqrt(m^2+n^2))+1; % 最大极半径，网格的最大高度
A=zeros(1: md,1:181); % 产生累加器
%遍历图像，如果遇到1-像素，则进行直角坐标到极坐标的变换
for i=1:m
    for j=1:n
        if obj_edge(i,j)==1
            for k=-90:90
                ru=round(abs(j*cos(k*pi/180)+i*sin(k*pi/180)));
                A(ru+1,k+91)=A(ru+1,k+91)+1; % 累加器加1
            end
        end
    end
end
(r0,k0)=find(A==max(max(A))); % 得到直线方程的两个参数
```

8.4.2　Hough 变换圆检测

圆形轮廓检测在数字图像的形态识别领域中有着很重要的地位，圆检测即是确定圆的圆心坐标与半径。令 $\{(x_i,y_i)|i=1,2,\cdots,n\}$ 是图像空间待检测圆周上点的集合，若该圆周半径为 r、圆心为 (a,b)，则其在图像空间中的方程为：

$$(x_i-a)^2+(y_i-b)^2=r^2 \tag{8-51}$$

同样，若 (x,y) 为图像空间中的一点，它在参数空间 (a,b,r) 中的方程为：

$$(a-x)^2+(b-y)^2=r^2 \tag{8-52}$$

显然，该方程为三维锥面。对于图像空间中任意一点均有参数空间的一个三维锥面与之相对应，如图 8-22 所示；同一圆周上的 n 点，对应于参数空间中相交于某一点 (a_0,b_0,r_0) 的 n 个锥面，这点恰好对应于图像空间中圆的圆心坐标与半径。

一般情况下，圆经过 Hough 变换后的参数空间是三维的。所以在 Hough 变换圆检测时，需要在参数空间中建立一个三维累加数组 $A(a,b,r)$；对于图像空间中的边缘点，根据式（8-52）计算出该点在 (a,b,r) 三维网格上的对应曲面，并在相应累加数组单元上加 1。可见利用 Hough 变换检测圆的原理和计算过程与检测直线类似，只是复杂程度增大了。

为了降低存储资源，减少计算量，参数空间维数的降低是非常必须的。对于图像空间中的圆，如图 8-23 所示，θ_i 为边缘点 (x_i, y_i) 的梯度方向，并且一定是指向圆心的。利用一阶偏导数可以计算出该梯度角为：

$$\tan \theta_i = G_y / G_x \tag{8-53}$$

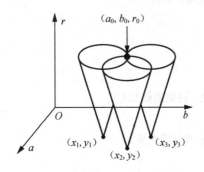

图 8-22　圆的参数空间示意图　　　　图 8-23　图像空间中的圆

由此，圆心坐标的计算公式表示为：

$$a = x_i - r \cos \theta_i \tag{8-54a}$$

$$b = y_i - r \sin \theta_i \tag{8-54b}$$

对式（8-54a）整理后可以得到

$$r = \frac{x_i - a}{\cos \theta_i} \tag{8-55}$$

将其代入式（8-54b）得

$$b = y_i - r \sin \theta_i = y_i - (x_i - a)\frac{\sin \theta_i}{\cos \theta_i} \tag{8-56}$$

于是有

$$b = a \tan \theta_i - x_i \tan \theta_i + y_i \tag{8-57}$$

可见，当得到边缘梯度角的正切值后，即可通过式（8-57）得到圆在参数空间上的映射，实现了累加数组维数的降低，即由三维降到二维。

Hough 变换圆检测算法操作步骤如下。

（1）根据精度要求，量化参数空间 a 和 b，由此建立二维累加数组 $A(a,b)$，并将其初始化为零。

（2）计算边缘轮廓图像的梯度角正切值。

（3）自上而下、自左向右扫描图像，如果检测到当前点 (x,y) 是边缘点，查找当前点所对应的梯度角正切值，然后根据式（8-57）计算出每一个 a 对应的 b 值。

（4）根据 a 和 b 的值，执行 $A(a,b)=A(a,b)+1$。

（5）循环执行步骤（3）、（4），直到所有点全部处理完毕。

（6）找到累加数组中最大元素值对应坐标位置，该结果即为式（8-57）描述的圆心坐标。

（7）将圆心坐标代入图像空间中圆的方程式（8-51），计算所有边缘点至圆心坐标的距离，找到距离数据中出现频率最高的值，即为圆的半径参数。

Hough 变换圆检测示例如图 8-24 所示。

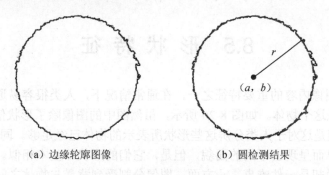

（a）边缘轮廓图像　　　　　　　　（b）圆检测结果

图 8-24　Hough 变换圆检测示例

8.4.3　广义 Hough 变换

当目标的边缘没有解析表达式时，就不能使用一个确定的变换方程来实现 Hough 变换。利用边缘点的梯度信息，可以将上述对解析曲线的 Hough 变换算法推广至用于检测任意形状的轮廓，这就是广义 Hough 变换。

广义 Hough 变换的思路是：对于一个任意形状的目标，可以在曲线包围的区域选取一参考点(a,b)，通常将其选择为图形的中心点。设(x,y)为边缘上一点，(x,y)到(a,b)的矢量为 r，r 与 x 轴的夹角为 ϕ，(x,y)到(a,b)的距离为 r，(x,y)处的梯度角为 θ，如图 8-25 所示。

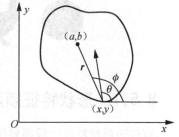

将 θ 分成离散的 m 种可能状态$\{k\Delta\theta, k=1,2,\cdots,m\}$，记$\theta_k = k\Delta\theta$，其中 $\Delta\theta$ 为 θ 的离散间隔。显然 r 和 ϕ 可以表示成梯度角 θ 的函数，以 θ_k 为索引可以建立一个关于 r 和 ϕ 的关系查找表（参考表）。

对于每一个梯度角为 θ 的边缘点(x,y)，可以根据下面的约束式预先计算出参考点的可能位置：

图 8-25　广义 Hough 变换示意图

$$\begin{cases} a = x + r(\theta)\cos\left[\phi(\theta)\right] \\ b = y + r(\theta)\sin\left[\phi(\theta)\right] \end{cases} \tag{8-58}$$

广义 Hough 变换任意形状检测算法操作步骤如下。

（1）在预知区域形状的条件下，将物体的边缘形状编码成参考表。对每个边缘点计算梯度角 θ_i，对每一个梯度角 θ_i，计算出对应于参考点的距离 r_i 和角度 ϕ_i。

（2）在参数空间建立一个二维累加数组 $A(a,b)$，初值赋零。对边缘上的每一点，计算出该点处的梯度角，然后，由式（8-58）计算出对每一个可能的参考点的位置值，对相应的数组元素 $A(a,b)$ 加 1。

（3）计算完所有边缘点后，找出数组 A 中局部峰值，所对应的(a,b)值即为目标边缘中心参考点坐标。

如果边缘形状旋转 α 角度或存在比例变换系数 λ，则累加数组变为 $A(a,b,\alpha,\lambda)$，且约束式（8-58）应改为：

$$\begin{cases} a = x + r(\theta) \cdot \lambda \cdot \cos[\phi(\theta) + \alpha] \\ b = y + r(\theta) \cdot \lambda \cdot \sin[\phi(\theta) + \alpha] \end{cases} \tag{8-59}$$

8.5 形 状 特 征

形状是描述图像内容的重要特征之一，在通常情况下，人类很容易通过一个物体的轮廓或者形状来认识这个物体。如图 8-26 所示，虽然图中的图像除了形状信息外并没有任何其他有用信息，但是这对于人类分辨这些形状所表示的物体已经足够。同类物体因为光照、纹理和颜色等信息而呈现出不同的面貌，但是，它们的形状却基本相似。然而形状识别对于计算机视觉来说却是一件难事。一方面，图像分割受到背景与物体之间的反差影响以及光源、遮挡等影响，不容易实现；另一方面，摄像机从不同的视角和距离获取的同一场景的图像是不同的，这样给形状的提取和识别带来很大困难。

图 8-26　几种物体的形状

8.5.1　形状特征须满足的条件

有效的形状特征一般需要尽可能满足以下 5 个条件。

（1）独特性：每幅图像具有一个独特的描述；人类视觉认为相似的图形具有相同的特征，并不同于其他的图形的特征。

（2）平移、旋转、尺度不变性：图形的位置，旋转和尺度的变化不能影响获取的特征。

（3）仿射不变性：提取的特征必须尽量对仿射变换具有一定的不变性。

（4）灵敏性：形状描述能很容易地反映相似目标的差异。

（5）抽象性：形状描述要能从细节中抽象出形状的基本特征，而丢弃一些不必要的特征和噪声。抽象性与形状描述的抗干扰性也应当相关，好的形状描述子具有抽象性的同时，对于噪声、少量遮挡也应该具有鲁棒性。

8.5.2　形状特征的应用

形状特征提取和表示在下列领域和应用中扮演着重要角色。

（1）图像检索：给定一个查询形状，在数据库中找到与该图形相似的所有形状，通常情况检索结果是按照形状距离排序的一定范围内的形状。

（2）图形识别和分类：判断一个图形是否与模型充分匹配，或者哪一类与模型最为接近。

（3）图形配准：将一个图形进行变换以实现与另一个图形的最优匹配，可以是全部匹配，也可以是部分匹配。

（4）图形近似和简化：用少量的元素（如点、线段、三角形等）来构造形状，使得构造的形状与原始形状仍然相似。

8.5.3　形状的描述和表示

目前常见的形状描述方法分为基于轮廓和基于区域的两大类方法。在每个类别中，不同方法进一步被划分为结构方法和全局方法。

基于轮廓的形状描述主要包括 Freeman 链码、傅里叶描述子、小波描述子、曲率尺度空间和一些主要的形状特征，如圆形度、主轴方向、偏心率，凸包（convex hull）、外切圆（excircle）和内切圆（inscribed circle）等。这些描述子只利用边界信息描述轮廓，因而无法获得形状的内部信息。

基于区域的形状描述方法中，形状描述子是根据形状所围区域内所有像素的信息得到的。最常见的是用矩来描述，其中包括 Hu 矩、几何矩、Legendre 矩、Zernike 矩和伪 Zernike 矩。最近，一些研究人员还使用网格法来描述形状。面积、欧拉数、中轴等几何特征也归为基于区域的形状描述方法。

人们对形状的提取和识别已经做了大量的研究，提出了许许多多的方法。这里仅介绍三种被广泛使用的形状描述和表示方法。关于变换域描述方法，如傅里叶描述子、小波描述子请参阅相关文献如[87，88]。

1. Freeman 链码

链码通过一个具有单位长度和方向的线段序列来表示边界。典型的链码有 4-方向链码和 8-方向链码，通过给每个方向一个数字编码，就可以对线段序列中的每个线段进行编码，从目标边界上某个点（起始点）开始，按顺时针（或逆时针）方向遍历整个边界，就可以得到对该目标区域的链码描述。

边界的链码与所选择的起始点有关，通常需要对链码进行规格化。

在某些场合，还采用链码的一阶微分来表示一个边界。只要简单地计算出链码序列中相邻两个数字所表示的方向之间相差的方向数（按逆时针计算）即可。使用这种链码的好处是它与边界的旋转无关。

2.（曲）线段序列

复杂的边界可以用一组线段来近似表示。一个区域可以用一个多边形来表示，这些多边形的顶点就形成了对该区域的描述，这可以通过边界的分割来获得。根据不同的精度要求，可以增加或者减少多边形的边数。用一系列的线段来表示边界，主要的问题在于怎样有效地确定边界顶点位置，而确定边界顶点位置的方法主要有边界生长法和容许区间法（tolerance interval approach）等。还可以通过计算轮廓上的一些关键点来提取近似多边形顶点。这类方法主要是利用边界曲率局部极大值，如余弦法和弦长比法。

另一种边界描述方法是用曲线段来描述，称之为"常曲率"（constant curvature）方法，边界通常被分割成二次曲线，如椭圆曲线、抛物线等。如果这些曲线段类型是已知的，则可以对每一种曲线段赋予一个编码，这样就可以得到整个边界的一个编码串（类似于链码）。

3. 矩不变量

矩不变量（moment invariant）是指物体图像经过平移、旋转以及比例变换仍然不变的矩特征量。二维图像$f(x,y)$的$(p+q)$阶矩定义为

$$m_{pq} = \sum_x \sum_y x^p y^q f(x,y) \tag{8-60}$$

$f(x,y)$的$(p+q)$阶中心矩定义为

$$\mu_{pq} = \sum_x \sum_y (x-x_c)^p (y-y_c)^q f(x,y) \tag{8-61}$$

其中，$x_c = m_{10}/m_{00}$，$y_c = m_{10}/m_{00}$，表示的是区域灰度重心的坐标。有关零阶矩和一阶矩已在上一章7.5.4节有过介绍。

中心矩μ_{pq}反映区域R中灰度重心分布的度量。例如，μ_{20}和μ_{02}分别表示R围绕通过灰度重心的垂直和水平轴线的惯性矩。若$\mu_{20} > \mu_{02}$，则可能是一个水平方向拉长的物体。μ_{30}和μ_{03}的幅值可以度量物体对于垂直和水平轴线的不对称性。如果是完全对称的形状，其值应为零。

$(p+q)$阶归一化中心矩定义为

$$\eta_{pq} = \mu_{pq}/\mu_{00}^r \tag{8-62}$$

其中，$\gamma = \dfrac{p+q}{2}+1$，而$p+q = 2,3,\cdots$。

将归一化的二阶和三阶中心矩进行组合可以得到一组七个平移、旋转和尺度不变的矩特征量，计算公式如下：

$$\phi_1 = \eta_{20} + \eta_{02}$$
$$\phi_2 = (\eta_{20} - \eta_{02})^2 + 4\eta_{11}^2$$
$$\phi_3 = (\eta_{30} - 3\eta_{12})^2 + (3\eta_{21} - \eta_{03})$$
$$\phi_4 = (\eta_{30} + \eta_{12})^2 + (\eta_{21} + \eta_{03})$$
$$\phi_5 = (\eta_{30} - 3\eta_{12})(\eta_{30} + \eta_{12})[(\eta_{30} + \eta_{12})^2 - 3(\eta_{21} + \eta_{03})^2]$$
$$(3\eta_{21} - \eta_{03})(\eta_{21} + \eta_{03})[3(\eta_{30} + \eta_{12})^2 - (\eta_{21} + \eta_{03})^2] + \tag{8-63}$$
$$\phi_6 = (\eta_{20} - \eta_{02})[(\eta_{30} + \eta_{12})^2 - (\eta_{21} + \eta_{03})^2] + 4\eta_{11}(\eta_{30} + \eta_{12})(\eta_{21} + \eta_{03})$$
$$\phi_7 = (3\eta_{21} - \eta_{03})(\eta_{30} + \eta_{12})[(\eta_{30} + \eta_{12})^2 - 3(\eta_{21} + \eta_{03})^2] +$$
$$(3\eta_{12} - \eta_{30})(\eta_{21} + \eta_{03})[3(\eta_{30} + \eta_{12})^2 - (\eta_{21} + \eta_{03})^2]$$

在实际中，用式（8-63）计算形状的矩特征不变量，其数值分布范围在$10^0 \sim 10^{-12}$之间，显然，矩不变量特征值越小，对识别结果的贡献也越小。为此，可以对上述七个矩不变量进行如下修正：

$$t_1 = \phi_1, \ t_2 = \phi_2, \ t_3 = \sqrt[5]{\phi_3^2}, \ t_4 = \sqrt[5]{\phi_4^2}, \ t_5 = \sqrt[5]{\phi_5^2}, \ t_6 = \sqrt[5]{\phi_6^2}, \ t_7 = \sqrt[5]{\phi_7^2} \tag{8-64}$$

用上述公式得到矩特征不变量值分布范围大约在$10^0 \sim 10^{-4}$之间。

在使用矩不变量时，还要注意以下几个问题。

（1）二维矩不变量是指二维平移、旋转和比例变换下的不变量。因此，对于其他类型的变换，如仿射变换、投影变换，上述的矩不变量是不成立的，或只能作为近似的不变量。

（2）对于二值图像，区域与其边界是完全等价的，因此可以使用边界的数据来计算矩特征，这样可以大大提高矩特征的计算效率。

（3）矩特征是关于区域的全局特征，若物体的一部分被遮挡，则无法计算矩不变量，在这种情况下，可以使用物体区域的其他特征来完成识别任务。

8.6　变换系数特征

对于具有唯一性的任何变化，其变换域参数所决定的灰度图像都和原空间域图像是等价的，因此都可以作为图像的一种特征。并且经常使用二维傅里叶变换作为一种图像特征的提取方法。图像 $f(x,y)$ 的二维离散傅里叶变换 $F(u,v)$ 由公式（5-42a）表示，其功率谱 $P(u,v)$ 是 $F(u,v)$ 的平方值，即 $P(u,v) = |F(u,v)|^2$。

注意到，$P(u,v)$ 与 $f(x,y)$ 并非唯一地对应，例如，$f(x,y)$ 的原点有位移时，$P(u,v)$ 的值保持不变，这种性质称之为位移不变性，在某些应用中可利用这一性质。

如果把 $P(u,v)$ 在某些规定区域内的累计值求出，也可以把图像的某些特征凸显起来，这些规定的区域如图 8-27 所示。

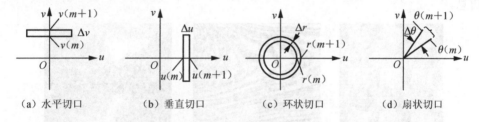

（a）水平切口　　　（b）垂直切口　　　（c）环状切口　　　（d）扇状切口

图 8-27　不同类型的切口

由各种不同切口规定的特征度量可由下面的公式来定义，即

水平切口：

$$S_1(m) = \int_{v(m)}^{v(m+1)} P(u,v)\mathrm{d}v \tag{8-65}$$

垂直切口：

$$S_2(m) = \int_{u(m)}^{u(m+1)} P(u,v)\mathrm{d}u \tag{8-66}$$

环状切口：

$$S_3(m) = \int_{r(m)}^{r(m+1)} P(r,\theta)\mathrm{d}r \tag{8-67}$$

扇状切口：

$$S_4(m) = \int_{\theta(m)}^{\theta(m+1)} P(r,\theta)\mathrm{d}\theta \tag{8-68}$$

上面各式中，$P(r,\theta)$ 是 $P(u,v)$ 的极坐标形式；$S_3(m)$ 表示在功率谱空间以原点为中心的环形区域内的能量之和；$S_4(m)$ 表示扇状区域内的能量之和。

这些特征说明了图像含有这些切口的频谱成分的含量，把这些特征提取出来以后，可以作为模式识别或分类系统的输入信息。例如，它已经成功运用到土地情况分类等实际应用中。

8.7 纹 理 特 征

讲到纹理（texture），人们自然会立刻想到木制家具上的木纹以及花布上的花纹，木纹为天然纹理，花纹为人工纹理。人工纹理是由自然背景上的符号排列组成的，这些符号可以是线条、点、字母、数字等，人工纹理往往是有规则的。自然纹理是具有重复排列现象的自然景象，如森林、碎石、砖墙、草地之类的照片。自然纹理往往是无规则的，它反映了物体表面颜色或灰度的某种变化，而这些变化又与物体本身的属性相关。一些纹理图像如图 8-28 所示。

图像纹理分析在许多学科都有广泛应用。例如，气象云图多是纹理型的，在红外云图上，几种不同纹理特征的云类（如卷云、积雨云、积云和层云）的识别就可以用纹理作为一大特征；卫星遥感图像中，地表的山脉、草地、沙漠、森林、城市建筑群等均表现出不同的纹理特征，因此通过分析卫星遥感图像的纹理特征可以进行区域识别、国土整治、森林利用、城市发展、土地荒漠化等方面的宏观研究；显微图像中，如细胞图像、金相图像、催化剂表面图像等均具有明显的纹理特征，对它们进行纹理结构分析可以得到相关物理信息。

| 布纹 | 木材 | 景物 |
| 碎石 | 卫星遥感图像 | 砖墙 |

图 8-28 纹理图像示例

关于图像纹理的精确定义迄今还没有一个统一的认识。一般来说，图像纹理是图像中灰度或颜色在空间上的变化模式，反映了周期性出现的纹理基元和它的排列规则。而纹理基元定义为，由像素组成的具有一定形状和大小的集合，如条状、丝状、圆斑、块状等。同时，纹理模式与纹理尺度有关，而纹理尺度又与图像分辨率有关。例如，从远距离观察由地板砖构成的地板时，我们看到的是地板砖块构成的纹理，而没有看到地板砖本身的纹理模式；当在近距离观察同样的场景时，我们开始察觉到每一块砖上的纹理模式，如图 8-29所示。

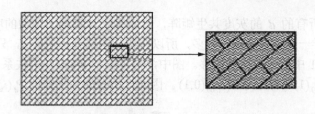

（a）远距离观察时的纹理图像　　　（b）近距离观察时的纹理图像

图 8-29　由地板砖构成的地板纹理示意图

对于纹理特征分析，目前主要采用统计方法和结构分析方法。如果从纹理对人产生的直观印象出发，将包含有心理学因素，这样就会产生多种不同的统计特征。描述纹理统计特征的技术有许多，例如，灰度共生矩阵、自相关函数、灰度差分、功率谱、正交变换、灰度级行程长等。当纹理基元很小并成为微纹理时，统计方法特别有效。

如果从图像本身的结构出发，则认为纹理是结构，根据这一观点，纹理特征分析应该采用结构分析方法。结构分析法首先将纹理看成是由许多纹理基元按照一定的位置规则组成的，然后分两个步骤处理：提取纹理基元和推论纹理基元位置规律。该方法适合于规则和周期性纹理。

8.7.1　灰度共生矩阵

灰度共生矩阵（gray-level co-occurrence matrix）能较精确地反映纹理粗糙程度和重复方向。由于纹理反映了灰度分布的重复性，人们自然要考虑图像中点对之间的灰度关系。灰度共生矩阵是一个二维相关矩阵，是距离和方向的函数，用 $P_d(i,j)$ 表示，定义如下：首先规定一个位移矢量 $d = (d_x, d_y)$，然后，计算被 d 分开且具有灰度级 i 和 j 的所有像素对数。位移矢量 d 为(1,1)是指像素向右和向下各移动一步。显然，灰度级数为 n 时，灰度共生矩阵是一个 $n \times n$ 矩阵。

例如，考虑一个具有 3 个灰度级（0、1、2）的 5×5 图像，如图 8-30（a）所示，由于仅有三个灰度级，故 $P_d(i,j)$ 是一个 3×3 矩阵。在 5×5 图像中，共有 16 个像素对满足空间分离性。现在来计算所有的像素对数量，即计算所有灰度值 i 与灰度值 j 相距为 d 的像素对数量，然后，把这个数填入矩阵 $P_d(i,j)$ 的第 i 行和第 j 列。例如，在距离矢量 $d = (1,1)$ 的情况下，$i=0$，$j=1$ 的组合（在 0 值的右下面为 1 的频率）有 2 次，即 $P_{(1,1)}(0,1) = 2$，因此，在 $P_{(1,1)}(0,1)$ 项中填写 2。完整的矩阵如图 8-30（b）所示。

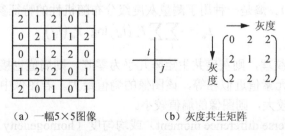

（a）一幅5×5图像　　　　（b）灰度共生矩阵

图 8-30　灰度共生矩阵示例，距离向量为 d=（1,1）

如果计算关于所有的 **d** 的灰度共生矩阵，这就等于计算出了图像的所有二次统计量，但是，因为如果那样一来信息量就会过多，所以在实际中选择适当的 **d**，只对它求共生矩阵，多数场合使用图 8-31 中所示的四种位移。图中，为了表示 **d**=(−1,0) 的关系，而使用了相同的共生矩阵，即用 $P_{(1,0)}(1,0)$ 来表示 $P_{(-1,0)}(0,1)$。因此，所有的共生矩阵 $P_d(i,j)$ 都是对称矩阵。

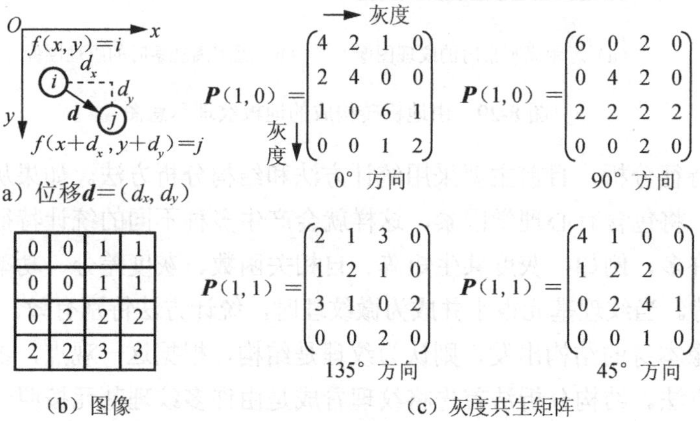

$$P(1,0)=\begin{pmatrix} 4 & 2 & 1 & 0 \\ 2 & 4 & 0 & 0 \\ 1 & 0 & 6 & 1 \\ 0 & 0 & 1 & 2 \end{pmatrix}$$
0° 方向

$$P(1,0)=\begin{pmatrix} 6 & 0 & 2 & 0 \\ 0 & 4 & 2 & 0 \\ 2 & 2 & 2 & 2 \\ 0 & 0 & 2 & 0 \end{pmatrix}$$
90° 方向

（a）位移 **d**=(d_x, d_y)

$$P(1,1)=\begin{pmatrix} 2 & 1 & 3 & 0 \\ 1 & 2 & 1 & 0 \\ 3 & 1 & 0 & 2 \\ 0 & 0 & 2 & 0 \end{pmatrix}$$
135° 方向

$$P(1,1)=\begin{pmatrix} 4 & 1 & 0 & 0 \\ 1 & 2 & 2 & 0 \\ 0 & 2 & 4 & 1 \\ 0 & 0 & 1 & 0 \end{pmatrix}$$
45° 方向

（b）图像　　　　　　　　　　（c）灰度共生矩阵

图 8-31　灰度共生矩阵

作为纹理识别的特征量，不是直接使用上述共生矩阵，而是在灰度共生矩阵的基础上再计算如下的特征量，并根据这些值给纹理赋予特征。假设在给定距离和方向参数情况下的共生矩阵 $P_d(i,j)$ 的元素已归一化成为频率，即 $\sum_{i=0}^{n-1}\sum_{j=0}^{n-1} P_d(i,j)=1$。

（1）角二阶矩（angular second moment）或能量（energy）。

$$L_a = \sum_i \sum_j \left[P_d(i,j)\right]^2 \tag{8-69}$$

角二阶矩是灰度共生矩阵元素值平方和，所以也称做能量，反映了图像灰度分布均匀程度和纹理粗细度。当灰度共生矩阵的元素分布较集中于对角线时，说明从局部区域观察图像的灰度分布是较均匀的；从图像整体来观察，纹理较粗，含有的能量较大。反之，细纹理时角二阶矩较小。当 $P_d(i,j)$ 都相等的时候，具有最大能量。

（2）对比度（contrast）或惯性矩。

$$L_c = \sum_i \sum_j (i-j)^2 P_d(i,j) \tag{8-70}$$

对比度反映纹理的清晰度。图像纹理沟纹越深，其对比度越大，对图像清晰度、细节表现更加有利。

（3）熵（entropy）。熵是一种用于测量灰度级分布随机性的特征参数，定义为：

$$L_e = -\sum_i \sum_j P_d(i,j)\log_2 P_d(i,j) \tag{8-71}$$

若图像没有任何纹理，则灰度共生矩阵几乎为零阵，则熵值也接近零。若图像充满着细纹理，则 $P_d(i,j)$ 的元素值近似相等，该图像的熵值最大。若图像中分布着较少的纹理，$P_d(i,j)$ 的元素值差别较大，则图像的熵值较小。

（4）逆差矩（inverse difference moment）或均匀度（homogeneity）。

$$L_h = \sum_i \sum_j \frac{P_d(i,j)}{1+(i-j)^2} \tag{8-72}$$

逆差矩反映纹理的尺寸，粗纹理时逆差矩较大，细纹理时较小。

一幅灰度图像的灰度级数一般为 256 级，这样级数太多会导致计算出来的灰度共生矩阵太大。因此，为了解决特征计算耗时或消除图像照明的影响，常常在求共生矩阵之前，根据直方图均衡化等灰度分布的标准化技术，将图像压缩为 $n=16$ 的图像。

灰度共生矩阵特别适用于描述微小纹理，而不适合描述含有大面积基元的纹理，因为矩阵没有包含形状信息。

8.7.2　自相关函数

自相关函数（auto-correlation function）可以估计规则量以及平滑粗糙度，并且与傅里叶变换的能量谱有关系。纹理结构常用其粗糙性来描述，其粗糙性的程度与局部结构的空间重复周期有关。周期大的纹理粗，周期小的纹理细。空间自相关函数作为纹理测度，一幅图像 $f(x,y)$ 的自相关函数定义为：

$$\rho(\Delta x,\Delta y;k,l)=\frac{\sum\limits_{x=k-m}^{k+m}\sum\limits_{y=l-m}^{l+m}f(x,y)f(x-\Delta x,y-\Delta y)}{\sum\limits_{x=k-m}^{k+m}\sum\limits_{y=l-m}^{l+m}\left[f(x,y)\right]^2}\qquad(8\text{-}73)$$

式（8-73）是对 $(2m+1)\times(2m+1)$ 窗口内每一像素 (k,l) 与偏离值为 $\Delta x,\Delta y=0,\pm1,\pm2$，$\cdots,\pm T$ 的像素之间的相关值计算。对于含有重复纹理模式的图像，自相关函数表现出一定的周期性，其周期等于相邻纹理基元的距离。对于粗纹理图像，自相关函数随着偏离值增大而下降速度较慢；对于细纹理图像，自相关函数随着偏离值增大而下降速度较快。随着偏离值的继续增加，自相关函数会呈现某种周期性变化，可以用来测量纹理的周期性和纹理基元的大小。

自相关函数的一种扩展形式表示为

$$\delta(k,l)=\sum_{\Delta x=-T}^{T}\sum_{\Delta y=-T}^{T}(\Delta x)^2(\Delta y)^2\rho(\Delta x,\Delta y,k,l)\qquad(8\text{-}74)$$

纹理粗糙性越大，则 $\delta(k,l)$ 就越大，因此，可以方便地使用 $\delta(k,l)$ 作为度量纹理结构粗糙性的一种参数。

8.7.3　灰度差值统计

灰度差值统计（statistics of gray difference）方法又称一阶统计方法，它通过计算图像中一对像素点之间的灰度差值直方图来反映图像的纹理特征。设给定的图像为 $f(x,y)$，$(\Delta x,\Delta y)$ 表示一个微小距离，则图像中 (x,y) 与 $(x+\Delta x,y+\Delta y)$ 两点的灰度差（指绝对值）为：

$$g(x,y)=\left|f(x,y)-f(x+\Delta x,y+\Delta y)\right|\qquad(8\text{-}75)$$

设灰度差的所有可能值有 L 级，让点 (x,y) 遍历整幅图像，可以得到一幅灰度差值图像。计算灰度差值图像的归一化直方图 $h_g(k)$，k 表示灰度差。当较小的灰度差值出现概率较大时，说明纹理比较粗糙；反之，当较大差值出现概率较大时或直方图较平坦时，说明纹理比较细。可见，纹理特征与 $h_g(k)$ 有着密切的关系。可以通过计算以下四个参数来描述纹理特征：

（1）平均值：

$$L_m = \frac{1}{L}\sum_k k h_g(k) \qquad (8\text{-}76)$$

粗纹理的 $h_g(k)$ 在零点附近比较集中，因此其 L_m 比细纹理要小。

（2）对比度：

$$L_c = \sum_k k^2 h_g(k) \qquad (8\text{-}77)$$

（3）角二阶矩：

$$L_a = \sum_k \left[h_g(k) \right]^2 \qquad (8\text{-}78)$$

角二阶矩是图像灰度分布均匀性的度量，从图像整体来观察，纹理较粗，L_a 较大，粗纹理含有的能量较多；反之，细纹理时，L_a 较小。

（4）熵：

$$L_e = -\sum_k h_g(k)\log_2 h_g(k) \qquad (8\text{-}79)$$

熵是图像所具有信息量的度量。图像若没有纹理信息，则熵为 0。

8.7.4 傅里叶描述子

除了上述图像空间上的特征提取方法之外，还有对图像进行傅里叶变换后，从其频率成分的分布来求纹理特征的方法。例如，在 8.6 节中，图像 $f(x,y)$ 的功率谱表示为 $P(u,v)$。为了从 $P(u,v)$ 计算纹理特征，实际应用中，通常把它转化到极坐标系中，用 $P(r,\theta)$ 描述。将这个二元函数通过固定其中一个变量转化成一元函数，例如，对每一个方向 θ，可以把 $P(r,\theta)$ 看成是一个一元函数 $S_\theta(r)$；同样地，对每一个频率 r，可用一元函数 $S_r(\theta)$ 来表示。对给定的方向 θ，分析其一元函数 $S_\theta(r)$，可以得到频谱在从原点出发的某个放射方向上的行为特征。而对某个给定的频率 r，对其一元函数 $S_r(\theta)$ 进行分析，将会获取频谱在以原点为中心的圆上的行为特征。

如果分别对上述两个一元函数按照其下标求和，则会获得关于区域纹理的全局描述：

$$S(r) = 2\sum_{\theta=0}^{\pi} S_\theta(r) = 2\sum_{\theta=0}^{\pi} P(r,\theta) \qquad (8\text{-}80)$$

$$S(\theta) = \sum_{r=0}^{R_0} S_r(\theta) = \sum_{r=0}^{R_0} P(r,\theta) \qquad (8\text{-}81)$$

其中，R_0 是以原点为中心的圆的半径。

如图 8-27（c）和（d）所示，$S(r)$ 表示功率谱空间上的以原点为中心的环形区域内的能量之和，$S(\theta)$ 表示扇形区域内的能量之和。作为纹理特征，经常使用 $S(r)$、$S(\theta)$ 图形的峰值位置和大小，以及 $S(r)$、$S(\theta)$ 的平均值或方差等。例如，$S(r)$ 的峰表示纹理的构成元素的大小（纹理的粗细度），$S(\theta)$ 的峰表示纹理在与其方向垂直的方向上具有明确的方向性。

思考与练习

8-1 图像边缘检测的理论依据是什么？有哪些方法？各有什么特点？

8-2 按照图像灰度函数的波形不同，通常将图像中的边缘分为哪两种边缘？请画出它们的函数和一阶导数图形。

8-3 一个完整的边缘检测包括哪几项内容？在进行边缘检测时，是否可以省略其中一步或几步？为什么？

8-4 解释为什么滤波和边缘检测具有相互矛盾的目标。

8-5 已知某一局部图像的灰度分布如图 8-32 所示，请给出基于 Sobel 算子或 Kirsch 算子的检测结果。

8-6 LoG 边缘检测中采用了什么滤波？目的是什么？

8-7 考虑 LoG 算子以及拉普拉斯算子边缘检测的不同步骤，指出拉普拉斯算子为什么不是好的算法，而 LoG 算子却是比较好的算法？

60	220	110
80	210	120
70	250	180

图 8-32 题 8-6 图

8-8 基于双阈值的边缘检测方法具有哪些优点？

8-9 什么是 Hough 变换？试述 Hough 变换直线检测的原理。

8-10 根据 Hough 变换原理，画出 x-y 坐标系中经过点(1,0)的直线簇在 ρ–θ 坐标系中的图形。

8-11 针对图 8-1（a）所示的图像，利用本章知识，给出角度测量方案。

8-12 利用变换系数特征，设计一种计算方案，计算出图 8-33 所示图像中目标的主轴方向。

图 8-33 题 8-12 图

第9章 >>>>>>

图像配准

教学要求

了解图像配准技术的应用，掌握常用的图像配准方法的基本原理及性能特点，了解快速配准算法和亚像素配准技术。

引 例

随着科学技术的迅猛发展，图像配准（image registration）作为数字图像处理的一部分已成为图像信息处理、模式识别领域中的一项非常重要的技术，并在立体视觉、航空摄影测量、资源分析、医学图像配准、光学和雷达跟踪、检测等领域得到了广泛的应用。

图 9-1 上图所示的两幅照片经图像拼接后得到图 9-1 下图所示的照片。由于成像设备的原因导致单次拍摄图像的视场范围较小，而所需成像范围却很大。这种情况下，可以通过图像拼接实现扩大视场的目的。类似这种图像拼接的工程实例有很多，而实现图像拼接的核心技术即是本章所要介绍的图像配准。

图 9-1　图像拼接

9.1 图像配准概述

9.1.1 图像配准概念

从视觉的角度看,"视"应该是有目的的"视",即要根据一定的知识(包括对目标的描述)借助图像去场景中寻找符合要求的目标;"觉"应该是带识别的"觉",即要从输入图像中抽取目标的特性,再与已有的目标模型进行匹配,从而达到理解(识别)场景含义的目的。

在计算机视觉识别过程中,常常需要把不同的传感器或者同一传感器在不同时间、不同成像条件下对同一景物获取的两幅或多幅图像进行比较,找到该组图像中的公有景物,或根据已知模式到另一幅图中寻找相应的模式,这一过程称做图像配准。

在图像配准的文献中都会出现图像配准和图像匹配,它们之间的含义比较相似。一般同一目标的两幅图像在空间位置上的对准用图像配准;图像配准的技术过程,即寻找同名特征(点)的过程称为图像匹配(image matching)或者图像相关。

一般来说,由于图像在不同时间、不同传感器、不同视角获得的成像条件不同,因此即使是对同一物体,在图像中所表现出来的几何特性、光学特性、空间位置都会有很大的不同,如果考虑到噪声、干扰等影响会使图像发生很大差异,图像配准就是通过这些不同之处找到它们的相同点。

假设参考图像和待配准图像分别用 $g(x,y)$ 和 $f(x,y)$ 表示,则图像的配准关系可以表示为

$$f(x,y) = T_g\left\{g(T_s(x,y))\right\} \tag{9-1}$$

其中,T_s 表示二维空间几何变换函数;T_g 表示一维灰度变换函数。

配准的主要任务就是寻找最佳的空间变换关系 T_s 与灰度变换关系 T_g,使两幅图像实现最佳对准。由于空间几何变换是灰度变换的前提,而且有些情况下灰度变换关系的求解并不是必须的,它也可以归为图像预处理部分,所以通常意义上配准的关键所在就是寻找图像空间几何变换关系,于是式(9-1)可改写为更简单的表示形式

$$f(x,y) = g(T_s(x,y)) \tag{9-2}$$

图像配准包含以下四方面基本要素。

1. 特征空间

特征空间是指从参考图像和待配准图像中提取的可用于配准的特征。在基于灰度的图像配准方法中,特征空间为图像像素的灰度值;而在基于特征的图像配准方法中,特征空间可以是区域、边缘、点、曲线、不变矩等。选择适当的特征空间是图像配准的第一步。特征空间不仅直接关系到图像中的哪些特征对配准算法敏感和哪些特征被匹配,而且大体上决定了配准算法的运算速度和鲁棒性等性能。

特征空间的构造需遵循三个原则,即特征空间是参考图像和待配准图像所共有的、容易获得的、且能够表达图像的本质信息。

2．搜索空间

搜索空间是指在配准过程中对图像进行变换的范围及变换的方式。

1）图像的变换范围

图像的变换范围分为三类：全局的、局部的和位移场的。

（1）全局变换是指整幅图像的空间变换可以用相同的变换参数表示。

（2）局部变换是指在图像的不同区域可以有不同的变换参数，通常的做法是在区域的关键点位置上进行参数变换，在其他位置上进行插值处理。

（3）位移场变换是指对图像中的每一像素独立地进行参数变换，通常使用一个连续函数来实现优化和约束。

2）图像的变换方式

图像的变换方式即空间几何变换模型，可以分为线性变换和非线性变换两种形式。线性变换又可分为刚体变换、仿射变换和投影变换。非线性变换一般使用多项式函数，如二次、三次函数及薄板样条函数，有时也使用指数函数。

3．相似性度量

评估从搜索空间中获得的一个给定的变换所定义的输入数据与参数数据之间的相似程度（匹配程度），为搜索策略的下一步动作提供依据。一般地，高的相似程度是特征间匹配的判定标准。

相似性度量和特征空间、搜索空间紧密相关，不同的特征空间往往对应不同的相似性度量；而相似性度量的值将直接判断在当前所选取的变换模型下图像是否被正确匹配。通常配准算法抗干扰的能力是由特征提取和相似性度量共同决定的。

常用的相似性度量有相关性、互信息、归一化互信息、联合熵、几何距离等。

4．搜索策略

搜索策略是指用恰当的方法在搜索空间中计算变换参数的最优值，在搜索过程中以相似性度量的值作为判优依据。

由于配准算法往往需要大量的运算，而常规的贪婪搜索法在实践中是无法接受的，因此设计一个有效的搜索策略显得尤为重要。搜索策略将直接关系到配准进程的快慢，而搜索空间和相似性度量也在一定程度上影响了搜索策略的性能。

常用的搜索策略有黄金分割法、Brent 法、抛物线法、三次插值法、Powell 法、遗传算法、蚁群算法、牛顿法、梯度下降法等。

9.1.2　常用的图像配准技术

根据配准所利用的图像特征或图像信息，常用的图像配准方法主要分为以下两类。

1．基于灰度（或区域）的配准方法

基于灰度（或区域）的配准方法的核心思想是认为参考图像和待配准图像上的对应点及其周围区域具有相同或相似的灰度，并以灰度相似为基础采用相似性度量，然后采用搜

索方法寻找使相似性度量达到最大或最小的点，从而确定两幅图像之间的变换模型参数。常见的算法有最大互信息法、相关法、条件熵法、联合熵法等。

基于灰度的配准方法，只对图像的灰度进行处理，可以避免主观因素的影响，配准结果只依赖于配准方法本身，同时可以避免因图像分割而给配准带来的额外误差，并能实现完全自动的配准。最大互信息法几乎可以用在任何不同模态图像的配准，已广泛应用到多模医学图像的配准中，成为医学图像配准领域的研究热点。基于灰度的配准方法实现简单，但也存在一些缺点，例如，①对图像的灰度变化比较敏感，尤其是非线性的光照变化；②计算量大；③对缩放、旋转、形变及遮挡较敏感，忽略了图像的空间相关信息。

2．基于特征的配准方法

基于特征的配准方法中，常用的特征包括点特征、直线段、边缘、闭合区域以及统计矩等。由于提取了图像的显著特征，大大压缩了图像信息的数据量，故匹配计算量较小、速度较快；但其匹配精度受特征提取的准确度影响，噪声、遗漏等因素都会影响特征提取的完整性；同时对某些不具有明显特征的图像进行匹配时，特征匹配方法实现难度很大。

基于特征的配准方法的实现过程可以描述为，首先对两幅图像进行特征提取；然后在对特征进行相似性度量后找到匹配的特征点对，通过找到的匹配特征点对得到图像间的变换参数；最后由这些变换参数实现图像的配准。基于特征的图像配准与基于灰度的图像配准之间的主要区别在于是否包含分割步骤。基于特征的配准方法包括图像的分割过程，用于提取图像的特征信息，然后对图像的显著特征进行配准。基于灰度的配准方法无须进行图像分割与特征提取。

9.1.3　图像配准技术的应用

图像配准主要实际用途基本上可以归纳为以下四类。

1．多模态配准

多模态配准（multimodal registration）是指由不同传感器获得的同一场景图像的配准。例如，在医学领域，不同模态的图像有各自的特性，如 CT 和 MRI 以较高的空间分辨率提供器官的解剖结构信息，而 PET（Positive Electron Tomography，正电子发射断层扫描）和 SPECT（Single-Phote Emission Computed Tomography，单光子发射计算机断层扫描）以较低的空间分辨率提供器官的新陈代谢功能信息。在实际临床应用中，单一模态图像往往不能提供足够多的信息，一般需要将不同模态图像融合在一起以便得到更全面的信息。例如，GE 公司推出的 Discovery LS 是 PET 与 CT 的一个完美融合系统，不仅能够完成能量衰减校正、分子影像（molecular imaging），而且能进行同机图像融合，提高了影像定位诊断的准确性。

多模态配准还可以应用在遥感领域中，实现大量不同波段图像融合，以便于全面地认识环境和自然资源，其成果广泛应用于大地测绘、植被分类与农作物生长势态评估、天气预报、自然灾害监测等方面。

2．模板匹配

模板匹配（template matching，area-based matching）是指在图像中识别或者定位模板。

例如，模式识别领域中的字体识别、目标定位等。

3）视角配准

视角配准（viewpoint registration）是指由不同角度获得的图像，用于深度或形状重建，经常用到视角配准的领域有双目立体成像中的图像匹配、运动目标跟踪、图像序列分析等。

4）时间配准

时间配准（temporal registration）是指不同时间或者不同环境条件下获得的同一场景图像，主要应用于检测和监控变化或生长。例如，医学图像处理中的数字剪影血管造影术（DSA）、肿瘤检测和早期白内障检测，遥感领域中的自然资源监控。

图像配准技术发展至今，其实际应用已遍布诸多领域，其较典型的应用领域有：遥感图像处理、医学图像处理、红外图像处理、数字地图定位、模式识别、自动导航和计算机视觉等。

9.2　空间几何变换

各种配准技术都要建立自己的变换模型，变换模型的选取与图像的变形特性有关。图像几何变换方式可分为局部变换和全局变换两类。全局变换只用一个函数建立图像之间像素的空间映射关系，多数的图像配准方法都采用全局变换，通常涉及矩阵代数。局部变换则包含多个映射函数，有时又称为弹性映射（elastic mapping），它允许变换参数存在对空间的依赖性。局部变换适用于包含非刚性形变图像的配准，如医学图像配准。由于局部变换随图像像素位置变化而变化，变换规则不完全一致，需要进行分段小区域处理。

图像几何变换模型主要有简单变换、刚体变换、仿射变换、投影变换和非线性变换。如图 9-2 所示，给出了几种常见的图像几何变换示意图。它们主要依据方程需要的坐标点的数量进行分类，简单变换只需一对坐标点，刚体变换只需两对坐标点，仿射变换只需三对坐标点，投影变换只需四对坐标点就能确定其模型参数。

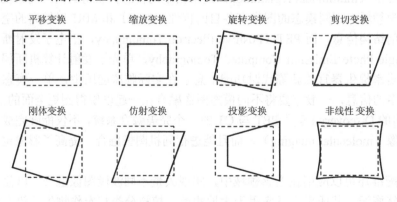

图 9-2　空间几何变换示意图

9.2.1　简单变换

简单变换是最简单的的图像变换模型。通过一系列的简单变换，可以实现刚体变换和仿射变换。因此，简单变换也可以看做是刚体变换和仿射变换的原子变换。根据变换方式的不同，简单变换又可以细分为平移变换、缩放变换、旋转变换和剪切变换四种。

1．平移变换

按向量 (t_x, t_y) 对图像的坐标进行平移变换（translation transformation），其模型可以表述为：

$$\begin{bmatrix} x' \\ y' \\ 1 \end{bmatrix} = \begin{bmatrix} 1 & 0 & t_x \\ 0 & 1 & t_y \\ 0 & 0 & 1 \end{bmatrix} \begin{bmatrix} x \\ y \\ 1 \end{bmatrix} \tag{9-3}$$

2．缩放变换

缩放变换（scaling transformation）是指分别沿着 x 轴和 y 轴拉伸或压缩图像的几何变换，可以表述为：

$$\begin{bmatrix} x' \\ y' \\ 1 \end{bmatrix} = \begin{bmatrix} s_x & 0 & 0 \\ 0 & s_y & 0 \\ 0 & 0 & 1 \end{bmatrix} \begin{bmatrix} x \\ y \\ 1 \end{bmatrix} \tag{9-4}$$

3．旋转变换

旋转变换（rotation transformation）是指将图像旋转一定角度的几何变换，可以表述为：

$$\begin{bmatrix} x' \\ y' \\ 1 \end{bmatrix} = \begin{bmatrix} \cos\alpha & -\sin\alpha & 0 \\ \sin\alpha & \cos\alpha & 0 \\ 0 & 0 & 1 \end{bmatrix} \begin{bmatrix} x \\ y \\ 1 \end{bmatrix} \tag{9-5}$$

上述的旋转是绕坐标原点（0，0）进行的，如果是绕某一个指定点（a，b）旋转，则先要将坐标系平移到该点，再进行旋转，然后将旋转后的图像平移回原坐标系。

4．剪切变换

剪切变换（shearing transformation）是将 x 轴（y 轴）的缩放加到 y 轴（或 x 轴）的几何变换，变换模型描述为：

$$\begin{bmatrix} x' \\ y' \\ 1 \end{bmatrix} = \begin{bmatrix} 1 & b_x & 0 \\ b_y & 1 & 0 \\ 0 & 0 & 1 \end{bmatrix} \begin{bmatrix} x \\ y \\ 1 \end{bmatrix} \tag{9-6}$$

缩放变换和剪切变换都是对图像做拉伸或压缩的，但是它们之间有着显著的不同。缩放变换不会改变图形的形状，例如，长方形变换之后还是长方形；但是剪切变换会改变图形的形状，例如，长方形变换之后为四边形。

由式（9-3）～式（9-6）可知，简单变换中的每一类变换都只涉及一类变换参数，所以它只需要待配准图像之间对应的一对坐标点就可以确定其参数方程。MATLAB 中，简单变换可以直接使用单个函数实现，例如，图像缩放、旋转和剪切分别使用 imresize、imrotate、imcrop 函数实现。

9.2.2 刚体变换与相似性变换

刚体变换（rigid transformation）是平移、旋转变换的组合，它的特点在于变换之后并不改变物体的形状和面积。刚体变换的数学模型为：

$$\begin{bmatrix} x' \\ y' \\ 1 \end{bmatrix} = \begin{bmatrix} \cos\alpha & -\sin\alpha & d_x \\ \sin\alpha & \cos\alpha & d_y \\ 0 & 0 & 1 \end{bmatrix} \begin{bmatrix} x \\ y \\ 1 \end{bmatrix} \tag{9-7}$$

相似性变换（similarity transformation）是平移、旋转以及等比例缩放变换的组合，特点在于变换之后不改变物体的形状。相似性变换的数学模型为：

$$\begin{bmatrix} x' \\ y' \\ 1 \end{bmatrix} = \begin{bmatrix} s\cos\alpha & -\sin\alpha & d_x \\ \sin\alpha & s\cos\alpha & d_y \\ 0 & 0 & 1 \end{bmatrix} \begin{bmatrix} x \\ y \\ 1 \end{bmatrix} \tag{9-8}$$

由式（9-7）与式（9-8）可知，刚体变换与相似性变换需要待配准图像之间对应的两对坐标点便可确定其方程参数。

9.2.3 仿射变换

仿射变换（affine transformation）是比刚体变换更具一般性的一种变换类型，它能容忍更为复杂的图像变形。仿射变换可以通过一系列的原子变换的复合来实现，包括平移、缩放、翻转（flip）、旋转和剪切。

仿射变换的主要特点是保持点的共线性以及保持直线的平行性。通过仿射变换，直线变换为直线，三角形变换为三角形，矩形变换为平行四边形，平行线变换为平行线，如图 9-3 所示。

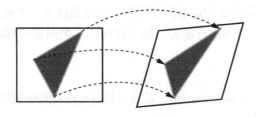

图 9-3 仿射变换由三对坐标点唯一确定

仿射变换的数学模型为：

$$\begin{bmatrix} x' \\ y' \\ 1 \end{bmatrix} = \begin{bmatrix} a_{11} & a_{12} & t_x \\ a_{21} & a_{22} & t_y \\ 0 & 0 & 1 \end{bmatrix} \begin{bmatrix} x \\ y \\ 1 \end{bmatrix} \tag{9-9}$$

仿射变换可以分解为线性（矩阵）变换和平移变换，于是式（9-9）还可以表示为

$$\begin{bmatrix} x' \\ y' \end{bmatrix} = \begin{bmatrix} a_{11} & a_{12} \\ a_{21} & a_{22} \end{bmatrix} \begin{bmatrix} x \\ y \end{bmatrix} + \begin{bmatrix} t_x \\ t_y \end{bmatrix} \tag{9-10}$$

由以上两式可知，仿射变换中含有六个方程参数，因此需要待配准图像间三对坐标才能解出模型参数。MATLAB 中，图像二维仿射变换使用 imtransform 函数实现。

【程序】仿射变换。

```
f=checkerboard (50);
T =[0.8 0.2 0; 0.1 0.8 0; 0 0 1];
tform = maketform ('affine', T);
g = imtransform (f, tform);
figure,imshow (f);
figure,imshow (g);
```

以上程序的运行结果如图 9-4 所示。

图 9-4　仿射变换示例

9.2.4　投影变换

若一幅图像中的一条直线经过变换后映射到另一幅图像上仍是一条直线,但其他性质如平行性和等比例性都不能保持不变,那么这样的变换就称为投影变换(projective transformation)。所以,经投影变换后矩形会被变换为一般的四边形,如图 9-5 所示。投影变换模型适用于被拍摄场景是平面或近似是平面的情况,如航拍图像。

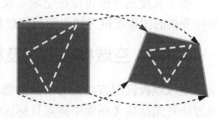

图 9-5　投影变换由四对坐标点唯一确定

投影变换还可以看成仿射变换的推广,而仿射变换则可以看成投影变换的特例。投影变换的数学模型为

$$x' = \frac{a_{11}x + a_{12}y + a_{13}}{a_{31}x + a_{32}y + 1}$$

$$y' = \frac{a_{21}x + a_{22}y + a_{23}}{a_{31}x + a_{32}y + 1}$$

(9-11)

若令 $a_{31} = a_{32} = 0$,则投影变换退化为仿射变换。由于模型含有八个参数,所以需要待配准图像间四对坐标点来求解方程。

9.2.5　非线性变换

如果一副图像上的直线映射到另一幅图像上后不再是直线,那么这样的变换被称为非线性变换(nonlinear transformation)。非线性变换也称为弯曲变换(curved transformation)。

典型的非线性变换如多项式变换（polynomial transformation），在二维空间中，可写成如下形式：

$$x' = a_{00} + a_{10}x + a_{01}y + a_{20}x^2 + a_{11}xy + a_{02}y^2 + \cdots$$

$$y' = b_{00} + b_{10}x + b_{01}y + b_{20}x^2 + b_{11}xy + b_{02}y^2 + \cdots$$

（9-12）

非线性变换比较适合于具有全局性形变问题的图像配准，以及整体近似刚体但局部有形变的配准情况。

图像变换模型的选择对图像配准结果的影响是至关重要的。在进行图像配准的过程中，必须认真分析图像的性质，选定适当的图像变换模型进行图像配准。同时指出，多数情况下，认为待配准图像间的变换模型是仿射变换，这是合理的，这种假设能够处理绝大部分的图像配准问题。

9.3　基于灰度的图像配准

基于灰度的图像配准方法通常直接利用整幅图像的灰度信息，建立两幅图像之间的相似性度量，然后采用某种搜索方法，寻找使相似性度量达到最大或最小时的空间变换模型的参数值。这种基于灰度的方法直接利用全部可用的图像灰度信息，因此能提高估计的精度和鲁棒性。但由于在基于灰度的配准方法中，匹配点周围区域所有像素都需参与计算，因此其计算量较大。

基于灰度的配准可以在空域实现，也可以在变换域（如傅里叶域）中实现，而基于傅里叶变换的图像配准方法也称为相位相关法。下面分别对这两种实现方法进行介绍。

9.3.1　空域模板匹配及相似性度量

空域模板匹配方法需考虑点的邻域性质，而邻域常借助模板（也称子图像）来确定。该方法首先从参考图像中提取目标区域作为模板，然后利用该模板在待配准图像中滑动，通过相似性度量来寻找最佳匹配点。各种模板匹配方法的主要差异在于相似性度量以及搜索策略的选择不同。

空域模板匹配方法其本质是用一幅较小的参考图像与一幅较大的待配准图像的一部分子图像进行匹配，匹配的结果是确定在待配准图像中是否存在参考图像，若存在，则进一步确定参考图像在待配准图像中的位置。在模板匹配中，模板通常选择正方形，但也可以是矩形或其他形状。

下面介绍图像配准中经常使用的几种典型的相似性度量。

1. 相关系数

对于尺寸为 $M_T \times N_T$ 的参考图像 $g(x,y)$ 和尺寸为 $M \times N$ 待配准图像 $f(x,y)$，归一化相关系数定义为

$$C(s,t) = \frac{\sum_x \sum_y \left[g(x,y) - \overline{g} \right] \left[f(x-s, y-t) - \overline{f}(s,t) \right]}{\sqrt{\sum_x \sum_y \left[g(x,y) - \overline{g} \right]^2 \sum_x \sum_y \left[f(x-s, y-t) - \overline{f}(s,t) \right]^2}}$$

（9-13）

其中，$\bar{g}$ 是 g 的均值，只须计算一次；$\overline{f}(s,t)$ 是待配准图像中与
参考图像当前位置相对应区域的均值。

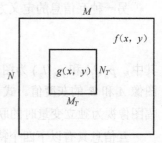

如图 9-6 所示为空域模板匹配示意图，式（9-13）中的求和
是对 $g(x,y)$ 和 $f(x,y)$ 相重叠的区域进行的，搜索范围最大为 $(M$
$-M_T+1)\times(N-N_T+1)$。当 s 和 t 变化时，$g(x,y)$ 在图像区域移
动并给出函数 $C(s,t)$ 的所有值，$C(s,t)$ 的最大值指出参考图像在
待配准图像中的最佳匹配位置。

使用相关系数作为相似性度量的图像配准方法也称图像相

图 9-6　空域模板匹配示意图

关法（image correlation）或者区域相关法（area-based matching using correlation）。

2．差的平方和、差的绝对值

除了使用最大相关系数来确定匹配位置，还可以使用式（9-14）定义的差的平方和作为
相似性度量：

$$D(s,t)=\sum_x \sum_y \left[g(x,y)-f(x-s,y-t) \right]^2 \tag{9-14}$$

如果用绝对值代替平方值，得到如下差的绝对值函数：

$$E(s,t)=\sum_x \sum_y \left| g(x,y)-f(x-s,y-t) \right| \tag{9-15}$$

上面两种误差函数有一个缺点，即对 $g(x,y)$ 和 $f(x,y)$ 幅度值的变化比较敏感。为了解
决这个问题，可以使用它们的归一化形式：

$$D(s,t)=\sum_x \sum_y \left[g(x,y)-\bar{g}-f(x-s,y-t)-\overline{f}(s,t) \right]^2 \tag{9-16}$$

$$E(s,t)=\sum_x \sum_y \left| g(x,y)-\bar{g}-f(x-s,y-t)-\overline{f}(s,t) \right| \tag{9-17}$$

空域模板匹配方法在参考图像与待配准图像间存在较小的方向变化时，是一种可靠的
匹配方法。然而，当方向变化稍大一些时，这种方法就会变得十分不可靠。另外，当两者
存在尺度变化时，也会导致错误匹配。

3．互信息

互信息（Mutual Information，MI）法的出现是基于灰度统计配准方法的一个重要发展。
该相似性度量不需要对不同成像模式下图像灰度间的关系做任何假设，也不需要对图像进
行分割或任何预处理，特别是，即使其中一个图像存在数据部分缺损时也能得到很好的配
准效果。互信息法需要建立参数化的概率密度模型，这意味着其计算量较大，并且要求图像
间的重叠区域较大。互信息法主要解决多模图像配准问题，是医学图像配准中的主导技术。

互信息是信息论中的常用概念，用于度量两个随机变量间的统计相关性，描述一个变
量包含另一个变量的多少信息量。互信息可用熵来描述，其定义为

$$K(A,B)=H(A)+H(B)-H(A,B) \tag{9-18}$$

式中，$H(A)$ 和 $H(B)$ 分别为图像 A 和 B 的熵；$H(A,B)$ 为二者的联合熵，定义式见第 5 章
5.5.3 节。在图像配准过程中，若两图像的空间位置完全一致，互信息 $K(A,B)$ 为最大。

另一种互信息的定义方式与 Kulliback-Leibler 距离有关，

$$K(A,B) = \sum_{l_1} \sum_{l_2} p_{AB}(l_1,l_2) \log_2 \frac{p_{AB}(l_1,l_2)}{p_A(l_1)p_B(l_2)} \tag{9-19}$$

其中，$p_A(l_1)$ 和 $p_B(l_2)$ 为图像 A 和 B 的直方图，$p_{AB}(l_1,l_2)$ 为二者的联合直方图；l_1 和 l_2 表示图像 A 和 B 的灰度值。式（9-19）可以解释为图像灰度值的联合概率分布 $p_{AB}(l_1,l_2)$ 和将两幅图像视为独立变量时的联合概率 $p_A(l_1)p_B(l_2)$ 的距离。

互信息具有以下四个特性：

① 非负性：$K(A,B) \geqslant 0$；

② 对称性：$K(A,B) = K(B,A)$；

③ 独立性：若 $p_{AB}(l_1,l_2) = p_A(l_1)p_B(l_2)$，则 $K(A,B) = 0$；

④ 有界性：$K(A,B) \leqslant H(A) + H(B)$。

基于互信息的图像配准就是寻找一特定的空间变换，使得经过该空间变换后两幅图像间的互信息量达到最大。为了解决由于重叠区域而带来的互信息变化较为敏感的问题，经常使用归一化互信息（Normalized Mutual Information，NMI）和熵相关系数（Entropy Correlation Coefficient，ECC）作为相似性度量，二者的表达式分别表示为：

$$\text{NMI}(A,B) = \frac{H(A) + H(B)}{H(A,B)} \tag{9-20}$$

$$\text{ECC}(A,B) = \frac{2K(A,B)}{H(A) + H(B)} = 2 - \frac{2}{\text{NMI}(A,B)} \tag{9-21}$$

9.3.2 相位相关法

不论平移、旋转还是灰度和尺度变化，在傅里叶变换域中都有相应的表示。相位相关法（phase correlation）就是利用傅里叶变换的一些主要性质来进行图像配准，它对噪声有较高的容忍度，匹配结果与照度无关，可处理图像之间的平移、旋转和比例缩放。

1. 位移量估计

相位相关法最早用于位移图像之间的配准，基本原理是基于傅里叶变换的位移定理。考虑两幅图像 $g(x,y)$ 和 $f(x,y)$ 之间存在位移量 $(\Delta x, \Delta y)$，则它们在空域有如下关系：

$$g(x,y) = f(x - \Delta x, y - \Delta y) \tag{9-22}$$

对其进行傅里叶变换，反映到频域具有以下形式：

$$G(u,v) = \exp[-j2\pi(u\Delta x + v\Delta y)]F(u,v) \tag{9-23}$$

其中，$G(u,v)$ 和 $F(u,v)$ 分别为 $g(x,y)$ 和 $f(x,y)$ 的傅里叶变换。式（9-23）说明，两幅存在位移的图像变换到频域具有相同的幅值，但存在一个相位差，而这个相位差与位移量有直接关系。相位差的计算可以转化为计算两图像的互功率谱的相位，即

$$\frac{G(u,v)F^*(u,v)}{|G(u,v)F^*(u,v)|} = \exp[-j2\pi(u\Delta x + v\Delta y)] \tag{9-24}$$

其中，*表示共轭运算符。上式右端经傅里叶逆变换表达成空域形式，可以得到一个除了具有位移的地方之外所有地方都近似为零的狄拉克函数，即

$$F^{-1}\{\exp[-j2\pi(u\Delta x + v\Delta y)]\} = \delta(x - \Delta x, y - \Delta y) \tag{9-25}$$

于是，相位相关法就是求式（9-24）的傅里叶逆变换的峰值所在的位置，确定出位移量后实现图像配准。相位相关法非常适合于具有窄带噪声的图像。同样由于光照变化通常可被看成是一种缓慢变化的过程，主要反映在低频部分，所以相位相关法对于在不同光照条件下拍摄的图像或不同传感器获得的图像之间的配准比较有效。

图 9-7（b）是图 9-7（a）经 x 和 y 方向各自向右和向下移动 25 像素后的结果，二者的互功率谱如图 9-7（c）所示，图中峰值刚好出现在平移量 $(25,25)$ 像素的位置。

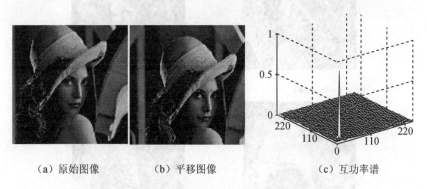

（a）原始图像　　　　　　（b）平移图像　　　　　　（c）互功率谱

图 9-7　相位相关法平移量计算

2．旋转角度估计

为了将相位相关法扩展至既有位移又有旋转的图像配准中，可以把直角坐标系下的旋转看做极坐标下的平移，从而解决旋转参数的估计问题。假设两幅图像间存在位移量 $(\Delta x, \Delta y)$ 和旋转角 $\Delta\phi$，其空域关系表示为

$$g(x,y) = f\left[(x\cos\Delta\phi + y\sin\Delta\phi) - \Delta x, (-x\sin\Delta\phi + y\cos\Delta\phi) - \Delta y\right] \tag{9-26}$$

由傅里叶旋转、位移特性，上式的傅里叶变换可以写为

$$G(u,v) = \exp\left[-j2\pi(u\Delta x + v\Delta y)\right] F(u\cos\Delta\phi + v\sin\Delta\phi, -u\sin\Delta\phi + v\cos\Delta\phi) \tag{9-27}$$

通过取模，得到它们傅里叶功率谱之间的关系为

$$\left|G(u,v)\right| = \left|F(u\cos\Delta\phi + v\sin\Delta\phi, -u\sin\Delta\phi + v\cos\Delta\phi)\right| \tag{9-28}$$

式（9-28）是平移不变的，表明图像旋转一个角度造成其功率谱也旋转相同的角度。为了将旋转转化成平移形式，对频谱进行极坐标变换，使原来的坐标 (u,v) 变成 (r,θ)，因此可得到下式

$$\begin{cases} u\cos\Delta\phi + v\sin\Delta\phi = r\cos(\theta - \Delta\phi) \\ -u\sin\Delta\phi + v\cos\Delta\phi = r\sin(\theta - \Delta\phi) \end{cases} \tag{9-29}$$

如果令 $S(r,\theta) = \left|G(r\cos\theta, r\sin\theta)\right|$，$R(r,\theta) = \left|F(r\cos\theta, r\sin\theta)\right|$，则式（9-28）进一步表示为

$$S(r,\theta) = R(r, \theta - \Delta\phi) \tag{9-30}$$

因此，在极坐标系下用相位相关法求出图像间的旋转角度 $\Delta\phi$，根据 $\Delta\phi$ 对待配准图像进行旋转补偿，再用相位相关法求出位移量。

当图像之间既存在位移和旋转，也存在比例缩放时，只要在上述的极坐标变换后加上取对数运算（该方法也称 Fourier-Mellai 不变描述子），便可将旋转和比例缩放都转化为平移问题，从而再用相位相关法得出旋转角和缩放系数。在对图像进行旋转和缩放校正后，再计算位移参数。

图像的对数极坐标变换示例如图 9-8 所示，图 9-8（b）是由图 9-8（a）旋转 10°、缩小 0.86 倍后的结果，二者对应的对数极坐标变换结果显示于图 9-8（c）和（d）。由图可见，对数极坐标变换将图像的缩放和旋转变成了平移。

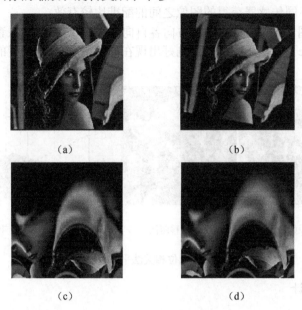

图 9-8　对数极坐标变换

9.4　基于特征的图像配准

合理地选择特征，可以降低特征空间的复杂度和提高特征匹配算法的鲁棒性，进而提高配准算法的性能。用于图像配准的特征很多，如边缘特征、区域特征、点特征（如角点、拐点）、线特征（如直线段，曲线）等。在图像中选取表示某些特征的像素点，提取图像特征，进行特征匹配，利用这些特征之间的匹配关系计算空间变换参数。

9.4.1　基于特征的配准步骤

基于特征的配准过程归纳为以下四个步骤：

（1）特征提取（feature detection）。手动或自动检测提取图像中的显著特征，特征提取是图像配准的关键问题，特征匹配成功与否主要取决于特征提取的准确度。

（2）特征匹配（feature matching）。根据相似性度量建立参考图像中特征和待配准图像中特征之间的匹配关系。

（3）空间几何变换模型估计（transformation model estimation）。根据特征匹配结果估计参考图像与待配准图像之间的几何变换模型的类型和参数，只有找到能够很好地描述两配准图像之间映射关系的变换模型，才能实现图像精确配准。

（4）图像重采样及变换（image resampling and transformation）。待配准图像经过几何变换后，利用合适的插值技术计算位于非整数坐标下的图像灰度值。常用的数字图像插值方法有最近邻插值法、双线性插值法、双三次插值法和样条插值法。

9.4.2　形状匹配及 Hausdorff 距离

形状匹配就是在形状描述的基础上，按照一定的相似性度量准则来衡量形状间的相似性。对于不同的形状描述子，存在不同的形状匹配方法。在形状匹配中，常见的相似性度量包括相关系数、边缘方向直方图、距离（欧氏距离、Manhattan 距离、Minkowsky 距离、Mahalanobi 距离、Hausdorff 距离）、角度等。

其中，Hausdorff 距离可以用来测量两个点集的匹配程度，作为一种点集之间的相似性度量也可以被用来比较两个其他形状图形的相似度，因此可作为二值图像（如边缘图像）配准中的一种相似性度量。Hausdorff 距离不需要建立点之间的一一对应关系，只是计算两个点集之间的相似程度，所以可以有效地处理很多特征点的情况。Hausdorff 距离是两个点集之间距离的一种定义形式。给定两个有限非空集 $A = \{a_1, a_2, \cdots, a_p\}$ 和 $B = \{b_1, b_2, \cdots, b_q\}$，则 A，B 之间 Hausdorff 距离定义为

$$H(A,B) = \max(h(A,B), h(B,A)) \tag{9-31}$$

其中，

$$h(A,B) = \max_{a_i \in A} \min_{b_j \in B} \|a_i - b_j\| \tag{9-32}$$

$$h(B,A) = \max_{b_i \in B} \min_{a_j \in A} \|b_i - a_j\| \tag{9-33}$$

其中，$\|\cdot\|$ 为定义在点集 A、B 上的某种距离范数。距离范数一般包括城区距离、棋盘距离、欧几里德距离，各种距离计算详见第 7.4.2 节。

式（9-31）中 $H(A,B)$ 称为双向 Hausdorff 距离，是 Hausdorff 距离的最基本形式；式（9-32）中的 $h(A,B)$ 和式（9-33）中的 $h(A,B)$ 分别称为从点集 A 到点集 B、从点集 B 到点集 A 间的单向 Hausdorff 距离。首先定义一个点到一个有限集合的距离为该点与这个集合中所有的点的距离的最小值，在上述公式中，$h(A,B)$ 表示的是点集 A 中的每个点到点集 B 的距离的最大值。从上面的定义可以看出，在一般的情况下 $h(A,B)$ 不等于 $h(B,A)$。

$h(A,B)$ 和 $h(B,A)$ 的最大值定义为 Hausdorff 距离 $H(A,B)$。只要通过计算 $h(A,B)$ 和 $h(B,A)$ 同时求出它们的最大值，即可获得两个点集 A 和 B 之间的相似程度。如果 $H(A,B) = d$，则表示 A 中所有点到 B 中点的距离不超过 d，也就是说 A 中的点都在 B 中点的距离为 d 的范围之内。

Hausdorff 距离表征了两个点集之间的不相似程度。但它对干扰很敏感，为了避免这一问题，可以使用下面公式定义的部分 Hausdorff 距离（partial Hausdorff distance，PHD）：

$$H^{f_F f_R}(A,B) = \max(h^{f_F}(A,B), h^{f_R}(B,A)) \tag{9-34}$$

式中，

$$h^{f_F}(A,B) = f_F \operatorname*{th}_{a_i \in A} \min_{b_j \in B} \|a_i - b_j\| \tag{9-35}$$

$$h^{f_R}(B,A) = f_R \operatorname*{th}_{b_i \in B} \min_{a_j \in A} \|b_i - a_j\| \tag{9-36}$$

这里，$f_F, f_R \in (0,1]$，分别称为前向分数（forward fraction）和后向分数（reverse fraction），控制着前向距离和后向距离，th 表示排序。当 $f_F = f_R = 1$ 时，该公式退化为原始的 Hausdorff 距离。

形状匹配需要考虑以下三个问题：

（1）形状常与目标联系在一起，相对于颜色，形状特征可以看做更高层次的图像特征。要获得有关目标的形状参数，常常要先对图像进行分割，所以形状特征会受图像分割效果的影响。

（2）选取合适的形状描述方法。目标形状的描述是一个非常复杂的问题，至今还没有找到能与人的感觉相一致的图像形状的确切数学定义。

（3）从不同视角获取的目标形状可能会有很大差别，为准确进行形状匹配，需要解决位移、尺度、旋转变换等问题。

9.5　快速配准算法

图像匹配结果的可靠性与模板窗口的信息量密切相关，信息量越少，其可靠性就越差，然而增加模板尺寸又会导致运算量增加。因此，采用适当的模板窗口、加上某些约束条件是有效的办法。下面介绍几种常用的针对模板匹配的快速配准算法。

9.5.1　变灰度级相关算法

变灰度级相关算法（varying gray-level correlation algorithm）是根据参考图像的灰度值按位生成几个二值图像，然后以这些二值图像作为新的模板，按照从高位到低位的顺序依次与待配准图像进行相关运算，并对每一位设定一阈值，只有相关运算的结果大于该阈值的像素点才能参与下一级的相关。这样，在最后一级相关运算中得到的最大值点即为最终的匹配点。由于参与相关运算的像素点越来越少，而且也避免了一般相关算法中的多次乘方运算、开平方根运算，减少了计算的复杂性，从而达到了减少总计算量的目的。

9.5.2　FFT 相关算法

由离散傅里叶变换中的相关定理可知，两个函数在空域中的卷积对应于它们在频域中的乘积，而相关可看成卷积的一种特殊形式。由于 DFT 可用 FFT 实现，则在频域中的计算速度可以得到有效提高。

首先把参考图像和待配准图像进行二维 DFT，对于参考图像，有

$$G(u,v) = \frac{1}{M^2} \sum_{x=0}^{M-1} \sum_{y=0}^{M-1} g(x,y) \omega_M^{-ux} \omega_M^{-vy} g(x,y) \tag{9-37}$$

其中，u，v 分别表示在 x 和 y 方向上的频率分量，并且有 $\omega_M = \exp(j2\pi/M)$。

假定待配准图像尺寸为 $M \times M$。采用同样的方法进行 DFT 得到 $F(u,v)$。然后根据相关定理写出相关函数的 DFT 为

$$\Phi(u,v) = G(u,v)F^*(u,v) \tag{9-38}$$

再对 $\Phi(u,v)$ 求 IDFT 得到在空域中的相关函数 $\phi(x,y)$ 为

$$\phi(x,y) = \sum_{u=0}^{M-1} \sum_{v=0}^{M-1} \left[G(u,v) \cdot F^*(u,v) \right] \omega_M^{ux} \omega_M^{vy} \tag{9-39}$$

其中，＊为共轭运算符。

根据上面的关系式，画出 FFT 相关算法流程图如图 9-9 所示。

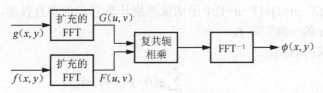

图 9-9　FFT 相关算法

图像的像素数和搜索位置数越大，应用这种算法在时间上的优势越明显。此外，由于傅里叶变换的周期性，匹配点会呈周期性出现，因此在运算时必须采取其他措施。

9.5.3　序惯相似性检测算法

序惯相似性检测算法（sequence similar detection algorithm，SSDA）是在当前点的匹配窗口内，按像素逐个累加参考图像和待配准图像的灰度差值，同时记录累加点数。若在累加过程中灰度差值的累加值达到了预先设定的阈值，则停止累加，转而计算下一点，从而省去大量的非匹配位置处的无用计算，如图 9-10 所示。当所有点都计算完后，取最大累加点数的位置作为匹配点。

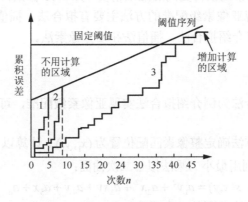

图 9-10　序贯相似性检测算法示意图

9.5.4　变分辨率相关算法

变分辨率相关算法是较常用的一种快速相关算法，它是将参考图像和待配准图像的每个 2×2 区域逐级进行灰度平均，得到两个图像塔形结构。从塔形结构的最高层开始，将参考图像和待配准图像进行相关运算，设定阈值去掉一些失配点，得到候选匹配点。然后在下一层中，只在候选匹配点中进行匹配搜索，再去掉一些失配点。由此逐级向下，直至最高分辨率的原始图像。该方法通过降低参考图像和待配准图像的大小来达到减少计算量的目的。

9.5.5　基于投影特征的匹配算法

该方法利用两幅图像的投影进行相关运算以减少计算量，从而达到提高速度的目的。

（1）设参考图像大小为 $m×n$，计算其垂直投影，得到长度为 m 的一维矩阵 g。

（2）设待配准图像大小为 $X×Y$，在其中依次取 $(X-m+1)×(Y-n+1)$ 个与参考图像相同大小的子图像，对这 $(X-m+1)×(Y-n+1)$ 个子图像分别计算它们的垂直投影，得到 $(X-m+1)×(Y-n+1)$ 个长度为 m 的一维矩阵 f。

（3）求相关系数 $R(x,y)$。

$$R(x,y) = \frac{\sum_{i=1}^{m} g(i) \cdot f(x+i-1,y)}{\sqrt{\sum_{i=1}^{m} g(i)^2 \sum_{i=1}^{m} f(x+i-1,y)^2}} \tag{9-40}$$

（4）求出 $R(x,y)$ 的最大值，其在矩阵中的位置即为参考图像在待配准图像中的位置。

基于投影特征的匹配算法是将图像的二维信息转变为一维信息，然后利用一维相关进行匹配识别，提高了速度但降低了匹配准确性。

9.6　亚像素级配准技术

在图像配准的实际应用中，由于摄像机像素单元限制，通过上述配准方法得到的结果往往在整像素量级。如果希望获得更高的配准精度（如 1/10 像素），则需要进一步使用亚像素级配准技术。目前实现亚像素级配准的方法主要有拟合法、插值法以及梯度法等。本节以相关算法为基础，重点介绍拟合法、插值法和细分像素法。

9.6.1　拟合法

下面以二次曲面拟合法为例介绍拟合法实现亚像素级配准，可以同时获得 x 和 y 方向的精确配准位置。

首先通过上述配准方法确定整像素匹配位置为 (x_1,y_1)。计算以 (x_1,y_1) 为中心 3×3 邻域 Ω 内 9 点的相关系数，利用最小二乘法拟合二次曲面：

$$s(x,y) = a_1 y^2 + a_2 x^2 + a_3 xy + a_4 y + a_5 x + a_6 \tag{9-41}$$

其中，$a_k (k=1,\cdots,6)$ 为二次曲面的 6 个系数。

拟合曲面与计算数据之间的均方差函数表示为：

$$\delta = \sum_{(x,y)\in\Omega} \left[(a_1 y^2 + a_2 x^2 + a_3 xy + a_4 y + a_5 x + a_6) - C(x,y) \right]^2 \tag{9-42}$$

计算 δ 对 a_k 的偏导数，并令其等于 0，可以得到 6 个等式：

$$\partial\delta / \partial a_k = 0, \quad (k=1,\cdots,6) \tag{9-43}$$

求解由式（9-43）所构成的方程组便可获得 a_k，代入式（9-41）便可确定二次曲面方程 $s(x,y)$。

然后对 $s(x,y)$ 求偏导数并令其等于 0，得

$$\begin{cases} \partial s/\partial x = 2a_2 x + a_3 y + a_5 = 0 \\ \partial s/\partial y = 2a_1 y + a_3 x + a_4 = 0 \end{cases} \tag{9-44}$$

求解式（9-44）得到二次曲面的驻点为：

$$\Delta x = \frac{a_3 a_4 - 2a_1 a_5}{4a_1 a_2 - a_3^2}, \Delta y = \frac{a_3 a_5 - 2a_2 a_4}{4a_1 a_2 - a_3^2} \tag{9-45}$$

实践证明相关系数函数为单值函数，且仅有一个驻点，因此不需要判断便可以确定该驻点一定为极大值点，于是亚像素级匹配位置为 $(x_1 + \Delta x, y_1 + \Delta y)$。

9.6.2　插值法

1．高斯曲面插值法

将最大相关系数值附近的曲面视为半径为 w、幅度为 h、中心坐标为 (x_0, y_0) 的高斯曲面，选择相关系数极大值点 (x_1, y_1)（即整像素匹配位置）及最接近极大值的另外 3 个点 (x_2, y_2)，(x_3, y_3) 和 (x_4, y_4)，则有

$$C(x_i, y_i) = h_i = h \exp\left[-\frac{(x_i - x_0)^2 + (y_i - y_0)^2}{w^2} \right], \quad (i = 1,2,3,4) \tag{9-46}$$

解方程组得：

$$x_0 = \frac{b_2 c_1 - b_1 c_2}{b_2 a_1 - b_1 a_2}, \quad y_0 = \frac{a_2 c_1 - a_1 c_2}{a_2 b_1 - a_1 b_2} \tag{9-47}$$

其中，

$$
\begin{aligned}
a_1 &= 2\left[h_{34}(x_2 - x_1) - h_{12}(x_4 - x_3) \right] \\
b_1 &= 2\left[h_{34}(y_2 - y_1) - h_{12}(y_4 - y_3) \right] \\
c_1 &= \left(x_2^2 - x_1^2 + y_2^2 - y_1^2 \right)h_{34} - \left(x_4^2 - x_3^2 + y_4^2 - y_3^2 \right)h_{12} \\
a_2 &= 2\left[h_{24}(x_3 - x_1) - h_{13}(x_4 - x_2) \right] \\
b_2 &= 2\left[h_{24}(y_3 - y_1) - h_{13}(y_4 - y_2) \right] \\
c_2 &= \left(x_3^2 - x_1^2 + y_3^2 - y_1^2 \right)h_{24} - \left(x_4^2 - x_2^2 + y_4^2 - y_2^2 \right)h_{13} \\
h_{ij} &= \ln\left(h_i / h_j \right), \quad (i, j = 1,2,3,4)
\end{aligned}
$$

2．梯度插值法

当确定参考图像 $g(x,y)$ 在待配准图像中的对应区域为 $f(x + x_0, y + y_0)$ 时，真实区域应为 $f(x + x_0 + \Delta x, y + y_0 + \Delta y)$，则函数

$$\delta(\Delta x, \Delta y) = \sum_x \sum_y \left[g(x,y) - f(x + x_0 + \Delta x, y + y_0 + \Delta y) \right]^2 \tag{9-48}$$

应取最小值。

将 $f(x + x_0 + \Delta x, y + y_0 + \Delta y)$ 在 $(x + x_0, y + y_0)$ 邻域进行泰勒级数展开并取到 1 次项，则公式（9-48）变为

$$\delta(\Delta x, \Delta y) = \sum_x \sum_y \left[g(x,y) - f(x + x_0, y + y_0) - \Delta x f_x(x + x_0, y + y_0) - \Delta y f_y(x + x_0, y + y_0) \right]^2 \tag{9-49}$$

令 $\dfrac{\partial \delta(\Delta x, \Delta y)}{\partial(\Delta x)} = 0$，$\dfrac{\partial \delta(\Delta x, \Delta y)}{\partial(\Delta y)} = 0$，便可以得到计算 $(\Delta x, \Delta y)$ 的方程组：

$$\begin{cases} \Delta x A_1 + \Delta y A_2 = C_1 \\ \Delta x A_3 + \Delta y A_4 = C_2 \end{cases} \tag{9-50}$$

其中，$A_1 = \sum_x \sum_y f_x^2$，$A_2 = \sum_x \sum_y f_x f_y$，$C_1 = \sum_x \sum_y (g-f) f_x$，$A_3 = \sum_x \sum_y f_y f_x$，$A_4 = \sum_x \sum_y f_y^2$，$C_2 = \sum_x \sum_y (g-f) f_y$。用差分代替偏微分，即可对方程组（9-50）求解。

根据泰勒级数理论，将级数展开式取到 2 次项或高次项后，所得到的结果将更精确。当然，其计算量将随之增加。

9.6.3　细分像素法

在待配准图像中以整像素匹配点为中心，选取一个 3×3 的窗口图像，对此窗口图像进行细化，得到亚像素级的窗口图像。同样对参考图像进行细化，得到亚像素级的参考图像。然后再对两窗口图像做相关运算。

非整数像素位置上的灰度值通过插值方法获得，为了减少计算量，一般采用如下双线性插值：

$$I(\alpha,\beta) = I_{00}(1-\alpha)(1-\beta) + I_{01}\alpha(1-\beta) + I_{10}(1-\alpha)\beta + I_{11}\alpha\beta \tag{9-51}$$

其中，I_{00}，I_{01}，I_{10}，I_{11} 为待插值点所处方格的 4 个顶点位置上的灰度值；$\alpha = k\mathrm{d}x$，$\beta = l\mathrm{d}y$ 为插值点在 α-β 坐标系下的坐标值；$\mathrm{d}x$ 和 $\mathrm{d}y$ 为 x 和 y 方向上的步长；k 和 l 为整数。细分像素法示意图如图 9-11 所示。

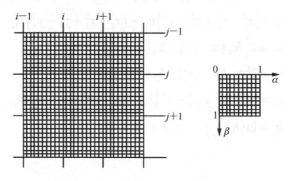

图 9-11　细分像素法示意图

如果能对图像进行理想插值，那么理论上细分像素法的精度取决于步长的大小。但是由于图像中的噪声、插值算法的误差影响、图像数字化时存在一定的采样间隔以及硬件的限制，当步长小到一定程度后，得到的测量精度是没有意义的。细分像素法最大的缺点在于计算量非常大，同时，对灰度范围比较窄的图像使用细分像素法几乎达不到提高精度的目的。

思考与练习

9-1　什么是图像配准？举出几种图像配准的应用实例。

9-2　说明互相关系数相似性度量计算公式中每一个量值符号所表示的意义。解释该测度值等于 1 时的物理意义。

9-3　请说明匹配准则和搜索方式影响图像匹配速度的原因。

9-4　讨论模板匹配。在哪种类型的应用中可以使用模板匹配？模板匹配的主要局限是什么？

9-5　什么是亚像素级配准？亚像素位移检测中拟合曲面的驻点及其位置的物理意义是什么？

第10章

摄像机标定

教学要求

理解摄像机成像模型，掌握两种经典的摄像机标定方法：线性标定方法和Tsai两步标定法。

引例

视觉测量以二维图像空间中图像处理与分析为基础，结合摄像机标定结果以及不同的几何约束条件，求解被测物体在三维空间中的几何参数或位置。因而，非常有必要介绍并熟练掌握摄像机标定知识，从而进一步实现立体成像与三维测量。摄像机标定涉及坐标系变换、透视成像以及多约束优化等数学问题。

10.1 视觉测量坐标系

10.1.1 四个基本坐标系

视觉成像建立物体空间和图像空间之间的坐标变换关系，为准确描述成像过程，需要建立四个基本坐标系，分别是世界坐标系、摄像机坐标系、像平面坐标系和图像坐标系，如图 10-1 所示。

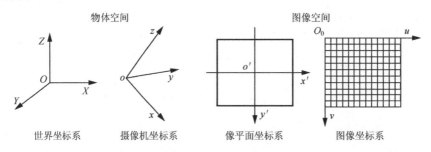

图 10-1 视觉测量坐标系

1．世界坐标系

世界坐标系 (X,Y,Z) 也称绝对坐标系，它是客观世界的绝对坐标，一般的三维场景都用这个坐标系来表示。摄像机可以放置在拍摄环境中的任意位置，因此可以用世界坐标系来描述摄像机的位置，并利用它来描述环境中被拍摄物体的位置。

2．摄像机坐标系

摄像机坐标系 (x,y,z) 是以摄像机为中心制定的坐标系统，一般常取摄像机的光轴为 z 轴，以摄像机光心为坐标原点。

3．像平面坐标系

像平面坐标系 (x',y') 一般常取与摄像机坐标系统 x–y 平面相平行的平面，x 与 x' 轴，y 与 y' 轴分别平行，像平面的原点定义在摄像机光轴上。光轴与像平面的交点为像平面坐标系的原点 o'，$\overline{o'o}$ 的长度为摄像机的有效焦距 f。

4．图像坐标系

像平面坐标系与图像坐标系 (u,v) 既相区别，也相联系。二者都用来对视觉场景的投影图像进行描述，并且同名坐标轴对应平行，但所采用的单位、坐标原点不同。图像坐标系，其原点定义在图像矩阵的左上角，单位为像素；而像平面坐标系是连续坐标系，其原点定义在摄像机光轴与图像平面的交点 (u_0,v_0) 处，坐标单位为毫米。

10.1.2　四个坐标系间的变换关系

在如图 10-2 所示的摄像机成像坐标变换原理图中，设空间物点 P 成像后的像点为 p，f 为摄像机有效焦距，不考虑成像畸变的理想透视变换情况下，四个不同坐标系之间存在如下坐标变换关系。

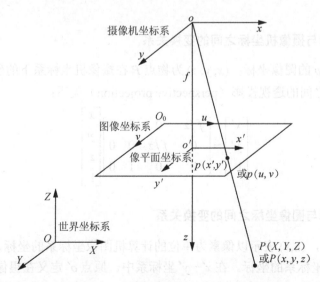

摄像机坐标系

图像坐标系

像平面坐标系

世界坐标系

$p(x',y')$ 或 $p(u,v)$

$P(X,Y,Z)$ 或 $P(x,y,z)$

图 10-2　摄像机成像坐标变换原理图

1. 世界坐标与摄像机坐标之间的变换关系

世界坐标系中的点到摄像机坐标系的变换可由一个旋转变换矩阵 R 和一个平移变换向量 t 来描述。于是,空间某一点 P 在世界坐标系与摄像机坐标系下的齐次坐标具有如下关系:

$$\begin{bmatrix} x \\ y \\ z \\ 1 \end{bmatrix} = \begin{bmatrix} R & t \\ 0 & 1 \end{bmatrix} \begin{bmatrix} X \\ Y \\ Z \\ 1 \end{bmatrix} \tag{10-1}$$

式中, R 为 3×3 正交单位矩阵; t 为三维平移向量,其形式为 $t = \begin{bmatrix} T_x & T_y & T_z \end{bmatrix}$ 矩阵; 0 表示零向量, $0 = (0,\ 0,\ 0)^{\mathrm{T}}$。旋转矩阵 R 的具体形式为 $R = \begin{bmatrix} r_1 & r_2 & r_3 \\ r_4 & r_5 & r_6 \\ r_7 & r_8 & r_9 \end{bmatrix}$,由欧拉角将其描述为以下形式:

$$r_1 = \cos\psi\cos\phi$$
$$r_2 = \sin\theta\sin\psi\cos\phi - \cos\theta\sin\phi$$
$$r_3 = \cos\theta\sin\psi\cos\phi - \sin\theta\cos\phi$$
$$r_4 = \cos\psi\sin\phi$$
$$r_5 = \sin\theta\sin\psi\sin\phi + \cos\theta\cos\phi$$
$$r_6 = \cos\theta\sin\psi\sin\phi - \sin\theta\cos\phi$$
$$r_7 = \sin\psi$$
$$r_8 = \sin\theta\cos\psi$$
$$r_9 = \cos\theta\cos\psi$$

式中 θ 是光轴的俯仰角(绕 x 轴旋转); ψ 是光轴的偏航角(绕 y 轴旋转); ϕ 是光轴的滚动角(绕 z 轴旋转);由上面的式子可以看出旋转矩阵 R 中仅仅包含这三个参数,且为单位正交阵。

2. 像平面坐标与摄像机坐标之间的变换关系

(x', y') 为像点 p 的图像坐标; (x, y, z) 为物点 P 在摄像机坐标系下的坐标,同样可以用齐次坐标表示二者之间的透视投影(perspective projection)关系:

$$\begin{bmatrix} x' \\ y' \\ 1 \end{bmatrix} = \begin{bmatrix} f/z & 0 & 0 & 0 \\ 0 & f/z & 0 & 0 \\ 0 & 0 & 1 & 0 \end{bmatrix} \begin{bmatrix} x \\ y \\ z \\ 1 \end{bmatrix} \tag{10-2}$$

3. 像平面坐标与图像坐标之间的变换关系

如图 10-3 所示, (u,v) 表示以像素为单位的计算机图像坐标系的坐标, (x',y') 表示以毫米为单位的像平面坐标系的坐标。在 $x'-y'$ 坐标系中,原点 o' 定义在摄像机光轴与图像平面的交点,即主点,若 o' 在 $u-v$ 坐标系中的坐标为 (u_0,v_0),每一个像素在 x' 轴与 y' 轴方向上的物理尺寸为 d_x 和 d_y,则图像中任意一个像素在两个坐标系下有:

$$\begin{bmatrix} u \\ v \\ 1 \end{bmatrix} = \begin{bmatrix} 1/d_x & 0 & u_0 \\ 0 & 1/d_y & v_0 \\ 0 & 0 & 1 \end{bmatrix} \begin{bmatrix} x' \\ y' \\ 1 \end{bmatrix}$$ (10-3)

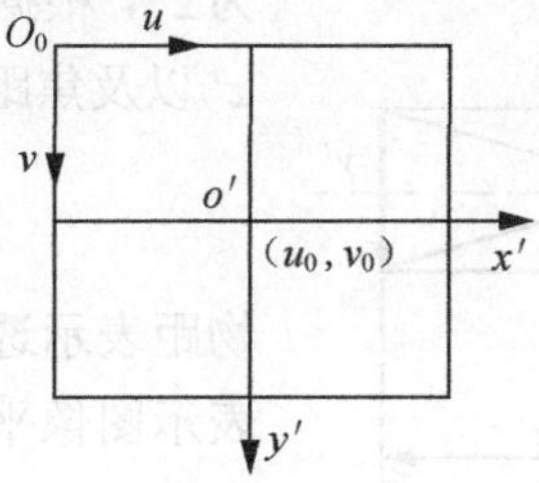

图 10-3　图像坐标系与像平面坐标系

4．图像坐标与世界坐标之间的变换关系

将式（10-1）代入式（10-2）再代入式（10-3），就得到以世界坐标表示的 P 点坐标与其投影点 p 的坐标 (u, v) 的关系：

$$z \begin{bmatrix} u \\ v \\ 1 \end{bmatrix} = \begin{bmatrix} 1/d_x & 0 & u_0 \\ 0 & 1/d_y & v_0 \\ 0 & 0 & 1 \end{bmatrix} \begin{bmatrix} f & 0 & 0 & 0 \\ 0 & f & 0 & 0 \\ 0 & 0 & 1 & 0 \end{bmatrix} \begin{bmatrix} R & t \\ 0 & 1 \end{bmatrix} \begin{bmatrix} X \\ Y \\ Z \\ 1 \end{bmatrix}$$

$$= \begin{bmatrix} a_x & 0 & u_0 & 0 \\ 0 & a_y & v_0 & 0 \\ 0 & 0 & 1 & 0 \end{bmatrix} \begin{bmatrix} R & t \\ 0 & 1 \end{bmatrix} \begin{bmatrix} X \\ Y \\ Z \\ 1 \end{bmatrix} = M_1 M_2 W_h = M W_h$$ (10-4)

其中，$a_x = f/d_x$，$a_y = f/d_y$；M 为 3×4 矩阵，称为投影矩阵；矩阵 M_1 为摄像机内部参数矩阵，由参数 a_x、a_y、u_0 和 v_0 决定，这些参数只与摄像机内部结构有关，称摄像机内部参数。需要注意的是，在某些文献中，内部参数矩阵的形式为

$$M_1 = \begin{bmatrix} a_x & \mu & u_0 \\ 0 & a_y & v_0 \\ 0 & 0 & 1 \end{bmatrix}$$ (10-5)

其中，μ 表示 u 轴和 v 轴的不垂直因子，则矩阵 M_1 由 a_x、a_y、μ、u_0、v_0 五个参数决定。矩阵 M_2 为摄像机外部参数矩阵，包含六个只与摄像机相对于世界坐标系的方位有关的外部参数；W_h 为空间点在世界坐标系下的齐次坐标。

式（10-4）也表示当世界坐标、摄像机坐标、像平面坐标和图像坐标都分开且不考虑畸变影响时的通用摄像机模型。

10.2　摄像机成像模型

摄像机通过成像透镜将三维场景投影到摄像机二维像平面上，这个投影可用成像变换描述，即摄像机成像模型。

10.2.1 针孔模型

采用透镜成像描述摄像机成像原理，如图 10-4 所示，设物距为 z，透镜焦距为 f，像距

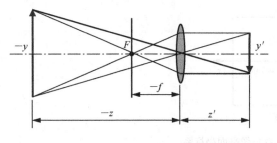

图 10-4 透镜成像原理

为 z'，根据几何光学高斯定理，物距 z、像距 z' 以及焦距 f 三者之间满足如下关系：

$$\frac{1}{z'} - \frac{1}{z} = \frac{1}{f} \qquad (10\text{-}6)$$

物距表示透镜中心到空间物点的距离，像距表示图像平面到透镜中心的距离，透镜中心也称为光学原点，即投影中心。公式（10-6）也称为透镜公式（Lens equation）。

一般情况下，$z \gg f$，即 $z \to \infty$，所以 $z' \approx f$，即像距与焦距相近。实际应用中，针孔成像模型是计算机视觉中广泛采用的理想的投影成像模型，也称针孔模型。假设摄像机理想成像，不存在非线性畸变。物体表面的反射光线都经过一个小孔而投影到像平面上，满足光的直线传播条件。物点、针孔、像点在一条直线上，物点与针孔的连线与像平面的交点即为成像点。本章介绍的成像模型均是以这种针孔线性成像模型为基础建立起来的。

10.2.2 透视投影

计算机视觉依赖于针孔模型模拟透视投影的几何学，但是忽略了景深的影响，基于一个事实：只有一定深度范围内的那些点被投影在图像平面。透视投影假设可视体（view volume）是一个有限的金字塔，被顶点、底面以及在图像平面上的可视矩形的边所限定。

图像几何学（image geometry）将确定物点被投影在图像平面中的什么位置。物点在图像平面的投影模型如图 10-5 所示。在这个模型中，投影系统的中心与用来描述景物点的三维坐标系 xyz 的原点重合，即世界坐标与摄像机坐标重合。物点 P 坐标用 (x, y, z) 来描述，x 坐标表示从摄像机方向看物点在空间中的水平位置，y 坐标表示其垂直位置，z 坐标表示物点与摄像机在平行于 z 轴方向的距离。物点的光线为通过兴趣点与投影中心的一条直线，图中只显示了一条光线。

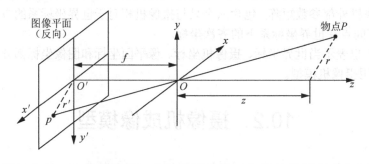

图 10-5 物点在图像平面的投影模型

图像平面平行于三维坐标系的 x-y 平面且与投影中心的距离等于 f，并且投影图像是

反向的。习惯上，为了避免这种反向，通常假设图像平面在针孔前面，即图像平面位于如图 10-6 所示的投影中心的前方，也就是虚拟图像的位置。图像平面中像 p 的坐标用 x' 和 y' 来描述，图像平面中(0,0)点为图像平面的坐标原点。空间一点在图像平面中的位置根据下面介绍的透视投影方法来确定。

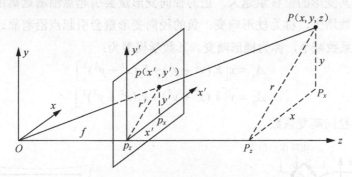

图 10-6　由物点计算投影点图解

通过计算经过物点 $P(x,y,z)$ 的光线与图像平面交点的坐标可以确定出空间一点在图像平面中的位置。物点 $P(x,y,z)$ 与 z 轴的距离为 $r = \sqrt{x^2 + y^2}$，投影在图像平面的像点 p 与图像平面坐标原点的距离为 $r' = \sqrt{x'^2 + y'^2}$。根据 $\triangle pOp_z$ 与 $\triangle POP_z$ 相似，有：

$$\frac{f}{z} = \frac{r'}{r} \tag{10-7}$$

$\triangle pp_zp_x$ 与 $\triangle PP_zP_x$ 也构成相似三角形，于是有：

$$\frac{x'}{x} = \frac{y'}{y} = \frac{r'}{r} \tag{10-8}$$

根据以上两式得到透视投影公式：

$$\frac{x'}{x} = \frac{f}{z} \text{ 和 } \frac{y'}{y} = \frac{f}{z} \tag{10-9}$$

物点 $P(x, y, z)$ 在图像平面中的位置由下面公式计算：

$$x' = \frac{f}{z} x$$
$$y' = \frac{f}{z} y \tag{10-10}$$

10.2.3　摄像机镜头畸变

摄像机光学系统并不是精确地按照理想化的小孔成像原理工作，其存在透镜畸变，即物点在摄像机像面上实际所成的像与理想成像之间存在不同程度的非线性变形，因此物点在摄像机像面上实际所成的像与空间点之间存在着复杂的非线性关系。目前，镜头畸变主要有三类：径向畸变（radial distortion）、偏心畸变（eccentric distortion）和薄棱镜畸变（thin prism distortion）。其中径向畸变只产生径向位置的位移偏差，而偏心畸变和薄棱镜畸变则既产生径向位移偏差，又产生切向位移偏差，无畸变理想图像点位置与有畸变实际图像点位置之间的关系，如图 10-7 所示。

1. 径向畸变

径向畸变就是矢量端点沿长度方向发生的变化Δ_r，也就是矢径的变化，如图 10-8 所示。光学镜头径向曲率的变化是引起径向畸变的主要原因。这种变形会使得图像点沿径向移动，离中心点越远，其变形的位移量越大。正的径向变形量会引起点沿着远离图像中心的方向移动，其比例系数增大，称为枕形畸变；负的径向变形量会引起点沿着靠近图像中心的方向移动，其比例系数减小，称为桶形畸变。其数学模型为：

$$\Delta_{rx} = x\left[k_1(x^2 + y^2) + k_2(x^2 + y^2)^2 \right]$$
$$\Delta_{ry} = y\left[k_1(x^2 + y^2) + k_2(x^2 + y^2)^2 \right]$$

（10-11）

式中，k_1 和 k_2 为径向畸变系数。

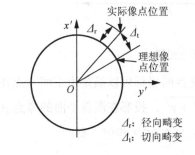

Δ_r：径向畸变
Δ_t：切向畸变

图 10-7　理想像点与实际像点位置关系

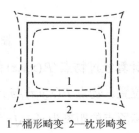

1—桶形畸变　2—枕形畸变

图 10-8　径向畸变

2. 偏心畸变

由于镜头装配误差，组成光学系统的多个光学镜头的光轴不可能完全共线，从而引起偏心畸变，这种变形是由径向变形分量和切向变形分量共同构成的，其数学模型为：

$$\Delta_{ex} = 2p_2xy + p_1(3x^2 + y^2)$$
$$\Delta_{ey} = 2p_1xy + p_2(x^2 + 3y^2)$$

（10-12）

式中，p_1 和 p_2 为偏心畸变系数。

3. 薄棱镜畸变

薄棱镜畸变是指由光学镜头制造误差和成像敏感阵列制造误差引起的图像变形，这种变形是由径向变形分量和切向变形分量共同构成的，其数学模型为：

$$\Delta_{px} = s_1(x^2 + y^2)$$
$$\Delta_{py} = s_2(x^2 + y^2)$$

（10-13）

如果考虑镜头畸变，需要对针孔模型进行修正。在像平面坐标系下，理想像点坐标(x',y')可以表示为实际像点坐标(x^*,y^*)与畸变误差之和，即：

$$x' = x^* + \Delta_x + \Delta_{ex} + \Delta_{px}$$
$$y' = y^* + \Delta_y + \Delta_{ey} + \Delta_{py}$$

（10-14）

在工业视觉应用中，一般只需要考虑径向畸变，因为在考虑镜头的非线性畸变时的摄像机标定需要使用非线性优化算法，而过多地引入非线性参数，往往不能提高解的精度，反而会引起求解的不稳定性。于是，完整的摄像机标定应该是求解摄像机内外参数的过程，该过程是非线性的。

10.3　摄像机标定方法

1．摄像机标定内容

摄像机标定实际上是要求标定出六个外部参数、五个内部参数以及各种畸变系数 k_1、k_2、p_1、p_2、s_1、s_2 等。若不考虑成像平面不与光轴正交，则可以不考虑畸变因子 μ。一般情况下，畸变系数只考虑径向畸变，并设 $k_1 = k_2 = k$。

如果已知摄像机的内外参数，即矩阵 M 已知，对任何空间点，知道它的世界坐标 (X, Y, Z)，就可以求出该物点在图像坐标系中投影点坐标 (u, v)。反过来，如果已知空间某点的图像坐标，即使已知内外参数，空间坐标也不是唯一确定的，它对应空间的一条射线。

2．摄像机标定方法

1）常用的摄像机标定方法分类

目前常用的摄像机标定方法可以归纳为三类：传统摄像机标定方法、摄像机自标定方法和基于主动视觉的标定方法。

（1）传统的摄像机标定方法：将具有已知形状、尺寸的标定参照物作为摄像机的拍摄对象。然后对采集到的图像进行处理，利用一系列数学变换和计算，求取摄像机模型的内部参数和外部参数。

（2）自标定方法：不需要特定的参照物，仅仅通过摄像机获取的图像信息来确定摄像机参数。虽然自标定技术的灵活性较强，但由于其需要利用场景中的几何信息，并且鲁棒性和精度都不是很高。

（3）基于主动视觉的摄像机标定：在已知摄像机的某些运动信息的情况下标定摄像机的方法，已知信息包括定量信息和定性信息。其主要优点是通过已知摄像机的运动信息，线性求解摄像机模型参数，因而算法的稳健性较好。在摄像机运动信息未知和无法控制的场合不能运用。

2）经典的标定方法

经典的标定方法主要有线性标定方法（透视变换法）、直接线性变换法、基于径向约束的两步标定法、张正友法和双平面法。其中，线性标定方法是基于线性透视投影模型的标定方法，忽略了摄像机镜头的非线性畸变，用线性方法求解摄像机的内外参数；两步标定法进一步考虑了径向畸变补偿，针对三维立体靶标上的特征点，采用线性模型计算摄像机的某些参数，并将其作为初始值，再考虑畸变因素，利用非线性优化算法进行迭代求解。两步标定法克服了线性方法和非线性优化算法的缺点，提高了标定结果的可靠性和精确度，是非线性模型摄像机标定较为有效的方法；张正友法是介于传统标定方法和自标定方法之间的一种基于二维平面靶标的摄像机标定方法，要求摄像机在两个以上不同方位拍摄一个平面靶标（平面网格点和平面二次曲线），而不需知道运动参数；双平面法的优点是利用线性方法求解有关参数，缺点是求解未知参数数量太大，存在过分参数化的倾向。

经典标定方法的标定流程：

① 布置标定点，固定摄像机进行拍摄；

② 测量各标定点的图像平面坐标 (u,v)；

③ 将各标定点相应的图像平面坐标 (u,v) 及世界坐标 (X,Y,Z) 代入摄像机模型式中，根据标定方法，求解摄像机内外参数。

下面仅介绍线性标定方法和 Tsai 两步标定法的基本原理。

10.3.1 线性标定方法

从上文对摄像机几何模型和镜头畸变的介绍可以看出，描述三维空间坐标系与二维图像坐标系关系的方程一般说来是摄像机内部参数、外部参数和畸变系数的非线性方程。如果忽略摄像机镜头的非线性畸变，并且把透视投影变换矩阵中的元素作为未知数，给定已知的一组三维标定点和对应的图像点，就可以利用线性方法求解透视投影矩阵中的各个元素。

摄像机线性模型式（10-4）可以写成如下形式：

$$z\begin{bmatrix} u \\ v \\ 1 \end{bmatrix} = \begin{bmatrix} m_{11} & m_{12} & m_{13} & m_{14} \\ m_{21} & m_{22} & m_{23} & m_{24} \\ m_{31} & m_{32} & m_{33} & m_{34} \end{bmatrix} \begin{bmatrix} X \\ Y \\ Z \\ 1 \end{bmatrix} \tag{10-15}$$

式中，$[X\ Y\ Z\ 1]^\mathrm{T}$ 是空间三维点的齐次世界坐标；$[u\ v\ 1]^\mathrm{T}$ 是相应的图像坐标；m_{ij} 是透视变换矩阵 $\boldsymbol{M}$ 的元素。式（10-15）包含如下三个方程：

$$zu = m_{11}X + m_{12}Y + m_{13}Z + m_{14}$$
$$zv = m_{21}X + m_{22}Y + m_{23}Z + m_{24} \tag{10-16}$$
$$z = m_{31}X + m_{32}Y + m_{33}Z + m_{34}$$

在上面三个方程中，第一和第二个方程分别除以第三个方程，整理消去 z 后，得到两个关于 m_{ij} 的线性方程：

$$m_{11}X + m_{12}Y + m_{13}Z + m_{14} - m_{31}uX - m_{32}uY - m_{33}uZ = um_{34}$$
$$m_{21}X + m_{22}Y + m_{23}Z + m_{24} - m_{31}vX - m_{32}vY - m_{33}vZ = vm_{34} \tag{10-17}$$

这两个方程描述了一个三维世界坐标点 $[X\ Y\ Z\ 1]^\mathrm{T}$ 与相应的图像点 $[u\ v\ 1]^\mathrm{T}$ 之间的关系。如果已知三维世界坐标和相应的图像坐标，将变换矩阵的元素看做未知数，则共有 12 个未知数。对于每一个标定特征点，都会得到上述的两个方程。一般情况下可以假设 $m_{34} = 1$，那么共有 11 个未知数。如果选取 $n(n \geqslant 6)$ 个标定特征点，可以得到由 $2n$ 个方程组成的一个关于 11 个参数的超定方程组。表示成矩阵形式为

$$\boldsymbol{KM} = \boldsymbol{U} \tag{10-18}$$

其中，

$$\boldsymbol{K} = \begin{bmatrix} X_1 & Y_1 & Z_1 & 1 & 0 & 0 & 0 & 0 & -u_1X_1 & -u_1Y_1 & -u_1Z_1 \\ 0 & 0 & 0 & 0 & X_1 & Y_1 & Z_1 & 1 & -v_1X_1 & -v_1Y_1 & -v_1Z_1 \\ \vdots & \vdots & \vdots & \vdots & \vdots & \vdots & \vdots & \vdots & \vdots & \vdots & \vdots \\ X_n & Y_n & Z_n & 1 & 0 & 0 & 0 & 0 & -u_nX_n & -u_nY_n & -u_nZ_n \\ 0 & 0 & 0 & 0 & X_n & Y_n & Z_n & 1 & -v_nX_n & -v_nY_n & -v_nZ_n \end{bmatrix},$$

$$M = \begin{bmatrix} m_{11} & m_{12} & m_{13} & m_{14} & m_{21} & m_{22} & m_{23} & m_{24} & m_{31} & m_{32} & m_{33} \end{bmatrix}^{\mathrm{T}},$$

$$U = \begin{bmatrix} u_1 & v_1 & \cdots & u_n & v_n \end{bmatrix}^{\mathrm{T}}.$$

采用线性最小二乘法可以求出上述线性方程组的解：

$$M = \left(K^{\mathrm{T}}K\right)^{-1}K^{\mathrm{T}}U \tag{10-19}$$

求出系数矩阵 M 后，还要计算出摄像机的全部内外参数。在求解矩阵 M 时，设 $m_{34}=1$，于是所求矩阵 M 与实际矩阵 M 相差一个 m_{34} 因子。将式（10-4）中矩阵 M 与摄像机内外参数的关系写成：

$$m_{34}\begin{bmatrix} m_{11} & m_{12} & m_{13} & m_{14} \\ m_{21} & m_{22} & m_{23} & m_{24} \\ m_{31} & m_{32} & m_{33} & 1 \end{bmatrix} = \begin{bmatrix} a_x & 0 & u_0 & 0 \\ 0 & a_y & v_0 & 0 \\ 0 & 0 & 1 & 0 \end{bmatrix}\begin{bmatrix} R & t \\ 0 & 1 \end{bmatrix}$$

$$m_{34}\begin{bmatrix} M_1^{\mathrm{T}} & m_{14} \\ M_2^{\mathrm{T}} & m_{24} \\ M_3^{\mathrm{T}} & 1 \end{bmatrix} = \begin{bmatrix} a_x & 0 & u_0 & 0 \\ 0 & a_y & v_0 & 0 \\ 0 & 0 & 1 & 0 \end{bmatrix}\begin{bmatrix} R_1^{\mathrm{T}} & T_x \\ R_2^{\mathrm{T}} & T_y \\ R_3^{\mathrm{T}} & T_z \\ 0 & 1 \end{bmatrix}$$

即

$$m_{34}\begin{bmatrix} M_1^{\mathrm{T}} & m_{14} \\ M_2^{\mathrm{T}} & m_{24} \\ M_3^{\mathrm{T}} & 1 \end{bmatrix} = \begin{bmatrix} a_x R_1^{\mathrm{T}} + u_0 R_3^{\mathrm{T}} & a_x T_x + u_0 T_z \\ a_y R_2^{\mathrm{T}} + v_0 R_3^{\mathrm{T}} & a_y T_y + v_0 T_z \\ R_3^{\mathrm{T}} & T_z \end{bmatrix} \tag{10-20}$$

式中，M_i^{T} $(i=1\sim3)$ 为矩阵 M 的第 i 行的前 3 个元素组成的行矢量；m_{i4} $(i=1\sim3)$ 为矩阵 M 第 i 行的第 4 列元素；R_i^{T} $(i=1\sim3)$ 为旋转矩阵 R 的第 i 行；T_x、T_y、T_z 分别为平移矢量 T 的三个分量。

比较上式两边可知，$m_{34}M_3 = R_3$，由于 R_3 是正交单位矩阵的第 3 行，且 $|R_3|=1$（矢量的模），因此可以从 $m_{34}|M_3|=1$ 求出

$$m_{34} = \frac{1}{|M_3|} \tag{10-21a}$$

再由以下公式可得出 R_3、u_0、v_0、a_x、a_y，有

$$R_3 = m_{34}M_3 \tag{10-21b}$$

$$u_0 = m_{34}^2 M_1^{\mathrm{T}} M_3 \tag{10-21c}$$

$$v_0 = m_{34}^2 M_2^{\mathrm{T}} M_3 \tag{10-21d}$$

$$a_x = m_{34}^2 |M_1 \times M_3| \tag{10-21e}$$

$$a_y = m_{34}^2 |M_2 \times M_3| \tag{10-21f}$$

式中，符号"×"表示矢量积运算符。由以上求出的参数可进一步求出以下参数：

$$R_1 = \frac{m_{34}}{a_x}\left(M_1 - u_0 M_3\right) \tag{10-21g}$$

$$R_2 = \frac{m_{34}}{a_y}\left(M_2 - v_0 M_3\right) \tag{10-21h}$$

$$T_z = m_{34} \tag{10-21i}$$

$$T_x = \frac{m_{34}}{a_x}(m_{14} - u_0) \qquad (10\text{-}21\text{j})$$

$$T_x = \frac{m_{34}}{a_y}(m_{24} - v_0) \qquad (10\text{-}21\text{k})$$

在进行实际的标定实验时，需要注意：①矩阵 M 确定了空间点坐标和图像像素坐标的关系。在许多应用场合，如立体视觉系统，计算出 M 后，不必再分解出摄像机内外参数。也就是说，M 本身代表了摄像机参数。但这些参数没有具体的物理意义，在有些文献资料中称为隐参数（implicit parameter）。而在有些应用场合，如运动分析，则需要从 M 中分解出摄像机的内外参数。②M 由 4 个摄像机内部参数及 R 与 t 所确定。由矩阵 R 是正交单位矩阵可知，R 和 t 的独立变量数为 6。因此，M 由 10 个独立变量所确定，但 M 为 3×4 矩阵，有 12 个参数。由于在求 M 时 m_{34} 可指定为任意不为零的常数，故 M 由 11 个参数决定。可见这 11 个参数并非互相独立，存在着变量之间的约束关系。但在用式（10-15）所表示的线性方法求解这些参数时，并没有考虑这些变量间的约束关系。因此，当数据有误差的情况下，计算结果是有误差的，而且误差在各参数间的分配也没有按它们之间的约束关系考虑。

线性标定法的优点是无须利用非线性优化算法求解摄像机参数，从而运算速度快，能够实现摄像机参数的实时计算。缺点是：①标定过程中不考虑摄像机镜头的非线性畸变，使得标定精度受到一定影响；②线性方程组中未知参数的个数大于世界坐标系自由度的数目，未知数不是互相独立的。在图像含有噪声的情况下，解得线性方程中的未知数也许能够很好地符合这一线性方程，但由此分解得到的参数值却未必能与世界坐标系情况很好地符合，使测量精度受到一定限制。

10.3.2　Tsai 两步标定法

Roger Tsai 提出了一种基于径向约束（Radial Alignment Constraint，RAC）的两步标定法，先利用直接线性变换方法或透视投影变换矩阵求解摄像机参数，然后以求得的参数作为初始值，考虑摄像机畸变因素，利用非线性优化方法进一步提高标定的精确度。基于径向约束方法的最大好处是它所使用的大部分方程是线性方程，从而降低了参数求解的复杂性，因此其标定过程快捷、准确。

基于径向校正约束的两步标定法的核心是利用径向一致约束来求解除 T_z（摄像机光轴方向的平移）外的其他外部参数，然后再求解其他参数。其算法第一步是用最小二乘法求解线性方程组，得出摄像机外部参数；第二步求解摄像机内部参数，如果摄像机无透镜畸变，则可由一个线性方程直接求出。这个过程所求解的内外部参数分别为焦距 f、径向畸变因子 k、旋转矩阵 R 和平移向量 t。

1．径向约束

在图 10-9 中，按理想的透视投影成像关系，空间点 $P(X,Y,Z)$ 在摄像机像平面上的像点为 $p'(x',y')$，但是由于镜头的径向畸变，其实际的像点为 $p^*(x^*,y^*)$，它与 $P(X,Y,Z)$ 之间不符合透视投影关系。

由图 10-9 可以看出，$\overline{o'p^*}$ 与 $\overline{P_zP}$ 的方向一致，且径向畸变不改变 $\overline{o'p^*}$ 的方向，即 $\overline{o'p^*}$ 方

向始终与 $\overline{o'p'}$ 的方向一致。其中 o' 是图像中心，P_Z 是位于 $(0,0,Z)$ 的点，这样 RAC 可表示为 $\overline{o'p^*} /\!/ \overline{o'p'} /\!/ \overline{P_Z P}$ 。

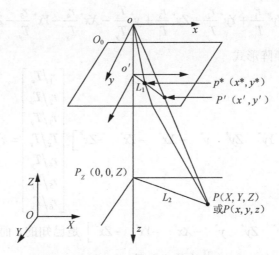

图 10-9　考虑镜头畸变的摄像机成像示意图

由成像模型可知，径向畸变不改变 $\overline{o'p^*}$ 的方向。因此，无论有无透镜畸变都不影响上述事实。有效焦距 f 的变化也不会影响上述事实，因为 f 的变化只会改变 $\overline{o'p^*}$ 的长度而不会改变方向。这样就意味着由径向约束所推导出的任何关系式都与有效焦距 f 和畸变系数 k 无关。

假定标定点位于绝对坐标系的某一平面中，并假设摄像机相对于这个平面的位置关系满足下面两个重要条件：

① 绝对坐标系中的原点不在视场范围内；

② 绝对坐标系中的原点不会投影到图像上接近与图像平面坐标系的 y' 轴。

条件①消除了透镜变形对摄像机常数和到标定平面距离的影响；条件②保证了刚体平移的 y' 分量不会接近于 0，因为 y' 分量常常出现在下面引入的许多方程的分母中。这两个条件在许多成像场合下是很容易满足的。例如，假设摄像机放在桌子的正上方，镜头朝下正好看到桌子的中间位置。绝对坐标系可以定义在桌子上，其中 $Z=0$，对应于桌子平面，X 轴和 Y 轴分别对应于桌子的边缘，桌子的顶角是绝对坐标系的原点，位于视场之外。

2. Tsai 两步法标定过程

由摄像机坐标与世界坐标关系式（10-1）可以得到

$$x = r_1 X + r_2 Y + r_3 Z + T_x$$
$$y = r_4 X + r_5 Y + r_6 Z + T_y \quad\quad (10\text{-}22)$$
$$z = r_7 X + r_8 Y + r_9 Z + T_z$$

由径向约束条件可得

$$\frac{x}{y} = \frac{x^*}{y^*} = \frac{r_1 X + r_2 Y + r_3 Z + T_x}{r_4 X + r_5 Y + r_6 Z + T_y} \quad\quad (10\text{-}23)$$

将上式移项，整理可得

$$Xy^* r_1 + Yy^* r_2 + Zy^* r_3 + y^* T_x - Xx^* r_4 - Yx^* r_5 - Zx^* r_6 = x^* T_y \tag{10-24}$$

式（10-24）两边同除以 T_y，得

$$Xy^* \frac{r_1}{T_y} + Yy^* \frac{r_2}{T_y} + Zy^* \frac{r_3}{T_y} + y^* \frac{T_x}{T_y} - Xx^* \frac{r_4}{T_y} - Yx^* \frac{r_5}{T_y} - Zx^* \frac{r_6}{T_y} = x^* \tag{10-25}$$

将式（10-25）表示为矩阵形式

$$\begin{bmatrix} Xy^* & Yy^* & Zy^* & y^* & -Xx^* & -Yx^* & -Zx^* \end{bmatrix} \begin{bmatrix} r_1/T_y \\ r_2/T_y \\ r_3/T_y \\ T_x/T_y \\ r_4/T_y \\ r_5/T_y \\ r_6/T_y \end{bmatrix} = x^* \tag{10-26}$$

其中，行矢量 $\begin{bmatrix} Xy^* & Yy^* & Zy^* & y^* & -Xx^* & -Yx^* & -Zx^* \end{bmatrix}$ 是已知的，而列矢量 $\begin{bmatrix} r_1/T_y & r_2/T_y \end{bmatrix}$ $r_3/T_y \quad T_x/T_y \quad r_4/T_y \quad r_5/T_y \quad r_6/T_y \end{bmatrix}^{\mathrm{T}}$ 为待求参数。

实际像平面坐标$(x*,y*)$到图像坐标(u,v)的变换关系表示为

$$u = \mu \frac{x^*}{d'_x} + u_0$$
$$v = \frac{y^*}{d_y} + v_0 \tag{10-27}$$

其中，$d'_x = d_x N_{cx} / N_{fx}$，$d_x$ 为摄像机在 X 方向的像素间距，d_y 为摄像机在 Y 方向的像素间距，N_{cx} 为摄像机在 X 方向的像素数，N_{fx} 为计算机在 X 方向采集到的行像素数，μ 为尺度因子或称纵横比，(u_0, v_0) 为光学中心。

基于式（10-26），Roger Tsai 给出了基于共面标定点和非共面点的求解方法。由于共面点的方法不能求解 μ，因此，一般使用较少。在这里重点介绍基于非共面标定点的求解方法。

设采用 N 个非共面点进行标定，三维世界坐标为(X_i, Y_i, Z_i)，相应图像坐标系中对应点的坐标为(u_i, v_i)，$i = 1 \sim N$，则标定过程分以下几步实现。

第 1 步：求解旋转矩阵 $\boldsymbol{R}$，平移矩阵 $\boldsymbol{T}$ 中的 T_x、T_y 以及尺度因子 μ。

（1）设 $\mu = 1$，(u_0, v_0) 为计算机屏幕的中心点坐标，依据式（10-27）由获取的图像坐标 (u_i, v_i) 计算实际像平面坐标 (x_i^*, y_i^*)。

（2）由径向约束条件，且 $Z \neq 0$，式（10-26）写为

$$\begin{bmatrix} X_i y_i^* & Y_i y_i^* & Z_i y_i^* & y_i^* & -X_i x_i^* & -Y_i x_i^* & -Z_i x_i^* \end{bmatrix} \begin{bmatrix} \mu r_1/T_y \\ \mu r_2/T_y \\ \mu r_3/T_y \\ \mu T_x/T_y \\ r_4/T_y \\ r_5/T_y \\ r_6/T_y \end{bmatrix} = x_i^* \tag{10-28}$$

根据式（10-28），对于 N 个（即 $i = 1 \sim N$）非共面点可以建立 N 个方程，联立这 N 个

方程，利用最小二乘法解超定方程组，可解得如下变量：$a_1 = \mu r_1 / T_y$，$a_2 = \mu r_2 / T_y$，$a_3 = \mu r_3 / T_y$，$a_4 = \mu T_x / T_y$，$a_5 = r_4 / T_y$，$a_6 = r_5 / T_y$，$a_7 = r_6 / T_y$。

（3）由于

$$\left(a_5^2 + a_6^2 + a_7^2 \right)^{-1/2} = \left[\left(r_4 / T_y \right)^2 + \left(r_5 / T_y \right)^2 + \left(r_6 / T_y \right)^2 \right]^{-1/2} = \left| T_y \right| \left(r_4^2 + r_5^2 + r_6^2 \right)^{-1/2} \quad (10\text{-}29)$$

根据 $\boldsymbol{R}$ 的正交性，即式（10-29）中 $\left(r_4^2 + r_5^2 + r_6^2 \right)^{-1/2} = 1$，则有

$$\left| T_y \right| = \left(a_5^2 + a_6^2 + a_7^2 \right)^{-1/2} \quad (10\text{-}30)$$

（4）由下式计算：

$$\mu = \left(a_1^2 + a_2^2 + a_3^2 \right)^{1/2} \left| T_y \right| \quad (10\text{-}31)$$

（5）由如下方法确定 T_y 的符号并同时得到 $r_1 \sim r_9$ 及 T_x。由于 x^* 与 X、y^* 与 Y 具有相同的符号，则先假设 T_y 符号为正，在标定中任意选取一个点，进行如下计算：

① $r_1 = a_1 T_y / \mu$，$r_2 = a_2 T_y / \mu$，$r_3 = a_3 T_y / \mu$，$T_x = a_4 T_y / \mu$，$r_4 = a_5 T_y$，$r_5 = a_6 T_y$，$r_6 = a_7 T_y$；

$x = r_1 X + r_2 Y + r_3 Z + T_x$，$y = r_4 X + r_5 Y + r_6 Z + T_y$。

② 若 x 与 x^*，y 与 y^* 同号，则 T_y 符号为正；否则 T_y 符号为负。

③ 根据 $\boldsymbol{R}$ 的正交性，计算 r_7，r_8，r_9：

$$\begin{bmatrix} r_7 \\ r_8 \\ r_9 \end{bmatrix} = \begin{bmatrix} r_1 \\ r_2 \\ r_3 \end{bmatrix} \times \begin{bmatrix} r_4 \\ r_5 \\ r_6 \end{bmatrix} \quad (10\text{-}32)$$

上式等号右端表示两个矢量的叉乘，即 $r_7 = r_2 r_6 - r_5 r_3$，$r_8 = r_3 r_4 - r_1 r_6$，$r_9 = r_1 r_5 - r_4 r_2$。

第 2 步：求有效焦距 f，平移矩阵 $\boldsymbol{T}$ 中的 T_z 和透镜畸变系数 k。

$$\begin{aligned} x' &= \frac{fX}{Z} = x^* \left[1 + k \left(\left(x^* \right)^2 + \left(y^* \right)^2 \right) \right] \\ y' &= \frac{fY}{Z} = y^* \left[1 + k \left(\left(x^* \right)^2 + \left(y^* \right)^2 \right) \right] \end{aligned} \quad (10\text{-}33)$$

待求变量是 f，T_z 和 k，假设

$$\begin{aligned} H_x &= r_1 X + r_2 Y + T_x \\ H_y &= r_4 X + r_5 Y + T_y \\ W &= r_7 X + r_8 Y \\ f_k &= fk \end{aligned}$$

可得

$$\begin{aligned} H_x f + H_x \left(\left(x^* \right)^2 + \left(y^* \right)^2 \right) f_k - x^* T_z &= x^* W \\ H_y f + H_y \left(\left(x^* \right)^2 + \left(y^* \right)^2 \right) f_k - y^* T_z &= y^* W \end{aligned} \quad (10\text{-}34)$$

对 N 个特征点，利用最小二乘法对上述方程进行联合最优参数估计，进一步求得 f，f_k 和 T_z，进而求得 f，k 和 T_z。

第11章 »»»»»»

双目立体成像

教学要求

掌握双目成像模式与视差概念，以及双目立体成像原理。

引 例

双目视觉测量系统直接模拟人类视觉结构，如图 11-1 所示，一般采用两台性能相同、位置相对固定的摄像机获取同一景物的两幅图像，基于视差原理恢复物体三维几何信息，进而重建场景的三维结构。

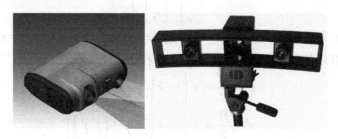

图 11-1 双目视觉测量系统

在双目视觉测量系统中，两台摄像机接入双输入通道图像采集卡或分别接入单通道图像采集卡；把两台摄像机在不同位置同步拍摄到的关于同一场景的模拟图像经过数字化后输入计算机，形成数字图像；通过极线约束和图像匹配寻找空间点在两幅图像中的公共特征点；采用标定后的摄像机内外参数以及对应点的视差，并借助摄像机模型，计算出空间点的三维空间坐标，进而实现三维重建。完整的双目视觉测量系统如图 11-2 所示，包含六部分：图像采集、摄像机标定、双目视觉系统标定、特征提取、图像匹配和三维重建。

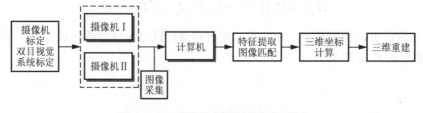

图 11-2 双目视觉测量系统结构框图

11.1　双目成像模式与视差

双目视觉成像可获得同一场景的两幅不同的图像,双目成像的系统模型可看做由两个单目成像系统模型组合而成。实际成像时,这两个单目成像模型可用两个单目系统同时采集来实现,也可用一个单目系统先后在两个位姿分别采集来实现,这时一般假设被摄物和光源没有移动变化。

根据两个摄像机位姿的不同,双目成像有多种模式,下面介绍几种典型的情况。

11.1.1　双目横向模式

如图 11-3 所示为双目成像示意图,其中两台摄像机在水平方向上并列放置,焦距均为 f,两个镜头中心间的连线称为系统的基线 B。这是最常用的双目横向模式。利用双目视觉系统可以确定具有像平面坐标点 (x_1, y_1) 和 (x_2, y_2) 的世界点 W 的坐标 (X, Y, Z)。如果摄像机坐标系统和世界坐标系统重合,则像平面与世界坐标系统的 XY 平面也是平行的。在以上条件下,W 点的 Z 坐标对两个摄像机坐标系统都是一样的。如果摄像机坐标系统和世界坐标系统不重合,可借助 10.1 节中的知识先进行坐标的平移和旋转使其重合再投影。

双目视觉系统观察同一景物得到的图像中,该景物的视像位置不同会产生视差(disparity)。下面讨论双目视差与深度(物距)之间的关系。典型的双目横向模式中两台摄像机相同且它们坐标系统的各对应轴精确平行(主要是光轴平行),此时只是它们的原点位置不同。这种情况下双目成像可借助图 11-4 来分析,这里给出两台摄像机镜头连线所在的平面(XZ 平面)的示意图。其中,将第一台摄像机叠加到世界坐标系上,即两坐标系原点重合、对应坐标轴重合。且第一台摄像机的像平面坐标与摄像机坐标系重合,而第二台摄像机坐标系相对于第一台摄像机坐标系在 X 方向平移距离。

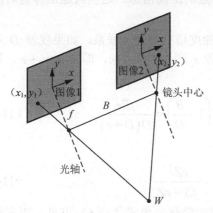

图 11-3　双目横向成像示意图

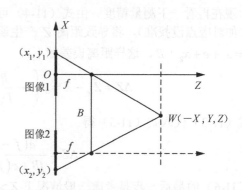

图 11-4　平行双目成像中的视差

根据上述坐标设定,W 点的 X 坐标为负。先考虑第一个像平面,由图 11-4 所示的几何关系可得三维空间 W 点的 X 坐标为

$$-X = \frac{x_1}{f}(Z - f) \tag{11-1}$$

再考虑第二个像平面，由图 11-4 所示的几何关系可得（B 总取正）

$$B - X = \frac{-(x_2 + B)}{f}(Z - f) \tag{11-2}$$

两式联立，消去 X，得到

$$\frac{fB}{f - Z} = B + x_1 + x_2 \tag{11-3}$$

由图 11-4 可见，上式右边的绝对值就等于视差的绝对值（如果 W 点更接近第一台摄像机坐标系的光轴，上式的右边为负，反之则为正）。令视差的绝对值用 D 表示，则可以解出 Z 为

$$Z = f\left(1 - \frac{B}{D}\right) \tag{11-4}$$

式（11-4）把三维空间点与像平面的距离 Z（即三维信息中的深度信息）与视差 D（同一空间点对应的像坐标 x_2 和 x_1 的差）直接联系起来。视差的大小与深度有关，所以视差中包含了物体的三维空间信息。如果视差 D 可以确定并且基线和焦距已知，计算 W 点的 Z 坐标是很简单的。

另外，Z 坐标确定后，W 点的世界坐标 X 和 Y 可用 (x_1, y_1) 或 (x_2, y_2) 借助式（11-1）和式（11-2）计算得到。这样，通过三维空间点在两台摄像机上的成像视差可求出空间一点的三维坐标。

采用这种模式时，为确定三维空间点的信息需要保证该点在两个摄像机的公共视场内。不过由于该公共视场的范围在两台摄像机的像平面上并没有明确的边界，所以有些三维空间点并不一定被两台摄像机同时拍摄到。另外，由于两台摄像机视角不同，加之被摄物的形状和摄影环境的影响，有可能一些三维空间点对一台摄像机是可见的，而对另一台摄像机是不可见（被遮挡）的。在以上两种情况下，都有可能无法确定两幅图像中的三维空间点相对应的像点，从而不能根据视差确定三维空间点的距离信息。这些问题常称为对应点不确定性问题，需在成像时加以注意和克服。

现在再看一下测量精度。由式（11-4）可知，深度信息与视差联系，如果视差 D 不准确（如对应点没找准），将导致距离 Z 产生误差。设 x_1 产生了偏差 e，即 $x_{1e} = x_1 + e$，则有 $D_{1e} = x_1 + e + x_2 + B$，这样距离误差如下：

$$\Delta Z = Z_{1e} - Z = f\left(1 - \frac{B}{D_{1e}}\right) - f\left(1 - \frac{B}{D}\right) = \frac{fBe}{D(D + e)} \tag{11-5}$$

将式（11-3）代入式（11-5）得

$$\Delta Z = \frac{e(f - Z)^2}{fB + e(f - Z)} \approx \frac{eZ^2}{fB - eZ} \tag{11-6}$$

式（11-6）的最后一步是考虑一般情况下 $Z \gg f$ 时的简化。由式（11-6）可见，距离测量精度与摄像机焦距、摄像机间的基线长度和物距都有关系。焦距越长，基线越长，精度就越高；物距越大，精度就越低。

11.1.2　双目横向会聚模式

双目横向模式中两台摄像机的两个光轴也可以会聚，称为双目横向会聚模式。下面考

虑图 11-5 所示的情况，它是将图 11-4 中的两台摄像机绕各自的中心相向旋转得到的。图 11-5 给出两个镜头连线所在的平面（XZ 平面）。两镜头中心间的距离（即基线）是 B。两光轴在 XZ 平面相交于 $(0,0,Z)$ 点，交角为 2θ（未知）。如果已知像平面坐标点为 (x_1, y_1) 和 (x_2, y_2)，如何求世界坐标点 W 的坐标 (X, Y, Z)。

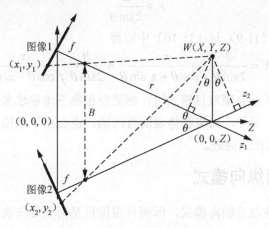

图 11-5　会聚双目成像中的视差

首先，由世界坐标轴及摄像机光轴会聚点和任一摄像机中心的连线围成的三角形可知

$$Z = \frac{B\cos\theta}{2\sin\theta} + f\cos\theta \tag{11-7}$$

从点 W 分别向两台摄像机坐标轴作垂线，因为这两条垂线与 X 轴的夹角都是 θ，所以由三角形相似可得

$$\frac{x_1}{f} = \frac{X\cos\theta}{r - X\sin\theta}$$
$$\frac{x_2}{f} = \frac{X\cos\theta}{r + X\sin\theta} \tag{11-8}$$

式中，r 为从任一镜头中心到两系统会聚中心点的距离（未知）。将式（11-8）进一步整理后可得

$$x_1 r = (f\cos\theta + x_1\sin\theta)X \tag{11-9}$$
$$x_2 r = (f\cos\theta - x_2\sin\theta)X \tag{11-10}$$

式（11-9）与式（11-10）相除以消去 r 和 x，得到

$$\frac{x_1}{x_2} = \frac{f\cos\theta + x_1\sin\theta}{f\cos\theta - x_2\sin\theta} = \frac{f\dfrac{\cos\theta}{\sin\theta} + x_1}{f\dfrac{\cos\theta}{\sin\theta} - x_2} \tag{11-11}$$

所以

$$\frac{\cos\theta}{\sin\theta} = \frac{2x_1 x_2}{(x_1 - x_2)f} \tag{11-12}$$

将式（11-12）代入式（11-7）可得

$$Z = \frac{B\cos\theta}{2\sin\theta} + \frac{2x_1 x_2\sin\theta}{(x_1 - x_2)} = \frac{B\cos\theta}{2\sin\theta} + \frac{2x_1 x_2\sin\theta}{D} \tag{11-13}$$

式（11-13）与式（11-4）一样，也把物体到像平面的距离 Z 与视差 D 直接联系起来，但式（11-4）的求解只需要知道 x_1 和 x_2 的差，而求解式（11-13）则还需要知道 x_1、x_2 本身。另外，由图 11-5 可以得到

$$r = \frac{B}{2\sin\theta} \tag{11-14}$$

将式（11-14）代入式（11-9）与（11-10）中可得

$$X = \frac{B}{2\sin\theta}\frac{x_1}{f\cos\theta + x_1\sin\theta} = \frac{B}{2\sin\theta}\frac{x_2}{f\cos\theta - x_2\sin\theta} \tag{11-15}$$

使用平行双目模式或会聚双目模式时，都需要根据三角形法来计算，所以基线不能太小，否则会影响精度。另外，如果物体表面有凹陷，也会由于遮挡导致有些点不能同时被两台摄像机都拍摄到而产生问题。

11.1.3　双目纵向模式

双目纵向模式也称双目轴向模式，即两台摄像机是沿光轴依次排列的。换句话说，也可以认为将摄像机沿光轴方向运动，获得的第二幅图像是在比获得第一幅图像更接近被摄物或更远离被摄物处获得的。此时的成像几何关系可借助图 11-6 来表示（仅画出了 XZ 平面，Y 轴由纸内向外）。此时摄像机坐标系的 XY 平面与图像像平面坐标系重合，对应第一幅图像和第二幅图像的两个摄像机坐标系只在 Z 方向差 ΔZ。

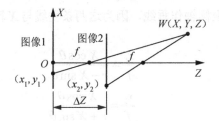

图 11-6　双目轴向成像中的视差

根据投影关系，有（仅考虑 X，Y 与此类似）

$$\frac{X}{-x_1} = \frac{Z-f}{f} \tag{11-16}$$

$$\frac{X}{-x_2} = \frac{Z-f-\Delta Z}{f} \tag{11-17}$$

将式（11-16）和式（11-17）联立可得到

$$X = \frac{\Delta Z}{f}\frac{x_1 x_2}{x_1 - x_2} \tag{11-18}$$

$$Z = f + \frac{\Delta Z x_2}{x_2 - x_1} \tag{11-19}$$

双目纵向模式与双目横向模式相比，两台摄像机的公共视场也就是前一台摄像机（这里是与第二幅图像对应的那台摄像机）的视场，所以公共视场的边界很容易确定。另外，摄像机沿轴向移动也可以基本排除由于遮挡造成的三维空间点仅被一台摄像机看到的问

题。这都使双目纵向模式受双目横向模式的对应点不确定性问题的影响要小得多。

11.2 双目视觉测量数学模型

如图 11-7 所示，对于空间物体表面任意一点 W，如果用左摄像机观察，其成像的图像点为 w_1，但无法由 w_1 确定 W 的三维空间位置。事实上，o_1W 连线上任何点成像后的图像点都可以认为是 w_1。因此由 w_1 的位置，只能知道空间点位于 o_1w_1 连线上，无法知道其确切位置。如果用左右两台摄像机同时观察 W 点，并且在左摄像机上的成像点 w_1 与右摄像机上的成像点 w_2 是空间同一点 W 的像点，则 W 点的位置是唯一确定的，为射线 o_1w_1 和 o_2w_2 的交点。

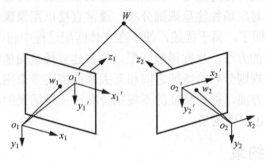

图 11-7 双目视觉测量中空间点三维重建示意图

假定空间任意点 W 在左右两台摄像机上的图像点 w_1 和 w_2 已经从两个图像中分别检测出来，即已知 w_1 和 w_2 为空间同一点 W 的对应点。假定双摄像机已标定，它们的投影矩阵分别为 M_1 和 M_2，则根据摄像机模型有

$$z_k \begin{bmatrix} u_k \\ v_k \\ 1 \end{bmatrix} = M_k \begin{bmatrix} X \\ Y \\ Z \\ 1 \end{bmatrix} = \begin{bmatrix} m_{11}^k & m_{12}^k & m_{13}^k & m_{14}^k \\ m_{21}^k & m_{22}^k & m_{23}^k & m_{24}^k \\ m_{31}^k & m_{32}^k & m_{33}^k & m_{34}^k \end{bmatrix} \begin{bmatrix} X \\ Y \\ Z \\ 1 \end{bmatrix} \tag{11-20}$$

式中，$k=1,2$，分别表示左摄像机和右摄像机；$(u_1,v_1,1)$ 和 $(u_2,v_2,1)$ 分别为空间点 W 在左和右摄像机中成像点 w_1 和 w_2 的图像像素坐标；$(X,Y,Z,1)$ 为 W 点在世界坐标系下的坐标。上面矩阵一共包含六个方程，消去 z_1 和 z_2 后，可以得到关于 X、Y、Z 的四个线性方程，即

$$\left(u_1 m_{31}^1 - m_{11}^1\right) X + \left(u_1 m_{32}^1 - m_{12}^1\right) Y + \left(u_1 m_{33}^1 - m_{13}^1\right) Z = m_{14}^1 - u_1 m_{34}^1$$
$$\left(v_1 m_{31}^1 - m_{21}^1\right) X + \left(v_1 m_{32}^1 - m_{22}^1\right) Y + \left(v_1 m_{33}^1 - m_{23}^1\right) Z = m_{24}^1 - v_1 m_{34}^1 \tag{11-21}$$

$$\left(u_2 m_{31}^2 - m_{11}^2\right) X + \left(u_2 m_{32}^2 - m_{12}^2\right) Y + \left(u_2 m_{33}^2 - m_{13}^2\right) Z = m_{14}^2 - u_2 m_{34}^2$$
$$\left(v_2 m_{31}^2 - m_{21}^2\right) X + \left(v_2 m_{32}^2 - m_{22}^2\right) Y + \left(v_2 m_{33}^2 - m_{23}^2\right) Z = m_{24}^2 - v_2 m_{34}^2 \tag{11-22}$$

利用最小二乘法，将式（11-21）和式（11-22）联立求出点 W 的坐标 (X,Y,Z)。

11.3　立体匹配方法概述与极线约束

11.3.1　立体匹配技术

用式（11-4）、式（11-13）和式（11-19）计算 Z 最难的问题都是在同一场景的不同图像中寻找对应点，即要解决一个匹配问题：如何能从两幅图像中找到物体的对应点。如果对应点用亮度定义，则由于双目的观察位置不同，事实上对应点在两幅图像上的亮度是不同的。如果对应点用几何形状定义，则物体的几何形状本身就是所求的。立体匹配是双目视觉测量系统最关键和极富挑战性的一步。

目前对于立体匹配的实用技术主要分为灰度相关和特征匹配。前一类方法也称区域匹配、稠密匹配或模板匹配，即考虑每个需匹配点的邻域性质，为每个像素确定对应像素，建立稠密对应场。稠密对应场往往呈规则分布，通常直接以图像像素网格为参照，不同网格之间的邻接关系简单明了，易于描述，便于在立体匹配过程中利用。

后一类是基于特征的方法，也称稀疏匹配，旨在建立稀疏图像特征之间的对应关系。一方面，稀疏特征的不规则分布给特征之间相互关系的描述带来困难，不利于匹配过程中充分利用此信息。另一方面，稀疏特征的不规则分布给三维场景的描述带来困难，往往需要进行后处理以确切描述三维场景。

11.3.2　极线约束

根据模板匹配原理，可利用区域灰度的相似性来搜索两幅图像的对应点。具体来说，就是在立体图像对中，先选定左图像中以某个像素为中心的一个窗口，以该窗口中的灰度分布构建模板，再用该模板在右图像中进行搜索，找到最佳的匹配窗口位置，则此时窗口中心的像素就是与左图像中的像素对应的像素。

在上述搜索过程中，如果对模板在右图像中的位置没有任何先验知识或任何限定，则被搜索范围可能会覆盖整幅右图像。对左图像中的每个像素都进行这种搜索是相当耗时的。另外，由于噪声、光照变化、透视畸变和目标之间本身的相似性等因素，导致空间同一点投影到两台摄像机的图像平面上形成的对应点的特性不同。对一幅图像中的一个特征点或一小块子图像，在另一幅图像中可能存在多个相似或更多的候选匹配区域。因此，为了减小搜索范围、得到唯一准确的匹配，必须通过必要的信息或约束规则作为辅助判据，如以下 4 种约束条件。

（1）兼容性约束。兼容性约束是指黑色的点只能匹配黑色的点，更一般地说是两图中源于同一类物理性质的特征才能匹配。

（2）唯一性约束。唯一性约束是指一幅图像中的单个黑点只能与另一幅图中的单个黑点相匹配，两图像中的匹配必须唯一。

（3）连续性约束。连续性约束是指匹配点附近的视差变化在整幅图中除遮挡区域或间断区域外的大部分点都是光滑的（渐变的）。

（4）顺序性约束。如果左图像上的像点 p_{1L} 在另一像点 p_{2L} 的左边，则右图像上与像点 p_{1L} 匹配的像点 p_{1R} 也必须在与像点 p_{2L} 匹配的像点 p_{2R} 的左边。这是一条启发式的约束，并不总是严格成立的。

在讨论立体匹配时，除了以上 4 种约束外，还可考虑下面介绍的极线约束。

先借助图 11-8 所示的双目横向会聚模式示意图介绍极点和极线两个重要概念。许多人也常用外极点和外极线或对极点和对极线这些名称。在图 11-8 中，o_1 和 o_2 分别为左右摄像机的光心，它们的连线 $\overline{o_1o_2}$ 为基线 B；基线与左右图像平面的交点 E_1 和 E_2 分别称为左右图像平面的极点；w_1 和 w_2 是空间同一点 W 在两个图像平面上的投影点；空间点 W 与基线决定的平面称为极平面；极平面与左右图像平面的交线 L_1 和 L_2 分别称为空间点 W 在左右图像平面上投影点的极线；极平面簇是指由基线和空间任意一点确定的一簇平面，如图 11-9 所示，所有的极平面相交于基线。

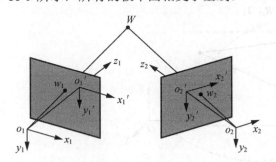

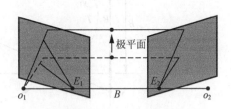

图 11-8　极点和极线示意图　　　　　　图 11-9　双目视觉测量中的极平面簇

极线限定了双摄像机图像对应点的位置，与空间点 W 在左图像平面上投影点所对应的右图像平面投影点必在极线 L_2 上，反之与空间点 W 在右图像平面上投影点所对应的左图像平面投影点必在极线 L_1 上。这是双目视觉测量的一个重要特点，称之为极线约束。另一方面，从极线约束只能知道 w_1 所对应的直线，而不知道它的对应点在直线上的具体位置，即极线约束是点与直线的对应，而不是点与点的对应。尽管如此，极线约束给出了对应点重要的约束条件，它将对应点匹配从整幅图像搜索缩小到在一条直线上搜索对应点，因此，极大地减小了搜索范围，对对应点匹配具有指导作用。

11.4　双目视觉测量系统标定

双目视觉测量系统的标定是指摄像机内部参数标定后，确定视觉系统结构参数 R 和 T。常规方法是采用二维或三维靶标，通过摄像机的图像坐标与三维世界坐标的对应关系求得这些参数。

实际上，在双目视觉测量系统的标定方法中，由标定靶标对两台摄像机同时进行标定，以分别获得两台摄像机的内、外参数，从而不仅可以标定出摄像机的内部参数，还可以同时标定出双目视觉测量系统的结构参数。

在对每台摄像机单独标定后，可以直接求出摄像机之间的旋转矩阵 R 和平移矢量 T。但由于标定过程存在误差，此时得到的关系矩阵并不是很准确。为了进一步提高精度，可以通过对匹配的特征点用三角法重建，比较重建结果与真实坐标之间的差异构造误差矢量，采用非线性优化算法对标定结果进一步优化。具体过程如下：

如图 11-10 所示，$O\text{-}XYZ$ 为世界坐标系，$o_1\text{-}x_1y_1z_1$、$o_2\text{-}x_2y_2z_2$ 分别为左、右摄像机坐标

系。考虑空间中一点 W，在世界坐标系中坐标矢量为 X，在左、右摄像机坐标系中坐标矢量分别为 x_1、x_2。它从世界坐标系分别变换到左、右摄像机坐标系的关系为

$$x_1 = R_1 X + T_1$$
$$x_2 = R_2 X + T_2 \qquad (11\text{-}23)$$

这样，从左摄像机到右摄像机的关系为

$$x_2 = R x_1 + T \qquad (11\text{-}24)$$

式中，$R = R_2 R_1^{-1}$，$T = T_2 - R T_1$。

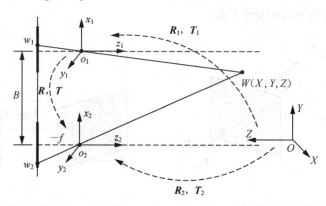

图 11-10　双目视觉测量系统标定示意图

得到摄像机之间的旋转矩阵 R 和平移矢量 T 后，可以利用关系式

$$z_1 w_1 = x_1$$
$$z_2 w_2 = x_2 \qquad (11\text{-}25)$$

进行三维重建，其中 w_1 和 w_2 分别是点 W 在左右图像中的坐标矢量。

得到点 W 的三维坐标矢量估计值 $\hat{W}$，就可以与已知的真实值 W 比较，令误差矢量 $e = \sum_{k=1}^{n} \left| W - \hat{W} \right|$，选用合适的优化算法（如 LM 优化算法），就可以得到更加准确的摄像机内外部参数。由于标定时充分考虑了摄像机之间的关系，因此重建精度比由每台摄像机单独标定的重建精度更高。

得到摄像机之间的关系矩阵 R 和平移矢量 T 后，很容易就可以通过旋转平移左右摄像机坐标系的方法使摄像机之间得到平行光轴的标准配置。这一过程通常称为立体校正。

第12章 »»»»»
光学三角法三维测量技术

> **教学要求**
>
> 理解光学三维测量技术的应用及一般方法，掌握光学三角法测量原理以及结构光视觉测量法和光栅投射测量法。

引 例

光学三维测量技术因为其具有大量程、非接触、速度快、系统柔性好等优点，成为目前工程应用中最具发展潜力的三维测量技术。1994年，国际光学工程学会（SPIE）在以信息光学的前沿为主题的年会上，首次将光学三维测量列为信息光学前沿七个主要领域和方向之一。

如图12-1所示的三幅照片分别表示利用三维激光扫描仪实现全景测量以及兵马俑和木雕的三维测量。事实上，这种三维信息测量在更多的领域有着非常广泛的应用，例如，工业生产、控制与检测、机器人视觉、空间遥感、医学诊断以及文物保护等领域。本章重点介绍一种最常用的光学三维测量技术，即（主动）三角测量法，并对两种基于三角测量原理的典型三维测量技术（即结构光视觉测量法和光栅投射测量法）进行介绍。

图12-1 三维激光扫描仪实现全景测量、兵马俑和木雕的三维测量

12.1 三维测量技术及应用

根据测量分辨率和测量量程的不同，将三维测量技术分为宏观三维形状和微观三维形貌测量技术，本章介绍的三维测量技术针对宏观三维形状测量。

12.1.1 接触式与非接触式测量

物体三维形状测量主要包括接触式测量和非接触式测量两大类。

1．接触式测量

接触式三维测量的典型代表是坐标测量机（Coordinate Measuring Machine，CMM）。它以精密机械为基础，综合运用了电子、计算机、光学和数控等先进技术，能对三维复杂工件的尺寸、形状和相对位置进行高精度测量。

坐标测量机的数据采集主要有触发式、连续式和飞测式三种。前两种方式采用传统的接触式测头，测量时测头与物体表面接触；基于光学非接触测头的飞测方式可以避免测量过程中测头频繁复杂的机械运动，从而获得较高的测量效率。

三坐标测量机作为现代大型精密测量仪器，其显著的优点有：①灵活性强，可实现空间坐标点测量；②测量精度高且可靠；③可进行数字运算和程序控制，有很高的智能化程度。缺点是：①对环境要求较高，测量速度慢，测量过程需要人工干预，逐点测量从而限制了测量效率，不适合于大型物体测量；②与精密被测物接触会导致其表面磨损，同时也会使测头本身造成损伤。

2．非接触式测量

常用的非接触式三维测量技术主要有三种，分别是微波技术、超声波技术和光波技术，如图 12-2 所示。

1）微波技术

微波技术适用于大尺度三维测量领域，采用三角测量原理，如全球定位系统（Global Position System，GPS），或者利用飞行时间法（如传统的雷达技术）获取三维信息。基于微波技术的三维测量系统中，工业 CT 和核磁共振成像是两种典型的代表。

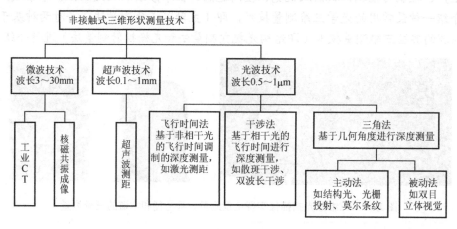

图 12-2 非接触式三维形状测量技术

（1）工业 CT。CT 最早出现于 20 世纪 70 年代，首先应用于医学诊断，后来推广到工业领域。工业 CT 是一种射线成像检测技术，它以分层方式对被测物体进行断面扫描，然后经过计算机处理而重建断层截面图像，根据不同位置的断面图像获取物体的三维数字模型。工业 CT 法可在不破坏物体的前提下，快速测量被测物体的内部轮廓和几何尺寸，并且对物体的材质没有要求。但是，该方法存在测量速度慢、图像模型重建过程复杂和测量成本高等缺点。

（2）核磁共振成像（MRI）。MRI 的理论基础是核物理学的磁共振理论，是 20 世纪 70 年代末以后发展的一种新型医疗诊断成像技术。其基本原理是通过磁场来标定物体层面位置，利用射频脉冲检测物体，当激发核达到磁场的动态平衡时，通过线圈检测激发的能量，将传感器线圈接收到的激发信号进行转换、放大和滤波处理，最终在显示器上显示数字模型。MRI 获取的数据量大，对被测物体无损害，其缺点是测量成本极高，测量的精度不如工业 CT，且不适用于金属材料检测。

由于微波波长较长，衍射形成的爱里斑较大，角度分辨率低，不能完全满足工业生产要求。

超声波技术也存在分辨率低等问题。

2）光波技术

与微波和超声波相比，光波波长短，在 300nm（紫外）～3μm（红外）范围内的光学三维传感器的角度分辨率和深度分辨率比微波和超声波高 10^3～10^4 数量级。常用的光学三维测量技术的基本原理有飞行时间法、干涉法和三角法。

（1）飞行时间法（Time of Flight，TOF）：基于三维面形对结构光束产生时间调制，通过测量光波的飞行时间获得距离信息。经调制的激光脉冲信号从发射器发出，经待测物体表面反射后，沿几乎相同的路径反射并被探测器接收，检测光脉冲从发出到接收之间的时间延迟从而计算得到距离信息。结合扫描装置使光脉冲扫描整个物体就可以得到三维信息。一般时间飞行法的典型分辨率约为 1mm，若采用亚皮秒激光脉冲和高时间分辨率的电子器件，深度分辨率可达到亚毫米量级。飞行时间法是以对信号检测的时间分辨率换取距离测量精度。

（2）干涉法（interferometry）：利用测量光波与参考光波的相干叠加来确定两束光之间的相位差，进一步获得物体表面深度信息。这种方法测量精度高，但不适用于宏观物体的检测。

（3）光学三角测量法（optics triangulation）：最常用的一种光学三维测量技术，以传统的三角测量为基础，通过待测点相对于光学基准线偏移产生的角度变化计算该点的深度信息。根据具体照明方式的不同，三角法可分为被动三角法和主动三角法。

① 双目立体视觉就是典型的被动三维测量技术，优点在于其适应性强，可以在多种条件下灵活测量物体三维信息。被动三维测量没有辅助的照明设备，直接从二维图像中确定距离信息，得到三维信息，当被测目标的结构信息过分简单、过分复杂或被测目标上各点的反射率没有明显差异时，这种自动匹配的计算变得更加困难。因此，被动式三维测量技术需要大量相关匹配运算和较为复杂的空间几何参数的标定等，测量精度低，常用于对三维目标的识别、理解，以及用于位置、形态分析。这种方法的系统构成比较简单，尤其在无法采用结构光照明的时候更凸显其优势。

② 主动三维测量采用结构照明方式，能快速、高精度地获得物体表面三维信息，因而获得了广泛的研究和应用。根据三维面形对于结构光场调制方式的不同，主动三角法可分为时间调制（飞行时间法）和空间调制两大类。

激光测距技术的技术原理就是飞行时间法。

空间调制方法是基于物体面形对结构光场的强度、对比度、相位等参数进行调制来确定三维信息，根据从观察光场中获取三角计算所需几何参数的方式不同，又可分为直接三角法和光栅投射法。直接三角法是利用投射光场和接收光场之间的三角关系确定物体三维信息，主要包括逐点扫描法和光切法。光栅投射法是利用物体表面高度起伏对投射结构光场进行相位调制来确定三维信息，主要包括莫尔轮廓术、傅里叶变换轮廓术（Fourier Transform Profilometry，FTP）和相位轮廓术（Phase Measurement Profilometry，PMP）等。

12.1.2　光学三维测量技术的应用

光学三维测量技术是以现代光学为基础，融合光电子学、计算机图像处理、图形学、信号处理等技术为一体的现代测量技术。它把光学图像作为检测和传递信息的手段或载体加以利用，最终从图像中提取有用的信号，在计算机中完成三维实体重构，并被广泛应用于工业生产、质量控制、造型设计及生物医学等诸多领域。

1．质量控制

近年来，随着制造业的快速发展，对加工精度及产品质量的要求日益提高，使得质量控制环节对测量技术的要求也越来越高。除了二维几何量（长度、直径等）测量外，很多时候仍需要对物体三维形状进行高精度测量。高性能三维测量仪在工业现场的应用可以使企业的产品质量、生产效率和自动化程度显著改善。

2．汽车行业

汽车车身由一系列复杂的空间曲面构成，它是一种运输工具，又是一种工艺产品。传统的车身设计方法开发周期长、制造精度低，而将三维测量技术与 CAD/CAM 技术相结合产生的现代设计方法，极大地促进了汽车工业的快速发展。目前此技术已在某些汽车生产企业中得以成功运用。

3．模具造型设计

在玩具、制鞋、手机、陶瓷、雕塑等行业中，尤其是对于自由曲面产品，并非都是由 CAD 先设计再加工。多数情况下使用三维测量仪对这些样品或模型进行扫描成像得到其三维信息，然后将这些数据通过 CAD/CAM 软件接口输入三维 CAD 软件系统中进行调整、修补、完善，再送至数控加工或快速成型设备进行制造。

4．医学三维测量

医学三维测量基于光学三维测量技术，研究牙齿、医学美容、人体以及体内某些器官的三维测量设备，实现人体某一结构的三维测量与重建，在医学领域越来越受到人们的重视。例如，颅面部结构包括颌面、口腔、牙齿的三维测量，对颅面生长发育的研究、口腔正畸治疗的诊断设计、面部外科手术设计、术后疗效的评价以及手术疗效的预测方面等都有十分重要的意义。

5．历史文物保护和数字文物

在历史文物研究与考古活动中，需要对出土文物进行无损伤三维测量，这为文物保护与复制、历史研究与及教育工作等提供了重要帮助。运用三维数字化技术可以对大批量文物进行三维测量，并将三维数据信息存入数据库，以及实现文物的浏览显示、编辑与快速复制等。

6．服装行业

利用光学三维测量技术可以快速测得人体立体模型，把这些数据与服装 CAD 技术结合，顾客可以根据自身的需要及喜好，从服装款式库中任意浏览、挑选、修改、试穿与评估，直到设计出最合适的服装。测量与设计过程快捷，可以实现个性化定制与量体裁衣的效果，这是传统服装制作所不能比拟的。

12.2　光学三角法测量原理

光学三角法属于主动视觉测量方法，由于该方法具有结构简单、测试速度快、实时处理能力强、使用灵活方便等优点，在长度、距离以及三维形貌测量中有着广泛的应用。按入射光线与被测物体表面法线的关系，单点式光学三角法可分为直射式和斜射式两种，如图 12-3 所示。

在图 12-3（a）所示的直射式三角法测量结构中，激光器发出的光线，经会聚透镜聚焦后垂直入射到被测表面上，被测面移动或其表面变化，导致入射点沿入射光轴移动。入射点处的散射光经接收透镜入射到探测器上。若光点在成像面上的位移为 x'，则被测面在沿轴方向的位移为

$$x = \frac{ax'}{b\sin\theta_2 - x'\cos\theta_2} \tag{12-1}$$

在图 12-3（b）所示的斜射式三角法测量结构中，激光器发出的光线与被测面法线成一定角度，同样，物体移动或其表面变化将导致入射点沿入射光轴移动。若光点在成像面上的位移为 x'，则被测面在沿轴方向的位移为

$$x = \frac{ax'\cos\theta_1}{b\sin(\theta_1 + \theta_2) - x'\cos(\theta_1 + \theta_2)} \tag{12-2}$$

斜射法的布局使探测器像面几乎可接收全部反射光和散射光，因而系统的信噪比及灵敏度均较高，测量精度一般高于直射法，可用于微位移检测，尤其适用于对光滑表面的位置检测。但是，斜射法入射光束与接收装置光轴夹角过大，对于曲面物体有遮光现象，对于复杂面形物体，这个问题的影响更为严重。

直射法光斑较小，光强集中，不会因被测面不垂直而扩大光照面上的亮斑，可解决柔软材料及粗糙工件表面形状位置变化测量的难题。但是由于受成像透镜孔径的限制，探测器只接收到少部分光能，光能损失大，受杂散光影响较大，信噪比小，分辨率相对较低。

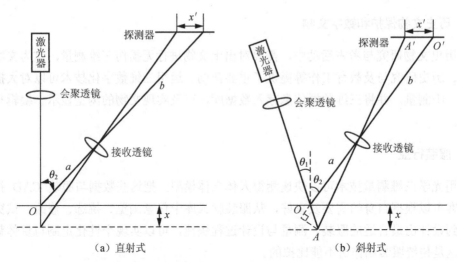

（a）直射式　　　　　　　　　　　　（b）斜射式

a——激光束光轴和接收透镜光轴的交点到接收透镜前主面的距离；

b——接收透镜后主面到成像面中心点的距离；

θ_1——激光束光轴与参考面法线之间的夹角；

θ_2——激光束光轴与接收透镜光轴之间的夹角

图 12-3　光学三角法基本原理

12.3　结构光视觉测量法

　　结构光视觉测量法是一种常用的、直接获取深度信息的方法，最早出现于 20 世纪 70 年代，是为了解决立体视觉中图像匹配的难题而提出的。结构光测量技术具有测量精度高、快速全场测量、结构简单、易于实现等优点。其缺点是对物体表面特性和反射率有限制，如偏暗的表面、镜面反射表面、透明或半透明材料都难以测量，有阴影区域的物体测量时会出现遮挡情况，远距离测量精度不高。

12.3.1　结构光视觉测量系统

　　结构光视觉测量系统主要由结构光投射器、摄像机、图像处理系统组成，如图 12-4 所示。光学投射器向被测物体投射一定的结构光模型（如片状光束），结构光受被测物体表面信息的调制而发生变形，利用摄像机记录变形的结构光条纹图像，并结合系统的结构参数获取物体的三维信息。图 12-5 显示了几种典型商品化三维测量系统。

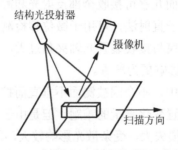

图 12-4　结构光视觉测量系统示意图

（a）Cyberware激光线扫描仪

（b）FastSCAN Cobra手持激光扫描仪

（c）CPOS三维光学扫描仪

图 12-5　三维测量系统示例

12.3.2　结构照明光源与照明方式

1．结构照明光源

常用的结构照明光源有激光和普通白光光源。激光光源具有高亮度、方向性好、单色性好和易于实现强度调制等优点，其中，半导体激光器由于体积小、功耗低、频率可调及价格低等特点，在三维测量领域起着越来越重要的作用。对于白光光源，以 LCD 和 DMD（Digital Micro-mirror Device，DLP 的核心部件）为代表的新型数字投射系统具有高亮度、高对比度和可编程的优点，使得基于面结构光光源的三维测量系统得到飞速发展。

2．基本结构照明方式

为了有利于物体三维信息的获取，常用的三种结构照明方式是点结构照明、线结构照明和面结构照明方式。图 12-6 显示了一些常见的投射图案。

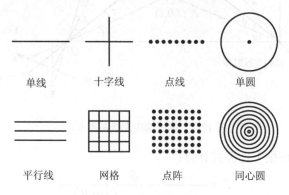

单线	十字线	点线	单圆

| 平行线 | 网格 | 点阵 | 同心圆 |

图 12-6　结构光投射图案

1）点结构照明

最简单的结构照明是投射一个光点到待测物体表面，激光是理想的点结构照明光源。点结构照明将光能集中在一个点上，具有高的信噪比，可以测量较暗的及远距离的物体。为了获得完整的三维面形，必须附加二维扫描。对于单点投射的三角测量系统，通常采用线阵探测器作为接收器件。

2）线结构照明

由照明系统投射一个片状光束到待测物体表面，片状光束与被测物体表面相交形成线状结构照明，由二维面阵探测器作为接收器件。由柱面镜和球面镜组合或衍射方法产生的激光片光是最常用的线结构光源。另外，只需要附加一维扫描就可以获得完整的三维面形。

3）面结构照明

由照明系统投射一个二维图形到待测物体表面，形成面结构照明。常用的面结构照明是基于白光投射的二维图像，如罗奇光栅、正弦型光栅或空间编码的二维图像。

12.3.3 单线结构光测量原理

单线结构光法，就是通过投射源投射出平面狭缝光，每次投射一个结构光条纹，每幅图像可得到一个截面的深度。测量精度略低于单点结构光法，但测量速度大为改善。单线结构光法也是在商业上广为应用的成熟的三维信息获取方法。单线结构光法基本原理示意图如图 12-7 所示。

图 12-7 中，结构光投射器成像中心为 O，摄像机镜头中心为 Q，二者之间的距离称为基线，一般用 B 表示。投射源投射的单线结构光条纹，在被测物表面上形成一光条。对于物坐标系中的光条上任意一物点 P，其三维坐标用 (X,Y,Z) 表示。直线 OP 与平面 XOZ 所成夹角用 ϕ 表示；直线 OP 与 X 轴的夹角用 α 表示，称为投射角；镜头光轴 oz 与 OQ 之间的夹角用 β_0 表示；oQ 是摄像机镜头焦距 f；直线 QP 与平面 XOZ 之间的夹角为 γ，γ 在 yoz 上的投射角为 θ；直线 QP 在平面 XOZ 上的投射与 X 轴所成的角度用 β 表示。物点 P 在平面 XOZ 面、yoz 面和 oz 轴上的投射分别为 P'、P_z 和 P_z'。

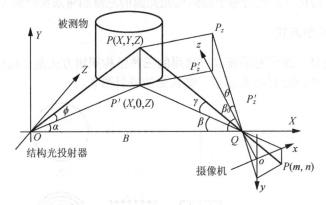

图 12-7 单线结构光法基本原理

P 点的三维坐标可按下面公式计算：

$$Z = \cfrac{B}{\cot\alpha + \cfrac{\cot\beta_0 + \left(\cfrac{\tan\beta}{N}\right)n}{1 - \left(\cfrac{\cot\beta_0 \tan\beta}{N}\right)n}}$$

$$X = Z \cdot \cot\alpha \tag{12-3}$$

$$Y = \frac{Z\left(\cfrac{\tan\theta}{M}\right)m}{\sin\beta_0 - \cos\beta_0\left(\cfrac{\tan\beta}{N}\right)n}$$

式中，β_0 和 B 通过预先标定可以得到，并且为常数；摄像机像素行和列数 N、M 以及像素坐标 n、m 可由图像直接得到；投射角 α 通过编码、解码算出。

结构光投射器投射到三维目标表面的光条纹上所有点均可按公式（12-3）计算。当引入一维扫描机构后，就可以获得近似完整的三维信息。

12.3.4　多线结构光测量原理

多线结构光测量方法也遵循三角测量原理，例如，以 LCD 投射仪作为投射源，其投射的经过计算机编码的多条纹扇形结构光照射景物，一次投射在景物上形成多个光条纹。

多线结构光测量原理示意图如图 12-8 所示。三维被测物所在的坐标系统定义为世界坐标系 XYZ，结构光投射器和摄像机镜头中心连线与 X 轴重合，深度方向与 Z 轴方向平行。xyz 是摄像机像平面与摄像机镜头光轴构成的坐标系，z 是摄像机镜头的光轴方向。结构光条纹宽度可以设定，条纹的投射数目取决于算法要求。图 12-8 中 ω_0 为结构光投射器视场角的一半，由投射器的结构参数决定；投射角 α_0 为结构光投射线组的中心条纹所在平面 ZOX 与 X 轴的夹角；α_i 为与中心条纹相距第 i 个间距条纹的投射角；β_0 为摄像机光轴与 X 轴的夹角。

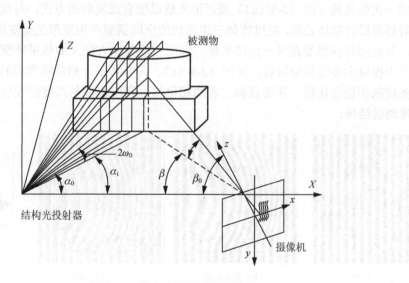

图 12-8　多线结构光法基本原理

在 XYZ 坐标系下，被测物表面上任意一点 P 的三维坐标可用如下三个公式计算：

$$Z = \frac{B}{\cot\alpha_i + \dfrac{\cot\beta_0 + \left(\dfrac{\tan\beta_1}{N}\right)\cdot n}{1 - \left(\dfrac{\cot\beta_0 \cdot \tan\beta_1}{N}\right)\cdot n}}$$

$$X = Z \cdot \cot\alpha_i$$

$$Y = \frac{m}{M} \cdot \tan\beta_2 \left(B \cdot \cos\beta_0 - X\cos\beta_0 + Z\sin\beta_0\right)$$

（12-4）

式中　β_1——摄像机的水平视场角；

　　　β_2——摄像机的垂直视场角；

　　　(m,n)——P 点在图像平面的二维坐标。

与公式（12-3）相比，三个坐标计算公式的区别在于投射角由 α 扩展到 α_i。在其他参数确定的情况下，每个点的坐标差异取决于 α_i 和 (m,n) 的不同。可见，α_i 是决定各点坐标计算精度的一个关键参数，对于 α_i 的解算，一般要编码和解码的方法来实现。

12.4　光栅投射法

12.4.1　光栅投射法基本原理

光栅投射三维面形测量技术属于光学三角法的扩展，一次测量可以获得一个面的所有三维数据，测量速度快。光栅投射法是利用投射几何关系建立物体表面条纹和参考平面条纹的相位差与相对高度的关系，从而获得物体表面与参考平面间的相对高度，以此来确定物体的三维信息，测量过程如图 12-9 所示。

将一正弦光栅（图 12-9（a））或矩形光栅以准直或发散的方式，与观察方向成某一角度投射到漫反射物体表面，经过物体三维形状的空间调制产生变形光栅图像，如图 12-9（b）所示，并被面阵探测器在另一角度采集。利用相位复原方法（如傅里叶变换法）从变形光栅图像中提取出条纹相位信息，如图 12-9（c）、（d）所示，然后将得到的相位信息与参考平面条纹的相位值比较，从而获得二者的相位差。利用相位与高度的映射关系，得到物体的三维测量结果。

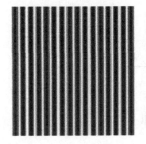
（a）正弦光栅

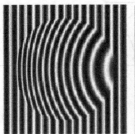
（b）变形光栅

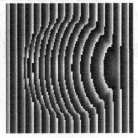
（c）缠绕相位

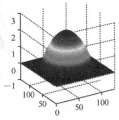
（d）解缠绕后相位分布

图 12-9　光栅投射法测量过程示意图

图 12-10　光栅投射法测量原理示意图

物体高度和相位的关系取决于光学系统的结构，其中包括空间频率、投射角度、探测方向等。光学系统结构基本可分为远心光路和发散照明光路。由于结构简单、计算方便，一般在测量分析中都采用远心光路，测量原理示意图如图 12-10 所示。在这种情况下可以认为投射光栅或者干涉光场的空间周期 P 是不变的，则投射到参考面上的光栅周期为 $P_0 = P/\cos\alpha$，其中 α 表示投射方向与 z 轴的夹角。

以探测器光轴与参考平面的交点作为坐标原点 O。不失一般性，设坐标原点 O 位于某一光栅条纹上，该条纹的相位设为零，则所有点的相位相对于 O 点都有一个唯一确定的相位值，且是 x 的线性函数，记为

$$\phi(x,y)=\frac{2\pi}{P_0}x \tag{12-5}$$

此时，探测器上探测到 D 点的相位，等同于在没有放入物体时探测到参考平面上 C 点的相位

$$\phi_C=\frac{2\pi}{P_0}l_{OC} \tag{12-6}$$

而在放入物体经物体高度调制后，此 D 点的相位等同于没有放入物体时探测 A 点的相位

$$\phi_D=\phi_A=\frac{2\pi}{P_0}l_{OA} \tag{12-7}$$

将式（12-6）减去（12-7）后有

$$l_{AC}=\frac{P_0}{2\pi}\phi_{CD}=\frac{P_0}{2\pi}\Delta\phi \tag{12-8}$$

记物体上 D 点处的高度 $h_{DB}=h$，可得

$$h=\frac{l_{AC}}{\tan\alpha+\tan\beta} \tag{12-9}$$

式中，α 和 β 分别表示投射和观察方向与 z 轴的夹角。在通常的测量系统中，探测器的感光靶面很小，靶面平行置于被测表面上方，距离较远，因而近似为观察方向垂直于参考平面，于是上式简化为

$$h=\frac{P_0\Delta\phi}{2\pi\tan\alpha}=\frac{P\Delta\phi}{2\pi\sin\alpha} \tag{12-10}$$

由此可知，光栅投射法三维测量的实质就是求探测器上各点在放置物体前后的相位变化量。

12.4.2　相位测量技术

如何获得相位差是光栅投射法测量三维面形的关键。目前，最常用的两种方法是傅里叶变换法和相移法。

1. 傅里叶变换法

傅里叶变换法在信息光学中具有重要的作用，它被成功地应用于干涉条纹处理中。1983 年，Takeda M 和 Muloh K 提出基于傅里叶变换的三维测量技术，又被称为傅里叶变换轮廓术（FTP）。这种方法是以罗奇光栅（或正弦光栅）产生的结构光场投射到待测三维物体表面，对观察光场进行傅里叶分析、滤波和逆傅里叶变换，从变形条纹图形中提取三维面形分布。

设投射光栅为罗奇光栅，首先将光栅像投射到参考平面，在探测器中得到的条纹分布可以表示为

$$g_0(x,y) = \sum_{n=-\infty}^{\infty} A_n \exp\left\{j\left[2\pi n f_0 x + n\varphi_0(x,y)\right]\right\} \qquad (12\text{-}11)$$

式中，f_0 代表光栅像的基频；$\varphi_0(x,y)$ 代表初始相位调制。

然后将光栅像投射到待测物体表面，探测器记录到的变形光栅像可以表示为

$$g(x,y) = r(x,y) \sum_{n=-\infty}^{\infty} A_n \exp\left\{j\left[2\pi n f_0 x + n\varphi(x,y)\right]\right\} \qquad (12\text{-}12)$$

式中，$r(x,y)$ 是物体表面非均匀的反射率；$\varphi(x,y)$ 是物体高度分布引起的相位调制。当投影系统的出瞳中心位于无穷远时，在参考平面上的相位分布是线性的，这时附加相位调制 $\varphi_0(x,y)=0$。

对参考光栅图像和变形光栅图像分别进行傅里叶变换，在频域进行滤波处理，取出包含物体高度信息的基频分量，再经傅里叶逆变换后，参考光栅图像和变形光栅图像的光强分布变为

$$g_0'(x,y) = A_1 \exp\left\{j\left[2\pi f_0 x + \varphi_0(x,y)\right]\right\} \qquad (12\text{-}13)$$

$$g'(x,y) = A_1 r(x,y) \exp\left\{j\left[2\pi f_0 x + \varphi(x,y)\right]\right\} \qquad (12\text{-}14)$$

相位差 $\Delta\varphi(x,y) = \varphi(x,y) - \varphi_0(x,y)$ 的计算可以使用下面两种方法。

第 1 种方法：根据式（12-13）和（12-14）可以得到

$$g'(x,y) g_0'^*(x,y) = |A_1|^2 r(x,y) \exp\left[j\Delta\varphi(x,y)\right] \qquad (12\text{-}15)$$

式中，$g_0'^*(x,y)$ 表示 $g_0'(x,y)$ 的共轭复数。对式（12-15）求对数

$$\ln\left[g'(x,y) g_0'^*(x,y)\right] = \ln\left[|A_1|^2 r(x,y)\right] + j\Delta\varphi(x,y) \qquad (12\text{-}16)$$

对上式求虚部即可得到相位差

$$\Delta\varphi(x,y) = \mathrm{Im}\left\{\ln\left[g'(x,y) g_0'^*(x,y)\right]\right\} \qquad (12\text{-}17)$$

式中，Im( ) 表示取复数的虚部。

第 2 种方法：对公式（12-14）和（12-13）作点除运算，得

$$Q(x,y) = g'(x,y)/g_0'(x,y) = r(x,y)\exp\left[j\Delta\varphi(x,y)\right] \qquad (12\text{-}18)$$

所以，

$$\Delta\varphi(x,y) = \arctan\frac{\mathrm{Im}\left[Q(x,y)\right]}{\mathrm{Re}\left[Q(x,y)\right]} \qquad (12\text{-}19)$$

式中，Re( ) 表示取复数的实部。式（12-17）和（12-19）的计算结果为缠绕相位，其主值分布在 $[-\pi,\pi]$ 之间。通过相位展开算法（phase unwrapping）得到连续的相位分布，然后由相位与高度的关系式（12-10）便可获得待测物体表面的高度分布。

傅里叶变换法只需要一幅或两幅条纹图像就可以求得三维信息，设备简单，测量速度快。但该方法需保证各级频谱之间不混叠，从而限制了测量动态范围，且由于边界效应的影响，测量精度相对较低一些。

2. 相移法

Srinivasan V 和 Halioua M 等人在 20 世纪 80 年代将相移干涉术（Phase-Shifting Interferometry，PSI）引入物体三维形状测量中，也称为相位测量轮廓术。它采用正弦光栅

投射和相移技术，能以较低廉的光学、电子和数字硬件设备为基础，以较高的速度和精度获取和处理大量的三维数据。

将一幅正弦光栅图形投射到物体表面，经过物体表面高度调制后的光强可表示为

$$I(x,y) = A(x,y) + B(x,y)\cos\left[\varphi(x,y)\right] \tag{12-20}$$

式中，$\varphi(x,y)$ 表示物体表面高度变化引起的相位调制。当投射的正弦光栅沿着与栅线垂直的方向移动一个周期时，同一点处变形条纹图的相位被移动了 2π。当投射光栅在一个周期内移动一小部分时，变形条纹图的相移量设为 δ_k，这时产生的新的光强图像表示为

$$I_k(x,y) = A(x,y) + B(x,y)\cos\left[\varphi(x,y) + \delta_k\right] \tag{12-21}$$

上式中包含三个未知量，于是只要记录一个周期内三个以上不同相移的变形条纹图，便可计算出 $\varphi(x,y)$。同样经相位展开后便可获得连续的相位分布。若式（12-21）中 k 取 4，相移量 δ_k 分别为 0，$\pi/2$，π 和 $3\pi/2$，相位分布计算公式为：

$$\varphi(x,y) = \arctan\frac{I_4(x,y) - I_2(x,y)}{I_1(x,y) - I_3(x,y)} \tag{12-22}$$

对于更普遍的 N 帧等步长相移算法，采样次数为 N，δ_k 为 $2\pi k/N$，则

$$\varphi(x,y) = \arctan\frac{\displaystyle\sum_{k=1}^{N} I_k(x,y)\sin(2\pi k/N)}{\displaystyle\sum_{k=1}^{N} I_k(x,y)\cos(2\pi k/N)} \tag{12-23}$$

投射一个正弦光栅到参考平面上，根据与上面相同的相移法计算得到参考平面的相位分布 $\varphi_0(x,y)$，由此得到仅由物体高度引起的相位分布 $\Delta\varphi(x,y) = \varphi(x,y) - \varphi_0(x,y)$。

四步相移法测量过程如图 12-11 所示。根据公式（12-22）对图 12-11（a）所示的四帧 $\pi/2$ 相移变形条纹图进行处理，计算得到图 12-11（b）所示的缠绕相位分布；然后经过相位展开得到如图 12-11（c）所示的连续相位分布 $\varphi(x,y)$；假设参考平面的相位分布 $\varphi_0(x,y)$ 是一个理想平面，则被测物体的相位分布 $\Delta\varphi(x,y)$ 如图 12-11（d）所示。

(a) 四帧 $\pi/2$ 相移变形条纹图

 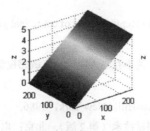 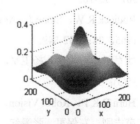

（b）缠绕相位分布　　　（c）相位展开后的 $\varphi(x,y)$　　　（d）被测物体的相位分布 $\Delta\varphi(x,y)$

图 12-11　四步相移法测量过程示意图

相移法的最大优点在于采用点对点的运算，即某一点的相位值只与多帧相移图像中该点的光强值有关，从而避免了物面反射率不均匀引起的误差，测量精度很高。

参 考 文 献

[1] Roberts L G. Machine perception of three-dimensional solids. In Optical and Electro- optical Information Processing. Tippett J, et al. eds. Cambridge: Massachusetts Instituted of Technology Press, 1965, 159-197.

[2] Marr D. Vision: A computational investigation into the human representation and processing of visual information. San Francisco: W H Freeman and Company, 1982.

[3] Olsztyn J T, Rossol L, Dewar R, Lewis N R. An application of computer vision to a simulated assembly task. Proc. of the First Int. Joint Conf. on Pattern Rec., 1973, 505-513.

[4] 方家骐. 计算机视觉: 一个兴起中的研究领域. 计算机应用与软件, 1984, 第 3 期, 6-13.

[5] 吴健康, 肖锦玉. 计算机视觉基本理论和方法. 合肥: 中国科学技术大学出版社, 1993.

[6] 吴立德. 计算机视觉. 上海: 复旦大学出版社, 1993.

[7] 马颂德, 张正友. 计算机视觉——计算理论与算法基础. 北京: 科学出版社, 1998.

[8] 贾云得. 机器视觉. 北京: 科学出版社, 2000.

[9] 迟健男, 视觉测量技术. 北京: 机械工业出版社, 2011.

[10] 唐向阳, 张勇, 李江有等. 机器视觉关键技术的现状及应用展望. 昆明理工大学大学学报 (理工版), 2004, 29 (2): 36-39.

[11] 原魁, 肖晗, 何文浩. 采用 FPGA 的机器视觉系统发展现状与趋势. 计算机工程与应用, 2010, 46(36): 1-6.

[12] Ramesh J, Rangachar K, Brian G S. Machine Vision. 北京: 机械工业出版社, 2003.

[13] 马颂德. 计算机视觉. 北京: 科学出版社, 1999.

[14] Davies E R. Machine Vision: Theory, Algorithm, Practicalities (Third Edition). 北京: 人民邮电出版社, 2009.

[15] 章毓晋. 计算机视觉教程. 北京: 人民邮电出版社, 2011.

[16] 金伟其, 胡威捷. 辐射度、光度与色度及其测量. 北京: 北京理工大学出版社, 2006.

[17] 郭秀艳, 杨治良. 基础实验心理学. 北京: 高等教育出版社, 2005.

[18] 郝葆源, 张厚粲, 陈舒永. 实验心理学. 北京: 北京大学出版社, 1983.

[19] Levitt J B, Lund J S. Contrast dependence of contextual effects in primate visual cortex. Nature, 1997, 387: 73-76.

[20] Rodieck R W, Stone J. Analysis of receptive fields of cat retinal ganglion cells. Journal of Neurophysiol, 1965, 28: 832-849.

[21] 姚军财, 石俊生, 杨卫平, 申静, 黄小乔. 人眼对比度敏感视觉特性及模型研究. 光学技术, 2008, 35(3): 334-337.

[22] Horn B K P. Robot Vision. McGraw-Hill, New York, 1986.

[23] 范志刚, 左保军, 张爱红. 光电测试技术 (第 2 版). 北京: 电子工业出版社, 2010.

[24] 付小宁等. 光电探测技术与系统. 北京: 电子工业出版社, 2010.

[25] 高岳, 王霞, 王吉晖, 高稚允. 光电检测技术与系统 (第 2 版). 北京: 电子工业出版社, 2009.

[26] 杨少荣, 吴迪靖, 段德山. 机器视觉算法与应用. 北京: 清华大学出版社, 2008.

[27] 张益昕. 基于计算机视觉的大尺度三维几何尺寸测量方法及应用. 南京：南京大学博士学位论文, 2011.

[28] 冯其波. 光学测量技术与应用. 北京：清华大学出版社, 2008.

[29] 李朝辉, 张弘. 数字图像处理及应用. 北京：机械工业出版社, 2009.

[30] 田村秀行. 计算机图像处理. 北京：科学出版社, 2004.

[31] 阮秋琦. 数字图像处理学. 北京：电子工业出版社, 2004.

[32] 袁祥辉. 固体图像传感器及其应用. 重庆：重庆大学出版社, 1992.

[33] 王庆有. CCD 应用技术. 天津：天津大学出版社, 2000.

[34] Shannon C E. A mathematical theory of communication. Bell System Technical Journal, 1948, 27: 379-423.

[35] Gonzalez R C, Woods R E. Digital Image Processing. Addison-Wesley, 1992.

[36] Milan Sonka, Vaclav Hlavac, Roger Boyle.图像处理分析与机器视觉（第 2 版）. 艾海舟, 武勃, 等译. 北京：人民邮电出版社, 2003.

[37] 张铮, 王艳平, 薛桂香. 数字图像处理与机器视觉——Visual C++与 Matlab 实现. 北京：人民邮电出版社, 2010.

[38] 胡学龙. 数字图像处理（第 2 版）. 北京：电子工业出版社, 2011.

[39] 彭真明等. 光电图像处理及应用. 北京：电子科技大学出版社, 2008.

[40] 高木干雄, 下田阳久. 图像处理技术手册. 孙卫东, 等译. 北京：科学出版社, 2007.

[41] 傅德胜, 寿亦禾. 图形图像处理学. 南京：东南大学出版社, 2002.

[42] 姚敏. 数字图像处理. 北京：机械工业出版社, 2006.

[43] Hu M K. Visual pattern recognition by moment invariants. IRE Transactions Information Theory. 1962, 8(2): 179-187.

[44] 吕海霞. 自动图像配准技术研究. 西安：西北工业大学硕士学位论文, 2007.

[45] Huttenlocher D P, Klanderman G A, Rucklidge W J. Comparing images using the Hausdorff distance. IEEE Transactions on Pattern Analysis and Machine Intelligence, 1993, 15: 850-863.

[46] Viola P, Wells Ⅲ W M. Alignment by Maximization of Mutual Information. International Journal of Computer Vision, 1997, 24(2): 137-154.

[47] Pluim J W, J Maintz B A, Viergever M A. Image registration by maximization of combined mutual information and gradient information. IEEE Transactions on Medical Imaging, 2000, 19(8): 1-6.

[48] 崔少飞. 基于边缘的图像配准方法研究. 保定：华北电力大学硕士学位论文, 2008.

[49] Brown L G. A Survey of Image Registration Techniques. ACM Computing Surveys, 1992, 24(4): 325-376.

[50] Castro E D, Morandi C. Registration of translated and rotated images using finite Fourier transform. IEEE Transactions on Pattern Analysis and Machine Intelligence, 1987, 9: 700-703.

[51] Reddy B S, Chatterji B N. An FFT-Based Technique for Translation, Rotation and Scale- Invariant Image Registration. IEEE Transactions On Imaging Processing, 1996, 5(8): 1266-1271.

[52] 廖斌. 基于特征点的图像配准技术研究. 长沙：国防科学技术大学博士学位论文, 2008.

[53] 王文中. 二维形状分析及其在图像检索中的应用. 北京：首都师范大学硕士学位论文, 2005.

[54] 刘黎宁. 利用小波的综合纹理和形状特征图像检索及系统实现. 西安：西北大学硕士学位论文, 2011.

[55] 陆承恩. 基于形状的图像轮廓赋形及目标检测技术. 武汉：华中科技大学博士学位论文, 2009.

[56] 桑鑫焱. 图像的形状特征分析与检索. 东营：中国石油大学（华东）硕士学位论文, 2008.

[57] 宋佳丽. 皮肤纹理图像特征的提取与分析. 沈阳：东北大学硕士学位论文, 2009.

[58] 何斌, 马天予, 等. Visual C++ 数字图像处理. 北京：人民邮电出版社, 2001.

[59] 桂志国，薄瑞峰，等．基于投影特征的图像匹配的快速算法．华北工学院测试技术学报．2000，14(1)：18-20.

[60] 李善祥，孙一翎，李景镇．数字散斑相关测量中亚像素位移的曲面拟合研究．光子学报，1999，28(7)：638-640.

[61] 王琛影，何小元．相关识别中的曲面拟合法．实验力学，2000，15(9)：281-285.

[62] Min H H，Sangyong R．Camera Calibration for Three-dimensional Measurement．Pattern Recognition，1992，25(2)：155-164.

[63] 郑志刚．高精度摄像机标定和鲁棒立体匹配．合肥：中国科技大学博士学位论文，2008.

[64] Zhang Z．A flexible new technique for camera calibration．IEEE Transactions on Pattern Analysis and Machine Intelligence，2000，22(11)：1330-1334.

[65] Hartley R，Zisserman A．Multiple View Geometry in computer vision．Cambridge University Press，2003.

[66] Wei G Q，Ma S D．Implicit and explicit camera calibration：theory and experiment．IEEE Trans．Pattern Recognition and Machine Intelligence，1994，16(5)：469-480.

[67] Tsai R Y．An efficient and accurate camera calibration technique for 3D machine vision．Proc．of IEEE Conference of Computer Vision and Pattern Recognition，1986，364-374.

[68] Tsai R Y．A versatile camera calibration technique for high-accuracy 3D machine vision metrology using off-the-shelf TV cameras and lenses．IEEE Journal of Robotics and Automation，1987，3(4)：323-344.

[69] Jarvis R A．A laser time-of-flight range scanner for robotic vision．IEEE Transactions on Pattern Analysis and Machine Intelligence，1983，5(5)：505-512.

[70] 盖绍彦．光栅投射三维测量系统的关键技术研究．南京：东南大学博士学位论文，2008.

[71] 邾继贵，于之靖．视觉测量原理与方法．北京：机械工业出版社，2012.

[72] 范剑英．结构光深度图像获取和处理与三维重建研究．哈尔滨：哈尔滨理工大学博士学位论文，2010.